웰컴 투 지구별

Courageous Souls by Robert Schwartz

Copyright ⓒ 2007 by Robert Schwartz

This translation is published by arrangement with Robert Schwartz through KOLEEN AGENCY, Korea.

All rights reserved.

Korean translation copyright ⓒ 2008 by Shanti Books

이 책의 한국어판 저작권은 콜린 에이전시를 통해 저작권자와 독점 계약한 샨티에 있습니다. 신저작권법에 의해 한국 내에서 보호를 받는 저작물이므로 무단 전재와 무단 복제를 금합니다.

웰컴 투 지구별

2008년 6월 16일 초판 1쇄 발행. 2025년 9월 10일 초판 13쇄 발행. 로버트 슈워츠가 쓰고, 황근하가 옮겼습니다. 도서출판 샨티에서 이홍용과 박정은이 기획하여 펴냈습니다. 본문 디자인은 장정희, 표지 디자인은 디자인 비따가 하였으며, 이강혜가 마케팅을 합니다. 제작 진행은 굿에그커뮤니케이션에서 맡아 하였습니다. 출판사 등록일 및 등록번호는 2003. 2. 11. 제2017-000092호이고, 주소는 03421 서울시 은평구 은평로3길 34-2, 전화는 (02) 3143-6360, 팩스는 (02) 6455-6367, 이메일은 shantibooks@naver.com입니다. 이 책의 ISBN은 978-89-91075-46-7 03800이고, 정가는 17,000원입니다.

웰컴 투 지구별

로버트 슈워츠 지음 | 황근하 옮김

【산티】

패러다임이 바뀔 때마다 전에는 도저히 있을 수 없다고 여기던 것이 얼마든지 있을 수 있는 것이 되고…… 생각지도 못했던 것이 표준이 된다.
—마이클 버그 (카발라 랍비, 《신처럼 되기》 저자)

폭풍우를 막아 협곡을 치지 못하게 한다면 아름답게 깎인 협곡의 침식면은 결코 볼 수 없을 것이다.
—엘리자베스 퀴블러-로스 (《인생 수업》 저자)

프롤로그

1969년 2월 25일, 캘리포니아 클레어몬트의 퍼모나 대학에서 정치학부 행정조교로 일하던 스무 살의 크리스티나가 상사의 우편물을 가지러 지하 우편함으로 내려갔다. 우편물 꾸러미에 손을 대는 순간 폭탄이 터져 크리스티나는 지하실 맞은편 벽까지 날아가 쓰러졌다. 지하실은 먼지와 연기로 뒤덮였고, 2미터 가까이 되는 목재 파편들이 화살처럼 날아와 시멘트벽에 꽂혔다. 폭발의 화염으로 얼굴이 불에 타면서, 크리스티나는 일시적으로 시력을 잃었다. 열풍으로 오른손 손가락 두 개를 심하게 다쳤고, 양쪽 고막이 터졌다.

크리스티나는 태어나기 전에 이 일을 계획했다.

그녀는 그 까닭을 알고 있다.

차례

프롤로그 5

서문 8

들어가며 13

1. 태어나기 전에 삶을 계획하다 22

2. 병을 앓기로 계획하다 35
   존의 이야기―에이즈와 자기 존중 35
   도리스의 이야기―유방암과 판단 내려놓기 63

3. 장애아의 부모가 되기를 계획하다 91
   제니퍼의 이야기―자폐증과 진실한 소통 92

4. 장애를 갖고 살기를 계획하다 116
   페넬로페의 이야기―청각 장애와 연민 116
   밥의 이야기―시각 장애와 감정적 독립 137

5. 중독 또는 중독자 돌보기를 계획하다 163
   샤론의 이야기—약물 중독 아들과 돌봄 164
   팻의 이야기—알코올 중독과 영적 성장 189

6. 사랑하는 이와의 사별을 계획하다 222
   발러리의 이야기—사별과 공감 223

7. 사고당할 것을 계획하다 265
   제이슨의 이야기—사지 마비와 자유로운 사고 266
   크리스티나의 이야기—폭발 사고와 의식의 확장 293

8. 결론 338

   에필로그 342

   부록 1 용감한 영혼들 343
   부록 2 영매와 채널 344
   감사의 말 345
   역자 후기 347

서문

2003년 5월, 나는 프리랜스 홍보 마케팅 컨설턴트로 그저 그런 삶을 살고 있었다. 일에서 즐거움을 전혀 느끼지 못하는 건 아니지만 깊은 만족감 같은 것은 없었다. 내가 지금 이 땅 위에서 사라진다 한들 어떤 고객이 그 사실을 알아줄까 하는 생각이 자주 들었다. 그들은 그저 내 역할을 대신할 다른 사람을 찾아 나설 터였다. 하지만 더 심각한 문제는 그 일에 나만의 혼을 담아내지 못한다는 점이었다. 종교적이지는 않지만 영적인 성향이 강한 내게는 "오직 하나뿐인 나"의 모습으로 세상에 참여하고 싶다는 갈망이 있었다. 하지만 그 일이 무엇인지 감을 잡을 수 없었다.

사람들이 보통 의미와 목적을 찾을 때 쓴다는 방법은 다 써보았지만 소용이 없었다. 나는 길을 잃고 갈팡질팡하고 있었다. 그때 이런 생각이 떠올랐다. '영매를 한번 만나보면 어떨까?' 나는 하느님을 굳게 믿는 사람이었고, 그래서 (모르고 접했다면 몰라도) 초물리학 metaphysics을 직접 접해본 적은 한 번도 없었다. 나는 더 이상 잃을 것이 없다는 심정으로 영매들을 알아보기 시작했고, 좋은 느낌이 오는 사람을 마음에 담아두었다.

영매와 처음 만난 건 2003년 5월 7일이었다. 그날 내 삶이 바뀌었기 때문에 날짜를 잊을 수가 없다. 나는 내 자신에 관해서는 별 얘기 없이 내가 놓여 있는 일반적인 상황만 대략 이야기했다. 영매는 우리 모두에게는 길잡이 영혼, 즉 우리가 이 땅에 태어나기 전 삶을 계획할 때 옆에 함께 있던 비물질적인 존재가 있다고 했다. 나는 영매를 통해 내 길잡이 영혼들과 이야기를 나누었다. 길잡이 영혼들은 나에 관해 샅샅이 알고 있었다. 내가 한 일뿐만 아니라 생각하고 느꼈던 것까지도 모조리 알고 있었다. 한 예로 그들은 내가 하느님께 5년 전쯤 드린 기도의 구체적인 내용까지 언급했다. 그때 몹시 힘든 일이 있어 나는 "하느님, 저 혼자서는 못하겠어요. 도와주세요"라고 기도한 적이 있었다. 내 길잡이 영혼들은 그때 내게 별도로 비물질적인 도움을 주었다고 말했다. "당신의 기도는 응답받았습니다." 나는 그들의 대답에 놀라 할 말을 잃고 말았다.

나는 당시 내게 왜 그런 고통이 닥쳤는지 길잡이 영혼들에게 물어보았다. 그들은 내가 태어나기 전에 이미 그 시련을 계획했다면서, 그 목적은 고통을 주기 위해서가 아니라 성장하도록 하기 위해서라고 했다. 이 말에 내 마음은 크게 흔들렸다. 전생 계획이라는 것에 대해 아무것도 모르는 상태였지만, 나는 직관적으로 그들의 말이 맞다고 느꼈다.

그 당시에는 깨닫지 못했지만, 영매와의 만남으로 내게는 깊은 영적 자각이 일어났다. 이러한 자각이 실은 '기억해 내기'였다는 것은 나중에야 알았다. 바로 내가 영원한 영혼의 존재임을 기억해 내는 것,

더 구체적으로 말하면 내가 이번 생을 위해 무엇을 계획했는지 기억해 내는 것 말이다.

내 길잡이 영혼들이 알려준 사실이 머릿속에서 떠나지 않기는 했지만 그 후 몇 주 동안 나는 평소처럼 생활했다. 그러한 사실을 알았다고는 해도 어떻게 해야 할지는 몰랐던 탓이다. 그러던 어느 날 오후, 일을 하다 잠시 짬을 내 산책을 하던 중 나는 몇 주 전 영매와 만났을 때보다 더 깊은 영적인 체험을 하게 되었다. 갑자기 눈앞에 있는 모든 이들에게 주체할 수 없는, 무조건적인 사랑을 느낀 것이다! 그 사랑의 힘을 온전히 설명할 길은 없다. 그 사랑의 깊이와 정도는 내가 한 번도 경험해 보지 못한 것이요, 가능하다고 생각해 본 적도 없는 것이었다. 유모차를 밀고 가는 아기 엄마, 손님에게 돈을 받으려고 기다리는 택시 운전사, 모퉁이에서 놀고 있는 아이들, 이발소 창 너머에서 가위질을 하고 있는 이발사…… 내 앞에 있는 한 사람 한 사람 모두에게 나는 순수하고 무한한 사랑을 느꼈다.

나는 이런 경험에 대해 일찍이 들어본 적이 없었지만, 지금 일어나고 있는 일이 무엇인지는 직감적으로 알았다. 나는 내 영혼과 더 높은 차원에서 직접적인 교감을 나누고 있었다. 나는 실제로 영혼이 내게 하는 말을 들었다. "이 사랑이 바로 당신 자신입니다." 지금 생각해 보면 내가 곧 시작하게 될 일의 포문을 열어주려 영혼이 내게 그런 경험을 허락했던 것 같다.

나는 곧 영성과 초물리학 관련 서적에 깊이 빠져들었다. 책들을 읽으며 전생 계획을 자주 떠올리게 되었다. 그때까지 나는 인생의 시련이란 의미 없는 고통이며 우연히 일어나는 것일 뿐이라고 생각했다. 하지만 그 시련들이 내가 계획한 것이라고 한다면 그 안에서 수많은 목적을 발견하게 될 것 같았다. 그렇게 생각하는 것만으로도 고통은 크게 줄어들 것이다. 그뿐 아니라 내가 그 시련들을 무슨 이유로 계획했는지까지 안다면 그 시련으로부터 배움을 끌어낼 수도 있을 것 같았다. 두려워하고 분노하고 억울해하고 남을 탓하고 자기 연민에 빠지는 것이 아니라 영적 성장에 집중하게 될 것 같았다. 심지어 그 시련에 감사한 마음까지 들지도 모를 일이었다.

이처럼 집중적으로 공부하며 내적 탐구의 시간을 보내는 동안 나는 자기 영혼과 교신한다는 한 여성을 알게 되었다. 나는 그녀의 도움을 받아 전생 계획을 주제로 그녀의 영혼과 대화할 수 있었다. 나는 당시 채널링(의식 수준이 뛰어난 영적 존재와의 교신 행위. 채널러는 이런 교신 행위를 하는 사람―옮긴이)에 대해 아는 것이 하나도 없었다. 그래서 그녀가 트랜스 상태로 들어가 전과는 완전히 다른 의식이 그녀를 통해 말하기 시작하자 크게 놀랐다. 나는 모두 다섯 번의 만남을 통해 총 열다섯 시간 동안 그녀의 영혼과 이야기를 나누었다.

영혼과의 대화는 놀라운 경험이었다. 나는 이 대화를 통해 내가 읽고 공부한 것을 확인하고 보완할 수 있었다. 그녀의 영혼은 자신의 전생 계획에 대해 자세하게 들려주었다. 얼마나 많은 시련들을 놓고 곰곰이 생각하며 골랐는지 그 까닭도 들려주었다. 대다수 사람들에게는 생소하게 들리겠지만, 나는 그에 대한 직접적이고 구체적인 증거를 본 셈이었다. 내 자신이 고통을 겪어보았고, 그 덕분에 타인의 고통에도 무척 민감해져 있던 터라―또 그 고통을 덜어주고 싶다는 강한 동기를 갖게 되었던 터라―나는 사람들이 전생 계획을 깨닫는다면 고통의 상처에서 치유될 수 있지 않을까 하는 기대를 품게 되었다. 또한 그들이 겪는 시련에 새로운 의미와 목적을 불어넣어 줄 수 있다고 생각했다. 결국 나는 전생 계획에 대한 책을 써서 이를 사람들에게 널리 알리기로 결심했다.

그러나 새로운 길을 걷자면 옛 삶을 잃게 되지 않을까 하는 불안함이 엄습해 왔다. 만족스럽지는 않지만 그래도 편안하고 익숙한 일인 것은 사실이었기 때문이다. 하지만 나는 이 일의 중요성을 끝내 떨쳐 버릴 수 없었다. 실은 이 작업을 해야 한다는 거부할 수 없는 욕구가 내 안에 있었다. 이것은 내 자신을 나만의 방식으로 표현하며 세상에 참여할 수 있는 기회였다. 그리고 마음속에는 내 영혼을 직접 만난 뒤 생긴 확신이 있었다.

나 역시 가끔 우주가 나를 괴롭힌다는 기분이 들 때가 있었고, 내게 일어나는 '나쁜' 일들을 놓고 다른 이들을 탓하고 싶었다. 내가 겪는 시련이 무의미하고 공허한 고통일 뿐이라고 생각했으며, 내가 바라는 방식대로 그 시련에 대처하지 못할 때 내 자신의 가치를 의심했다. 하지만 전생 계획을 알게 된 지금 나는 삶의 시련을 완전히 다른 관점으로 바라볼 수 있게 되었다. 이 책에는 바로 내게 가장 필요했던 가르침이 담겨 있다.

태어나기 전에 계획한 대로 사는 데는 아주 커다란 용기가 필요하다. 내 가장 뜨거운 바람이자 소망이 있다면, 그것은 바로 당신이 지금 부딪친 그 시련을 껴안고 거기서 무엇인가를 배우기로 결심할 때마다 스스로 엄청난 용기를 보여주는 것이라는 사실을 깨달았으면 하는 것이다. 그것을 깨달을 때 당신은 당신의 영혼을 만날 것이다.

들어가며

나는 삶의 시련과 전생 계획에 대해 알아보기 위해 아주 특별한 능력을 지닌 영매와 채널러 네 사람과 함께 작업했다. 우리는 총 열두 명의 전생 계획을 탐구했고, 그 중 열 명이 이 책에 자신들의 이야기를 나누어주었다.

등장 인물들을 어떻게 만났나

나는 인터넷 사이트와 게시판에 글을 올렸고 이에 많은 이들이 답신을 보내왔다. 어떤 경우에는 구체적으로 전생 계획이란 것이 있을 수 있다고 생각하는(적어도 그것에 대해 열려 있는) 사람들을 찾았고, 어떤 경우에는 자기 인생의 시련을 초물리학의 맥락에서 이야기할 수 있는 사람들을 찾았다. 또 때로는 그저 자기가 지금 겪고 있는 어려움에 어떠한 영적인 의미가 숨어 있는지 더 깊이 이야기하고 싶어하는 이들을 찾기도 했다. 나는 다양한 경험과 배경을 지닌 사람들을 골고루 찾왔다.

 인터뷰 요청에 응한 이들은 대체로 자신과 같은 시련을 겪고 있는 다른 사람들에게 도움이 되기를 바라는 마음으로 작업에 참여한다고 말했다. 최종적으로 이 책에 실린 열 명 중 셋은 가명을 썼다.

 이 책에 실린 이야기들을 읽다보면 '나도 삶의 시련을 전생에 계획했을까' 하는 의문이 들 것이다. 내가 이 책을 준비하면서 느낀 것은 인생의 거의 모든 시련이 실은 스스로 고른 것이라는 점이다. 대체로 커다란 시련일수록 태어나기 전에 스스로 선택했을 가능성이 높다. 그러나 예외로서 알아둘 필요가 있는 것은, 우리의 직관이 피하라는 경고를 주는 시련이 있다는 것이다. 직관의 암시를 무시하면 계획하지 않은 시련이 닥칠 수 있다. 따라서 내면에서 들려오는 '위험 신호'를 그냥 지나쳐서는 안 된다.

 삶의 시련들은 일어날 가능성이 높은 것이든 낮은 것이든 이미 계획되었음을 알리려는 것이 내 의도이다. 물론 이 세상에 태어날 때 우리에게 주어진 자유 의지를 가지고 전생 계획에는 없던 시련을 만들어낼 수도 있다. 중요한 말은 '만들어낸다'는 것이다. 나는 우리가 하는 모든 경험을 애초에 만든 것은 우리 자신이며, 계획하지 않은 시련이 일어나는 것은 그 시련을 통해 배울 지혜가 필요해서 우리가 그것을 진동상으로 끌어당기기 때문이라고 생각한다.(이 경우 직관은 우리에게 필요한 가르침을 얻을 수 있는 그 기회를 거절하지 않는다.) 성장은 우리가 어떤 경험을 계획했는지 여부와 상관없이 경험 자체에서 온다. 따라서 이 책은 당신이 삶의 시련을 정말 계획했는지 아닌지가 아니라 만일 시련을 계획했다면 그 까닭이 무엇일지에 초점을 맞출 때 훨씬 큰 도움이 될 것이다.

영매와 채널러

나는 많은 영매 및 채널러 들과 함께 작업했는데 그 중 네 사람과의 작업 내용을 이 책에 실었다. 뎁 드바리와 글레나 디트리히, 코비 미틀라이트와 스테이시 웰즈, 넷 모두 지금까지 수천 번의 리딩reading(영매와 채널러 등이 영계에 접속하여 한 사람의 인생을 영적으로 읽어내는 것 ─ 옮긴이) 경험이 있는 뛰어난 영매와 채널러이다. 나는 이들 모두와 개인 상담을 해 보았는데, 모두 내 삶에서 있었던 일들을 놀라우리만치 정확하게 맞추었다. 그들 각자가 독특하게 가지고 있는 영적인 능력이 없다면 결코 알 수 없을 사실들이었다. 코비가 내게 설명해 준 바에 따르면 영매나 채널러는 대학 교수와 비슷하다고 한다. 각각이 자신만의 전문 영역을 갖고 있다는 것이다. 우리가 사회학에 대한 질문을 생물학 교수에게 하지 않을 것이며, 수학 방정식을 풀어달라며 영문학 교수를 찾지는 않을 것이다.

영매 스테이시 웰즈에게는 전생 계획 세션을 눈으로 보고 귀로 듣는 드문 능력이 있기 때문에 그녀의 모든 리딩에는(일차 리딩이든 보충 리딩이든) 영혼들의 실제 대화가 포함되었다. 이 대화를 통해 비물질 영역을 상당히 깊이 경험할 수 있었으며, 영혼들의 희망과 감정과 동기를 엿볼 수 있었다. 앞으로 보게 되겠지만 이러한 대화는 시련을 계획한 부분에만 초점을 맞추었다. 이것은 영혼들이 삶의 다른 영역을 계획하지 않아서가 아니라 스테이시와 내가 그녀의 길잡이 영혼에게 그것을 중심으로 요청했기 때문이다. 인터뷰를 받은 이들은 일차 리딩에만 참석하고 보충 리딩에는 참석하지 않았다. 물론 모든 보충 리딩은 해당 인물의 동의하에서만 이루어졌다.

스테이시가 한 전생 계획 세션에서 영혼들은 일인칭으로 말했다. 하지만 스테이시를 통하지 않은 다른 두 번의 채널링에서 영혼은 자신을 '우리'라고 지칭했다. 스테이시의 길잡이 영혼은 '나'라고 말하는 영혼들은 계획된 하나의 삶에만 초점을 맞추는 반면, '우리'라고 말하는 영혼들은 그들이 윤회한 많은 전생들을 고려하는 것이라고 말해주었다.

모든 이야기들은 영매와의 세션이 끝난 뒤 내 언급으로 마무리된다. 마무리에서는 영매와 나눈 대화 내용을 더욱 심화시키기 위해 길잡이 영혼이나 천사 같은 비물질적인 존재들과 가졌던 대화를 비롯해 전생 계획이라든지 초물리학 등 내가 공부한 바를 활용했다. 개인 인터뷰나 영매의 리딩은 의미를 분명히 전달하기 위해 편집 과정을 거쳤으며, 가독성을 위해 문장을 손보기도 했다.

영매와 채널러는 다양한 방법으로 정보를 받는다. 투청clairaudient 상태에 있을 때는 비물질적인 존재의 생각을 들을 수 있다.(나는 이러한 비물질적인 존재를 가리킬 때는 '영Spirit'이라는 표현을 썼고, 비물질적인 영역을 가리킬 때는 '영혼spirit'이라는 표현을 썼다.) 영매나 채널러가 영혼의 의식에 '접속tune in' 되는 것은 라디오에 주파수를 맞추는 것과 같다. 각 방송국이 특정 주파수를 갖고 있는 것처럼 그들이 대화를 하는 비물질적 존재들도 마찬가지로 특정한 파장을 가지고 있다. 주파수가 맞을 때 진정한 텔레파시 의사소통이 일어난다. 투감clairsentient 상태에 있는 영매나 채널러는 다른 이들의 감정을 느낄 수 있다. 투시력이 있을 경우는 일어난 일이나 앞으로 일어날 일을 볼 수 있다. 투각claircognizance이란 내적 자각 능력으로서 느낌의 형태로 나타나는 경우가 많다. 채널러는 다른 차원의 의식이 그들을 통해 직접 말할 수 있도록 '한 발 물러서는' 데 전문가들이다. 이러한 능력을 가진 뎁과 글레나, 코비와 스테이시는 서로 힘을 합쳐 각 인물의 전생 계획에 대한 중요한 정보들을 알아냈다.

영매와 채널러가 쓰는 말에는 일상적 의미와는 다른 뉘앙스가 들어 있다. 그들이 "~임을 알겠다" "~라고 느낀다" "~인 것 같다"라는 말을 쓴다면 그것은 그들이 영적인 능력으로 정보에 접근하고 있다는 뜻이다. 우리도 보통 자기 의견을 말할 때 "~인 것 같다"라는 말을 쓰지만, 영매와 채널러가 쓰는 "~인 것 같다"는 말은 오감을 넘어서 지각되는 바를 가리킨다.

영매와 채널러는 다양한 존재들과 소통한다. 그 안에는 길잡이 영혼도 포함되어 있다. 길잡이 영혼은 (모든 경우는 아니지만) 대부분의 경우 육체의 윤회를 수차례 이상 경험한, 고도로 진화된 비물질적 존재이다. 그들은 이러한 윤회를 통해 깊은 지혜를 얻으며, 이제 그 지혜로 물질계에서 우리의 길잡이 역할을 하는 것이다. 길잡이 영혼은 영감과 느낌, 생각과 직관 등의 방식으로 우리에게 말한다. 어떤 것에 대해 '직감적인' 느낌을 갖거나 어떤 것이 그러하리라는 것을 '그냥 알' 때 그것은 우리의 길잡이 영혼이나 혼(이것은 '더 높은 차원의 자기'라고 할 수도 있다)이 말해주는 것인 경우가 많다.

한 예로 그저 무슨 일이 일어날 것만 같은 '꺼림칙한' 기분이 들어 비행기를 타지 않기로 한 사람이 결과적으로 치명적인 사고를 피했다고 하자. 이 경우 우리의 인생 계획을 잘 알고 있는, 그리고 그 계획 안에 비행기 사고가 들어 있는지 아닌지 잘 알고 있는 길잡이 영혼이 우리 안에 그러한 느낌을 만들어낸 것일 수 있다. 보통 영은 우리에게 속삭인다고들 한다.

명상은 우리 마음을 가라앉혀 그들이 하는 말을 들을 수 있게 하는 아주 효과적인 방법이다. 명상에 숙련된 사람들은 비물질적 에너지가 몸 속으로 유입되는 소리를 들을 수 있는데, 그것이 마치 바람 소리와 같다고 한다.

영혼의 전생 계획

　우리는 태어나기 전에 생을 함께할 영혼의 길잡이 및 다른 영혼들과 깊은 대화를 나눈다. 우리가 얻고자 하는 가르침에 대하여 의논하고, 그것을 어떻게 배울지 그 방법에 대해서도 궁리한다. 이러한 논의, 그리고 그 논의가 일어나는 장소에 접근해 본 스테이시는 몇 가지 공통점이 발견된다고 말한다. 곧 몸을 얻어 태어날 영혼들이 모여서 이야기를 나누는 방이 있다는 것, 바로 옆의 더 작은 방에 길잡이 영혼들이 있어 계획을 검토하다가 필요할 때 나타난다는 것, 앞으로 올 생의 '만일 ~라면' 시나리오가 흑백의 '체스판'이나 '흐름도' 같은 것 위에 지도로 그려진다는 것 등이 그것이다. 체스판 위 네모 칸들은 한 사람의 인생에서의 발전 단계들이라고 한다.

　스테이시와 처음 같이 작업하기 시작했을 때 나는 이러한 이미지들이 인간의 머리로는 이해할 수 없는 개념과 과정을 이해하게 하려고 길잡이 영혼이 스테이시의 머릿속에 심어준 상징이라고 짐작했다. 하지만 나중에 그녀의 길잡이 영혼은 이러한 것들이 실제로 존재한다고 내게 말해주었다. 그 영혼에 따르면 비물질적 영역에서는 생각이 곧 창조로 이어진다고 한다. 전생 계획에 참여하는 모든 영혼은 어디서 전생 계획을 짤 것인지, 그리고 체스판 등 어떤 도구를 쓸 것인지 의견을 모은다. 서로 간의 동의는 생각으로 표현되며, 이것이 곧 스테이시가 보는 물건들과 위치가 되는 것이다.

스테이시는 한 세션에서 영혼들이 전생 계획을 짜는 장소에 대하여 이렇게 말한 적이 있다.

어떤 건물이 있는데 8층짜리 건물이고, 각 층에는 전생 계획을 짜는 방이 여덟 개씩 있어요. 〔영이 말하길〕 이는 8이라는 숫자가 카르마와 운명의 숫자이기 때문이라고 하네요. 이 건물에는 의도한 목적에 잘 맞게 하려는 뜻으로 8이라는 진동이 계획되어 있군요.

이런 건물 여덟 채가 겹쳐진 채로 둥그렇게 꽃잎처럼 펼쳐져 있어요. 건물들은 직사각형이에요. 각각 8층 건물이고, 층마다 방이 여덟 개씩 있군요. 영혼의 세계에는 이런 건물 군집이 열두 채 있고, 그 중 거의 대부분은 지구에서의 삶을 계획하는 데 쓰인다고 하네요. 될 수 있으면 같은 건물, 같은 층, 같은 방으로 돌아오기를 원하는 영혼들이 많다고 해요. 그래야 편안하고 안정감을 느낄 수 있기 때문이라는군요. 또 같은 공간에 있어야 각 삶에서, 그리고 삶과 삶 사이에 자신들이 얼마만큼 진화했는지를 한눈에 확인할 수 있대요.

스테이시의 길잡이 영혼이 전생 계획 세션에서 들은 대화를 스테이시에게 말해준다는 것은 곧 그 길잡이 영혼이 아카식 레코드Akashic Records(우주 도서관—옮긴이)에 접근하고 있다는 뜻이다. 사실 그 영혼은 아카식 레코드라는 말보다는 '삶의 책'이라는 말을 더 좋아하는데, 아무튼 이것은 우리의 경험과 행동, 말과 생각이 모두 기록되어 있는 책이다. 영매들은 자신을 찾아온 이들의 전생을 알려줄 때 이 아카식 레코드에 자주 들른다. 미국의 저명한 심령술사 에드거 케이시는 수천 번의 리딩에서 이 아카식 레코드를 사용했다.

영매들은 영혼을 보거나 영혼과 말을 할 때 여성이나 남성으로 표현하는 경우가 많은데, 영혼은 사실상 여성과 남성 에너지의 조합이다. 세션을 요청한 사람들이 지난날 사랑했으나 지금은 떠나보낸 이들을 영매가 물질계에서의 모습대로 보는 것은 그 영혼의 의식이 그러한 방식으로 나타나기를 선택하기 때문이라고 뎁은 말한다. 스테이시가 전생 계획 세션에서 남자나 여자의 모습을 한 영혼을 보는 것은 영혼이 다가올 육체적 삶의 에너지(스테이시와 그녀의 길잡이 영혼은 이것을 '인격체personality의 겉옷'이라고 말한다)를 만들어내고 있기—어떤 의미에서는 걸치고 있기—때문이다. 길잡이 영혼이 여성이나 남성으로 나타날 때도 마찬가지이다. 길잡이 영혼은 남성과 여성 에너지를 모두 가지고 있지만 둘 중 하나로 더 강하게 자신을 인식하며, 따라서 그러한 형식으로 자신을 드러내기를 선택한다.

전생 계획 세션에서 비물질적인 존재들은 현대적인 용어를 쓰기도 한다. 나는 스테이시와 함께한 어떤 세션에서 그녀의 길잡이 영혼이 실제로 자기 존중감이라는 표현을 썼는지, 아니면 그것이 스테이시의 마음속에서 찾은 가장 근접한 말이었는지 물어본 적이 있다. 길잡이 영혼은 자신이 그런 표현을 썼다고 확실히 말해주었다. 길잡이 영혼들이나 다른 비물질적 존재들이 통상적인 문법을 사용하지 않은 경우도 가끔 있었다. 스테이시의 길잡이 영혼은 이렇게 말한 적이 있다. "우리가 늘 여러분의 문법에 맞게 말을 하는 것은 아닙니다."

우리가 이번 생의 삶을 계획한 곳이자 삶이 끝나면 돌아갈 곳인 영혼의 영역에 이제는 우리도 영매와 채널러를 통해 가볼 수 있다. 사람의 모습을 하고서 길잡이 영혼과 비슷한 일을 해주는 그들은 우리를 다른 편의 세계로 이끌어주는, 공감력이 뛰어나고 섬세하며 통찰력 있는 안내자들이다.

1. 태어나기 전에 삶을 계획하다

　이생에서의 삶을, 그것도 고통스러운 시련을 태어나기 전에 계획했다는 말은 너무 충격적일지 모르겠다. 그 기분을 나도 잘 알고 있다. 이런 생각은 세상을, 그리고 우리가 이 세상에 온 목적을 아주 새롭고 다르게 보게 한다. 고통스러운 시련을 겪고 있는 사람일수록 이 생각을 받아들이기는 더욱 어려울 것이다. 나 역시 오랜 시간이 걸렸고 많은 단계가 필요했다. 특히 내 삶에서 가장 고통스러운 순간을 대면해야 할 때는 더욱 그러했다. 하지만 그 순간들마다 나는 상처가 치유되는 것을 느꼈다. 분노와 원한이 사라지고 그 자리를 평화와 기쁨이 대신했다. 전에는 힘겹기만 하던 삶에서 아름다움을 보았다.
　독자들에게 전생 계획을 모두 이해시키려고 이 책을 쓰는 것은 아니다. 다만 이 책을 읽는 이에게 도움이 되었으면 하는 마음에서 그저 알려주는 것이라 해두자. 이런 관점이 있을 수도 있다고 가능성을 열어두라는 당부만 하려 한다. 이렇게 생각한다고 어떤 이득이 될지 그에 대해 꼭 확실한 답을 얻어야만 하는 것은 아니다. 그저 이렇게 묻는 것으로 족하다. "만일 그 말이 맞다면 어떻게 되는 걸까? 내가 정말 태어나기 전에 이 경험을 계획한 것이라면? 나는 왜 그랬을까?" 이런 질문을 던지는 것만으로도 삶의 시련에 새로운 의미가 생기고, 자기 발견의 여정이 시작될 수 있다. 그 여정에는 영성이나 초물리학에 대한 어떤 믿음도 필요하지 않다. 오직 자신의 성장에 대한 관심과 지혜를 얻고자 하는 마음만 있으면 된다.

나는 이 책을 마음으로 읽기를 권한다. 마음은 머리보다 더 높은 형태의 앎, 더 위대한 지혜를 준다. 지적인 분석이 줄 수 있는 것에는 한계가 있다. 영원한 영혼인 당신이 이번 생을 계획했을 때 중요한 것은 머리가 알게 될 것이 아니었다. 그보다는 물질계에서의 삶으로 인해 생길 여러 감정을 경험하는 것이 당신에게 중요한 문제였다. 감정을 경험하는 데는 시련만큼 효과적인 도구가 없는데, 그 감정이란 기실 영혼이 진정한 자기를 아는 데 꼭 필요한 것이다. 감정은 머리로는 온전히 이해될 수 없다. 오히려 머리는 장벽이 된다.

많은 의미에서 삶이란 머리에서 가슴으로 옮겨가는 여행이다. 우리가 삶의 시련을 계획하는 것은 바로 이 여행에 박차를 가하기 위해서이고, 닫힌 마음을 깨뜨려 열기 위해서이며, 그리하여 마음을 더 깊이 이해하고 그 가치를 더 잘 알기 위해서이다.

마음의 문을 열어 이 책에 실린 이야기들과 그 이야기에 담긴 영적인 의미를 이해할 수 있도록 해주는 열쇠는 바로 '공감'이다. 이 책의 등장 인물들이 자신의 시련을 계획하는 데, 그리고 그 이야기를 세상에 내놓는 데 용기가 필요했듯이, 이 이야기들에 공감하려면 당신에게도 용기가 필요할 것이다. 나는 공감에는 치유의 능력이 있다고 믿는다. 치유되고자 하는 마음이 있다면 당신의 그 용기가 헛된 시도가 아님을 알게 될 것이다.

우리는 왜 윤회하는가

태어나기 전에 우리가 세우는 계획은 범위가 무척 넓고 그 내용 또한 자세하다. 우리는 단지 삶의 시련만 선택하지 않는다. 부모를 고르고(부모 또한 우리를 고른다), 언제 어디서 태어날지를 고르며, 다니게 될 학교와 살게 될 집, 만나게 될 사람들과 갖게 될 관계들도 고른다. 방금 만난 사람인데 어디선가 본 듯한 친숙한 느낌을 받는다면 그 느낌이 틀리지 않을 것이다. 그 사람은 아마 태어나기 전에 만나기로 계획한 사람일 가능성이 크다. 어떤 장소나 이름, 이미지나 문구를 처음 접했는데도 이상하게 친숙하다면 그것은 태어나기 전에 의논한 전생 계획의 기억이 어렴풋이 떠올랐기 때문인 경우가 많다. 우리는 여러 차례의 전생 계획 세션에서 이번 생에서 쓸 이름을 사용해 보고, 이번 생에서 걸칠 육체의 겉옷을 입어본다. 바로 그러한 연습 때문에 물질계에서 서로를 알아보는 일이 생긴다. 기시감既視感을 종종 전생 경험과 연결시키고는 하는데, 실제로 기시감은 전생 계획의 기억들인 경우가 많다.

지구로 들어올 때 우리는 영혼이었던 우리의 기원을 잊는다. 우리는 몸을 갖고 이 세상에 태어나기 전에 이처럼 자발적으로 기억상실을 택하리라는 것을 이미 알고 있다. '장막 뒤behind the veil'('저승에' 라는 뜻의 영어 표현—옮긴이)라는 표현은 이러한 망각 상태를 가리킨다. 신성한 영혼인 우리는 진정한 자신을 기억해 내는 과정을 통해 자기를 더 깊이 알게 될 것이기에 우리의 진짜 정체성을 잊는 쪽을 선택한다. 우리는 이처럼 더 깊은 앎을 얻기 위해 기쁨과 평화, 사랑의 세계인 비물질 영역을 떠난다. 거기서는 자신의 반대항을 전혀 경험하지 못하기 때문이다. 반대가 없으면 우리는 우리 자신을 온전히 이해할 수 없다.

빛만 있는 세계를 상상해 보라. 어둠을 한 번도 본 적이 없다면 빛을 어떻게 이해하고 온전히 음미할 수 있겠는가? 빛이 무엇인지 더 깊이 이해하게 하는 것, 궁극적으로 기억해 내게 하는 것은 바로 빛과 어둠의 대조이다. 물질계에는 이 대조가 존재한다. 물질계의 큰 특징이 다름 아닌 이원성이기 때문이다. 오름과 내림이 있고, 더움과 차가움이 있고, 좋음과 나쁨이 있다. 우리는 이원성에서 생기는 슬픔을 통해 기쁨을 더 잘 이해할 수 있다. 우리가 사는 지구에 혼란이 존재하기에 평화의 의미를 더욱 깊이 느낄 수 있으며, 때로 증오를 품기에 사랑을 더 깊이 이해할 수 있다. 이러한 인간적인 면을 경험하지 않고서 어떻게 인간의 신성을 알 수 있겠는가?

이렇게 한번 생각해 보자. 당신은 원래 온 우주에서 가장 아름다운 음악이 연주되는 곳에 살았다. 당신은 이 음악으로 지극한 기쁨과 눈부시도록 빛나는 아름다움을 누린다. 당신의 생이 멈추지 않는 한 이 음악이 늘 들려온다. 한 번도 끊긴 적이 없고, 다른 음악이 연주된 적도 없다. 어느 날 당신은 이 음악을 늘 들어왔기 때문에 실은 정말로 들어본 적이 없다는 생각을 하게 된다. 즉 다른 음악을 전혀 알지 못하기에 그 음악 역시 진짜로 알지 못한다는 것이다. 그래서 당신은 그 음악을 진실로 알아야겠다고 마음먹는다. 그것이 어떻게 가능할까?

첫 번째 방법은 그 태초의 집Home에서 들리던 음악이 전혀 없는 곳으로 가는 것이다. 거기서는 어쩌면 불쾌하고 거슬리는 소리가 나는 다른 음악이 연주될 수도 있다. 당신은 이처럼 반대를 경험함으로써 태초의 집에서의 그 음악을 새롭게 느낄 수 있을 것이다.

두 번째 방법은 태초의 집의 음악이 없는 곳으로 가 기억으로 그 음악을 다시 만들어내는 것이다. 그 감동적인 소리를 직접 만들어내는 경험을 가져봄으로써 그 음악의 아름다움을 훨씬 더 깊이 이해할 수 있게 될 것이다.

훨씬 더 어렵지만 그만큼 더 확실한 세 번째 방법도 있다. 당신은 이런 생각을 하게 된다. 바로 태초의 집의 음악이 연주되지 않는 곳으로 가서 그것을 다시 만들어내되, 그 소리를 깡그리 잊어버린 상태에서 다시 만들어낸다면 그 음악을 진정으로 이해할 수 있으리라는 것이다. 태초의 집의 음악을 기억해 내는 경험, 그리고 그 아름다운 교향곡을 새로 써보는 경험은 그 음악 안에 담긴 장대함을 가장 넓고 깊고 온전하게 알게 해줄 것이다.

그래서 결국 당신은 세 번째 방법을 쓸 수 있는 세계로 용감하게 여행을 떠난다. 집에서의 기억을 잃어버린 당신은 이곳에서 유일하다고 알고 있는 음악을 듣는다. 그 속에는 아름다운 노래도 있지만, 불협화음으로 귀를 괴롭히는 노래도 있다. 당신은 이처럼 귀를 괴롭히는 음악을 들으며 그와는 다른 음악을 창조하고 싶다는 소망을 품게 되고, 결국 소망을 실천하기로 결심한다.

당신은 곧 직접 음악을 만들기 시작한다. 처음에는 새로운 세계의 시끄러운 음악 소리 때문에 혼란스럽고 음악에 마음을 모으기가 쉽지 않다. 하지만 회를 거듭할수록 바깥 세상의 굉음을 멀리하고 마음속 선율에 귀를 기울이면서 점점 더 아름다운 음악을 만들어간다. 마침내 명작을 만들어냈을 때 당신의 기억 속에서 무언가가 떠오른다. 당신이 만든 대작은 바로 태초의 집에서 연주되었던 그 음악이라는 것이다. 그리고 이어서 또 다른 사실도 떠오른다. 당신이 바로 그 음악이라는 것! 그 음악은 당신이 밖에서 들은 어떤 것이 아니다. 그 음악이 곧 당신이었고, 당신이 곧 그 음악이었다. 그리고 새로운 곳에서 스스로를 만들어냄으로써 당신은 이제 진정한 자기 자신을 알게 되었다. 태초의 집을 떠나지 않았다면 결코 알지 못했을 방식으로 말이다.

이것이 바로 영혼이 갈망하는 경험이다. 영혼은 절대 신성the Divine의 불꽃이다. 인격체(인간)는 일정량의 영혼 에너지가 육체의 옷을 입은 것이다. 인격체는 육체의 생에서만 지속되는 일시적인 특징들과 죽음 이후 영혼과 다시 합쳐지는 불멸의 핵으로 구성된다. 영혼은 광대하며 비단 하나의 육체에만 국한되지 않는다. 한편 각 인격체는 영혼의 깊은 사랑을 받는다.

중요한 것은 인격체가 자유 의지를 갖고 있다는 것이다. 따라서 삶의 시련들은 받아들여질 수도 있고 거부될 수도 있다. 지구는 인격체가 태어나기 이전에 쓴 대본을 그대로 따르기도 하고 벗어나기도 하는 무대와 같다. 우리는 삶의 시련에 분노와 적개심으로 대응할 것인지, 아니면 사랑과 연민으로 대응할 것인지 그 대응 방법을 선택한다. 시련을 우리 스스로 계획했다는 것을 알게 되면 무엇을 선택해야 할지가 분명해지며 선택은 훨씬 쉬워진다.

육체라는 옷을 입고 있을 때 영혼은 감정을 통하여 우리와 소통한다. 기쁨과 평화, 신남 같은 감정은 사랑의 영혼인 우리가 우리의 진실된 본성과 일치되게 행동하고 생각하고 있다는 뜻이며, 두려움과 의심 같은 감정은 그렇지 못하다는 것을 알려준다. 놀랍도록 섬세하게 에너지를 받아들이는(또한 전달하는) 우리의 몸은 지금 내가 나를 표현하고 있는 방식이 진정한 내 자신과 일치하는지 아닌지를 감정을 통해 말해준다.

우리는 왜 시련을 계획하는가

전생 계획은 '진정한 내가 아닌 나'를 경험하는 방식으로 세워지는데, 이는 그 경험을 통해서 진정으로 내가 누구인지를 기억해 내게 되기 때문이다. 다시 말해 태초의 집의 아름다운 교향곡을 만들어내기 전에, 이 땅 위에서의 귀를 찢을 듯한 소음을 먼저 경험하는 식이다. 나는 이 책을 쓰면서 이러한 패턴이 틀림이 없음을 한 번 더 확신하게 되었다. 나는 그러한 삶의 청사진을 '반대를 통해 배우는' 삶의 계획이라고 말한다.

예를 들어 깊은 연민의 마음을 가진 어떤 영혼이 연민 자체인 자기 자신을 더 깊이 알고자 소망할 때 그는 불화가 깊은 가족 사이에서 태어나기로 선택할 수 있다. 그는 연민 없는 환경에서 자라나며 연민의 의미와 가치를 더욱 깊이 절감하게 된다. 무엇인가의 가치와 의미를 가장 잘 가르치는 것은 바로 그것의 부재이기 때문이다. 그는 자신이 살아가는 바깥 세계에서 연민을 찾을 수 없으므로 내면으로 눈을 돌려 자기 안에 있는 연민을 기억해 내게 된다. 영혼의 관점에서 볼 때 이러한 배움의 과정에서 생기는 고통은 일시적이고 짧지만, 그로 인해 얻는 지혜는 진실로 영원하다.

진정한—즉 광대하고 초월적이며 영원한 영혼인—내가 누구인지를 기억해 내는 것은 삶의 시련을 넘어서는 한 방법이다. 예를 들어 자신을 몸으로 규정하는 사람은 몸을 심하게 다치면 극심한 고통을 느낄 것이다. 하지만 똑같이 몸을 다쳤을지라도 자신을 영혼으로 규정하는 사람은 그보다 고통을 덜 느낄 것이다. 시련은 영혼인 우리 자신에 대한 기억을 불러일으키기 때문에 애초에 고통을 일으킨 바로 그 원인이 결국은 고통을 덜어주는 역할을 한다.

이처럼 자기의 개념을 몸을 가진 인격체에서 영혼의 차원으로 넓히는 것은 삶에 대한 열정, 즉 우리가 몸을 갖추고 세상에 태어나기 이전에 지니고 있던 열정을 되살려낸다. 이 점에서 시련이란 축하해 마땅한 것이다.

우리는 자기 삶에 닥친 시련의 의미를 자각하거나 그 밖의 다른 방식으로 시련에 긍정적으로 반응함으로써 다른 사람들이 자기의 시련을 다루는 데―즉 그것에서 치유되는 데―도움이 되는 '에너지의 길'을 낸다. 이러한 생각은 우리 모두가 에너지 차원에서 연결되어 있으며 서로에게 영향을 준다는 것을 전제로 하고 있다. 이 책에 실린 이야기들은 우리 모두가 서로에게 생각보다 훨씬 큰 영향을 주고 있음을 암시한다. 우리가 세상에 그토록 강력한 영향을 미칠 수 있다는 것은 놀라운 기회인 동시에 우리 모두가 지고 있는 큰 책임이기도 하다.

우리 모두는 이 세계의 현재 진동수vibration 안에 심어진 씨앗과 같다. 우리가 시련을 통해 성장하며 자신의 진동수를 끌어올릴 때 세상의 진동수 역시 안으로부터 상승한다. 물잔에 떨어진 잉크 한 방울처럼 우리 각자는 세상 전체의 색조를 바꿀 수 있다. 비록 산꼭대기에서 혼자 살고 있는 사람이라 할지라도 기쁨의 느낌을 만들어냄으로써 다른 이들이 기쁨을 느끼는 데 도움이 되는 파동을 보낸다. 평화의 감정을 만들어낼 때는 전쟁을 끝내는 데 도움이 되는 에너지를 퍼뜨리는 것이며, 누군가와 사랑을 할 때는 그 만나는 사람뿐 아니라 우리가 전혀 알지 못하는 사람들까지도 더 잘 사랑할 수 있도록 돕는 것이다.

우리의 에너지는 지금 우리가 사는 세계에 영향을 미칠 뿐 아니라 다른 차원에까지도 퍼져나간다. 이 책에 '더 높은' 차원과 '더 낮은' 차원이라는 표현이 나오는데, 더 높은 차원이라고 해서 좋고 낮은 차원이라고 해서 나쁘다는 뜻을 담고 있지는 않다. 이는 단순히 파동수 frequency를 가리키는 표현일 뿐이다. 더 높은 차원은 우리보다 더 빠른 파동수로 진동하고, 그러기에 비물질적이지만, 더 낮은 차원과 겹쳐지고 섞이는 부분이 있다. 간단히 말하자면 모두가 하나다. 이러한 이유로 우리 개인의 파동은, 사랑의 파동이건 두려움의 파동이건, 끝없이 바깥으로 방출되어 비물질적인 존재에도 영향을 미치고 '다른 곳'에 있는 이들, 꽤 멀리 떨어져 있는 이들에게까지도 영향을 준다.

이 책에 실린 이야기 안에서 이런 개념이 언급될 때 언어의 한계가 있을 수밖에 없음을 염두에 두길 바란다. 예를 들어 사람들이 몸을 갖고 태어날 때 가끔 영혼의 영역에서 '나온다'는 말을 하기도 하고, 몸이 죽은 뒤에 다시 영혼의 영역으로 '돌아간다'는 말을 하기도 한다. 그러나 이를 비롯한 여러 표현들은 장소가 아니라 지각知覺의 변화를 가리킨다. 서로 떨어져 있는 차원을 나타내는 말이 아니다. 윤회는 영원한 태초의 집에서 우리가 실제로 빠져나온다는 뜻이 아니라, 영원한 태초의 집의 비물질적인 부분을 볼 수 있는 우리의 능력이 제한된다는 뜻이다. 그렇다면 죽음은 비물질적인 영역을 볼 수 없게끔 우리 앞을 막아놓은 장막이 사라지는 것일 뿐이다.

이 책에 실린 이야기들이 알려주듯 우리는 어떤 목적을 이루려고 시련을 계획한다. 공통된 목적이 하나 있다면, 그것은 치유다. 특히 지난번의 생애에서 풀어버리지 못한 '부정적인' 에너지의 치유다. 예를 들어 어떤 생에서 두려움에 잠식된 삶을 살았던 한 사람이 있다.

그 생애를 마감할 때 그에게는 두려움의 에너지가 흔적으로 따라 붙는다. 그가 깊은 두려움에 직면한 순간에 죽음을 맞이했다면 특히 그렇다. 두려움이라는 낮은 파동의 에너지는 영혼들이 사는 높은 파동의 비물질적인 영역으로 고스란히 옮겨지지는 않지만, 에너지의 잔여가 영혼의 세계로 전달된다. 그는 이 에너지의 잔여를 느끼고 앞으로의 삶에서 사랑의 표현으로 이를 치유해야겠다는 생각을 하게 된다.

우리는 또한 카르마karma의 균형을 맞추기 위해 시련을 계획하기도 한다. 카르마는 때로 우주적인 빛으로 개념화되기도 하지만, 다른 누군가와 균형이 맞지 않은 에너지로 설명되기도 한다. 우리는 각기 자기 영혼 그룹과 함께 카르마를 지니고 있다. 이들은 수많은 이전 생애를 함께했으며 진화의 같은 단계에 있는 이들이다. 그 과거의 삶에서 우리는 하나의 동일한 영혼에게 배우자, 자녀, 형제자매, 부모, 가장 친한 친구, 숙명의 적 등 많은 역할을 맡겼다. (어린 딸에게 침대 머리맡에서 잠자기 전 이야기를 읽어주던 한 아버지의 실화가 떠오른다. 그가 이야기를 끝내자 딸이 씩 웃으며 말했다. "아빠, 아빠가 내 아이고 내가 아빠의 엄마였을 때 내가 아빠에게도 잠자기 전에 이야기 읽어주었던 것 기억나세요?")

예를 들어 같은 그룹에 있는 어떤 영혼이 몸이 아픈 누군가를 돌보는 데 삶의 오랜 시간을 보냈다고 하자. 만일 누군가를 돌보는 역할을 맡은 그 영혼이 다음 생에서 병을 앓는 시련을 겪기로 계획했다면, 보살핌을 받았던 그 영혼이 그의 병수발을 들어줌으로써 에너지 교환의 균형을 맞추고자 할 것이다. 그렇지만 몸을 가지고 태어나면 두 영혼 모두 그런 계획을 세웠다는 것을 기억하지 못한다. 보살핌을 주는 자가 되기로 선택한 이는 누군가를 돌보아야 한다는 의무에 부담을 느낄 수 있고, 어쩌면 전생에 잘못을 해서 벌을 받는다고 생각할 수도 있다. 그러나 처벌이란 존재하지 않으며, 다만 카르마의 균형을 맞추고자 하는 단순한 소망이 있을 뿐이다. 우리는 스스로 연기할 역할을 미리 대본으로 짜놓았기 때문에 희생양이라고도 할 수 없다. 그 누구에게도 탓할 일이 아니다. 사실 원망이라는 것 자체가 존재하지 않는다.

우주는 '나쁜' 일들을 일으켜서 우리를 벌주는 그런 일은 하지 않는다. 카르마는 마치 중력처럼 세계를 작동시키는, 중립적이고 공평한 법칙이다. 우리는 넘어지거나 고꾸라졌을 때 중력을 탓하거나 중력의 희생양이 되었다거나 중력이 우리를 벌준다고 생각하지 않는다. 카르마도 이와 같은 방식으로 일어난다는 것을 깨닫는다면 시련에 대한 원망, 희생양이 되었다는 감정, 벌을 받고 있다는 느낌은 사라질 것이다. 그 대신 우리가 배우기를 희망했던 것을 배우게 될 것이고, 영혼을 더욱 성숙시켜 준 시련에 깊은 고마움을 느낄 것이다.

대부분의 영혼들은 다른 영혼을 도우려고 시련을 계획한다. 이러한 마음은 영원한 영혼인 우리가 가진 진정한 본성이다. 카르마의 균형을 맞추는 영혼과 마찬가지로, 시련의 삶을 살고 있는 것처럼 보이는 많은 이들도 사실은 그렇게 남을 돕고 있는 것이다. 예를 들어 알코올 중독을 계획한 영혼이 있다면, 그는 다른 이들이 연민을 표현하고, 그리하여 연민 자체인 그들 자신을 더욱 깊이 알 수 있게 하려는 목적을 갖고 있다고 할 수 있다. 사회는 알코올 중독자와 같은 이들에게 가차 없는 비판을 퍼붓지만, 사실 그들은 우리가 추구하는 목적을 경험할 수 있도록 마치 선물처럼 기회를 주고 있는 것이다. 이 사실을 더 많은 이들이 알게 된다면 얼마나 좋을까!

'빛의 일꾼lightworker'은 인생의 계획을 특히 봉사하는 쪽으로 세운 이들로, 넓게 보면 남을 돕는 데 헌신하는 사람들을 가리키는 말이다. 빛의 일꾼이 되기 위해 꼭 커다란 시련을 계획해야 하는 건 아니지만, 많은 경우 사회 전체에 도움이 되기를 바라는 마음에서 스스로 극복해야 할 큰 시련을 계획한다. 이런 종류의 삶의 청사진이 다른 삶의 청사진보다 더 좋은 것도 또 더 나쁜 것도 아니다.

영혼인 우리는 윤회를 거듭하며 그 사이에 많은 것을 배우지만, 배움은 물질계에서 구체적으로 경험할 때 더욱 깊이 각인된다. 영혼의 세계에서 배우는 것은 교실에서 배우는 것과 같지만, 이 지구의 삶에서 배우는 것은 배운 것을 적용하고 시험할 수 있는 실습과 같다. 그리하여 앎은 깊어지며, 이는 영혼에게 더없이 중요한 경험이 된다.

그 어떤 시련에 맞닥뜨린 삶이든 내가 살펴본 모든 삶의 청사진들은 궁극적으로 사랑에 기초하고 있었다. 모든 영혼은 자유롭고 조건 없이 사랑을 주고 또 받으려는 소망으로 가득 차 있었다. 영혼이 다른 영혼의 성장을 자극하기 위해 '부정적인' 역할을 맡기로 동의한 경우에도 마찬가지다.

많은 영혼은 또한 자기 사랑을 기억해 내려는 동기도 가지고 있었다. 문자 그대로, 우리는 사랑 그 자체이다. 삶의 시련은 우리에게 사랑을 표현하고, 그리하여 사랑인 우리 자신을 더 잘 알게 하는 기회를 준다. 이와 같은 사랑은 공감, 용서, 인내, 판단치 않음, 용기, 균형, 받아들임, 신뢰 등 많은 형태로 나타난다. 우리가 이 땅에서 경험하는 사랑은 또한 이해, 평온, 신념, 선한 마음, 감사, 겸손 등으로 나타나기도 한다. 사랑은 전생 계획의 가장 근본적인 주제이며, 따라서 이 책의 가장 근본적인 주제이다.

우리는 물질계로 들어올 때 우리 자신인 사랑을 일시적으로 숨긴다. 우리가 자신이 진실로 누구인지를 기억해 낼 때 우리 안에 들어 있던 빛, 즉 사랑은 모두가 볼 수 있게 환히 빛난다. 나는 그것이 우리가 여기에 있는 까닭이라고 믿는다.

2. 병을 앓기로 계획하다

에이즈는 현대인에게 가장 두려운 병이다. 치료에는 고통스러운 육체적·감정적인 대가가 따를 뿐 아니라 환자들은 사회의 낙인에 괴로워한다. 또한 보살펴주는 사람이나 사랑하는 이들과의 관계에도 긴장이 생기고 만다. 과연 이런 경험을 원하는 영혼이 있다는 게 사실일까?

전생 계획에 대한 책을 쓰기로 결심했을 때 가장 먼저 생각난 이들은 바로 몸의 병을 앓고 있는 영혼들이었다. 나는 정말 영혼들이 이 세상에 태어나기 전에 몸의 병을 경험하기로 선택하는지 알고 싶었다. 물음 하나가 마음속에 떠올랐다. 영혼들은 특정한 병을 미리 계획하는가? 그렇다면 그 까닭은 무엇인가?

존의 이야기 — 에이즈와 자기 존중

존 엘모어는 자기 삶에 시련이 닥친 날을 정확하게 기억한다. 1997

년 1월 23일이었다. 그날 그는 에이즈 환자라는 진단을 받았다.

"병원에서는 나를 코드 넘버로 부르더군요."

환자를 이름이 아니라 숫자로 부를 만큼 사회가 수치스러워하는 병에 걸렸을 때의 심정이 어땠을지 궁금했다. 곧 알게 되었지만, 존의 삶에서는 수치심이 중요한 주제였다.

존은 1956년, 앨라배마 주의 인구 2,500명 정도 되는 리빙스턴이라는 마을에서 태어났다. 당시 미국 남부는 인종 차별이 심하고 사회적으로 불안정한 상태였다. 백인인 존은 어렸을 때 본 뉴스의 한 장면을 아직껏 기억했다. 셀마에서 투표를 하려는 흑인들을 가로막는 행진이 있었는데, 소방용 호스와 독일 사냥개까지 동원되는 진풍경이 연출되었다고 했다.

존은 십대가 되었을 때 아버지에게 신문의 고민 상담란 기사를 보여주며 자신의 성적 지향을 털어놨다. 그 기사는 어린 시절부터 갖고 있던 동성애 성향을 분명히 깨닫고 고민을 상담해 온 한 남자에게 축하의 말을 해주는 내용이었다.

"무슨 말을 하려는 게냐?"

"그러니까 아버지, 저는…… 동성애자예요."

아버지는 오열했다. "정신 차려. 넌 엘모어 집안의 독자야. 우리 집안의 대를 끊어놓을 작정이냐? 강가 한적한 데로 가자. 여자랑 같이 가서 좋은 시간을 보내고 오려무나."

존은 어머니에게는 다른 방법을 써보았다. 마침 텔레비전에서 게이와의 인터뷰를 특집으로 다룬다는 토크 쇼 예고가 나오고 있었다. 그는 어머니에게 그 쇼가 시작할 때 잊지 말고 알려달라고 부탁했다.

존이 거실에서 텔레비전을 보는 동안 어머니는 얼마 떨어지지 않은 부엌 식탁에 앉아 있었다. 어머니는 혼자서 카드놀이를 하고 있었다. 존은 이렇게 회상했다. "한 4초 간격으로 어머니가 카드를 뒤집는 소리가 들렸어요. 카드 한 장을 내려놓을 때마다 '착' 하는 소리가 났죠. 착, 착. 소리가 점점 크게 들리기 시작했어요." 그는 소리 내 웃었다. 나는 당시 집 안에 감돌았을 긴장을, 그리고 카드에 집중하려 잔뜩 인상을 찡그리고 있었을 그의 어머니 얼굴을 상상해 보았다. "난 마음속으로 어머니가 내 옆으로 와서 앉기를 바랐지요. 하지만 그런 일은 일어나지 않았어요."

학교에서는 그의 성적 지향을 눈치 챈 친구들에게 놀림을 받았다. 반 친구들은 그를 '호모'라고 부르며 따돌렸다. 한번은 선생님이 그를 따로 불러내 물었다. "존, 넌 남자야. 왜 남자처럼 행동하지 않는 거니?"

존은 또 자기가 자란 지역의 종교적인 분위기가 자신의 성 정체성을 받아들이지 못했다고 말했다.

"저희 집안은 감리교였어요. 감리교에서는 동성애를 하느님께 죄를 범하는 거라고 보죠."

"리빙스턴에는 주로 어떤 교파의 신자들이 많았나요?"

"침례교요."

"침례교에서는 동성애를 어떻게 보는데요?"

"지옥 불에 떨어질 거라고 보았지요." 존은 웃으며 말을 이었다. "그들은 주변에 동성애자가 있다면 절대로 가만두지 않을 거예요."

"존, 당신의 인생에서는 학교든 식구들 사이든, 심지어 종교적으로까지도 늘 수치심이 붙어 다녔네요. 그런데 당신은 한 인종 전체가 공공연하게 수치를 당하는 곳에서 태어나기로 선택을 했어요. 제게는 그 점이 참 특이하게 생각되는군요."

내가 아는 바에 따르면 우리는 부모가 될 사람들, 그리고 태어날 시간과 장소를 스스로 정한다.

"맞아요. 수치심이 늘 붙어 다녔죠. 그렇지 않았던 적이 한 번도 없어요. 난 수치심을 주는 가정에서, 수치심을 주는 학교에서, 수치심을 주는 마을에서 태어나 자랐어요."

그런가 하면 사귀던 어떤 남자한테 심한 말을 듣고 수치심을 느낀 적도 있다고 했다. 에이즈는 수치심과 직결되는 것이었는데, 이런 일은 존이 미국 남부라는 곳에서 늘 보아온 것일 뿐 아니라 직접 경험한 바이기도 했다. 에이즈 진단을 받았을 당시의 심정을 말하는 그의 얼굴은 어두웠다. "말하자면, '드디어 벌을 받는구나' 그런 기분이었죠."

하지만 죄의 대가라고 자책한다고 해서 충격받지 않은 것은 아니었다. "차 안에 있었는데요, 아직도 기억이 나요. 운전을 하는 내 눈에 사람들 모습이 들어오더군요. 그냥 평범한 모습들이었지만 내게는 여느 때와 같은 풍경이 아니었죠. 모두 그림에나 나오는 사람들처럼 비현실적으로 보이더군요. 길을 건너고, 슈퍼마켓이나 식료품점에 들어가고, 이야기를 나누며 길을 걷는 그 사람들이 말이에요. 소방서 옆을 지나치며 보니까 소방수들이 장비를 손보고 있었어요. 나는 창문을 내리고 소리를 질렀죠. '온 세상이 바뀌었다는 거 모르겠소?' 내게는 그 말이 사실이었으니까요."

그 후 존은 심하게 앓은 적이 있었다. 병원에 입원해 있는 동안 그는 임사 체험을 했다. "그다지 선명한 경험은 아니에요. 하지만 정확히 기억이 나는 건 내가 어떤 방에 있었다는 거예요. 어두웠어요. 주변에는 사람들이 많았고요. 커다란 칵테일 파티 같았어요. 아무런 소리도 들리지 않았고 아무도 말을 하지 않았어요. 하지만 난 그 사람들이 내가 속해 있던 세계의 사람들이 아니란 걸 느낄 수 있었죠. 나는 그들에게 낄 수도 있었고, 끼지 않을 수도 있었어요. 끼지 말자고 선택했던 게 또렷하게 기억나요. '여기 남고 싶지 않아' 라는 식의 내적인 결단이었어요."

존은 삶을 선택했다. 단지 육체가 이 땅으로 돌아오는 쪽을 택했다는 뜻에서만이 아니라 이전까지와는 전혀 다른 방식으로 살기로 결심했다는 뜻에서 그랬다. "저승사자에게 엉덩이를 걷어차이고 나니까 내가 지금 있는 현실에 감사하는 마음이 생기더군요. 더는 수치심을 느끼지 않게 되었어요. 깨달은 게 하나 있었지요. 죽음으로 가까이 가면 갈수록 내가 죽기를 원하지 않는구나 하는 것 말이에요."

"존, 에이즈와 임사 체험이 수치심을 극복하는 데 어떤 식으로 도움이 되었나요?" 내가 물었다.

"수치심을 극복하는 긴 여정에서 꼭 대면해야 하는 시련들이었지요. 두려움을 없애는 가장 좋은 방법은 피하지 않고 바라보는 거예요. 그렇게 다정하게 껴안으면 두려움은 사라지지요. 임사 체험을 하면서 '그들'이 나한테 더는 아무런 힘도 갖고 있지 않다는 것을 깨달았어요. 이웃과 교사들, 어디선가 불쑥 나타나서 내게 손가락질하고 사라지는 사람들 말이에요. 그들은 이제 내게 존재하지 않아요. 내가 바라는 건 그저 사는 거, 진실하게 사는 것뿐이에요."

"수치심을 경험하고 있는 누군가가 있다면 무슨 말을 해주고 싶나요?"

"수치심을 주는 말들은 내 인생에서…… 옮길 수 없는 단단한 무엇이라고나 할까요? 단단하고 옮길 수 없는 것이 앞에 나타나면 어떻게 합니까? 그것을 밟고 올라서 넘어가야지요."

글레나 디트리히와의 세션

　채널러 글레나 디트리히가 트랜스 상태에 들어가면 다른 존재의 의식이 그녀를 통해 말했다. 채널러 중에는 교신하는 영혼이 하는 말을 모두 인식하는 채널러도 있고, 그 영혼이 자신을 통해 무슨 말을 했는지는 어렴풋이 기억하지만 정확한 단어는 기억해 내지 못하는 채널러도 있다. 반면에 글레나는 트랜스 상태에서 한 말을 아무것도 기억하지 못했다. 그녀는 세션이 끝나면 접신된 영혼들이 어떻게 들어와 어떤 이야기를 했는지 궁금해했다. 성격이 다정한 글레나는 자신을 통해 접신된 영혼들이 의뢰인에게 도움을 주었는지 아닌지 늘 알고 싶어했다.

　글레나가 채널링을 시작한다는 표지는 분명하다. 우선 목소리가 약간 부드러워진다. 그리고 억양과 톤, 말투가 다 눈에 띄게 바뀐다. 존의 세션을 하면서는 여럿의 비물질적 존재가 나타나 그녀를 통해 이야기하기도 했다.

　"당신들이 셋이므로 우리도 셋이 왔습니다." 접신된 존재가 입을 열었다. "우리는 물질계에 있지 않습니다. 영계에 있습니다. 당신들이 '저승'이라고 말하는 곳이지요. 우리 중 둘은 당신들처럼 인간이라는 물질의 형태로 살아본 적이 없습니다. 우리는 천사 세계에서 왔습니다. 당신들에게는 이름 없는 존재입니다. 우리 이름은 당신들이 발음할 수 없으니까요. 그래서 우리의 모습은 당신들에게 희미한 형태의 색깔로만 나타납니다. 감정으로 나타나는 경우가 더 많지요."

　나는 우리가 지금 천사들과 이야기하고 있다는 사실에 크게 놀랐다. 글레나를 통해 우리는 장막 건너편, 비물질적 세계로 가보는 셈이었다. 천사들의 따뜻한 목소리를 들으니 내 마음은 부드러워졌다. 천사의 인사말을 들으니 영계의 존재는 감정을 통해 우리와 소통하며, 영매들은 비물질적 존재와 사람의 오라aura 색깔을 자주 본다는 말이 떠올랐다.

이처럼 정신적 존재들이 채널러와의 세션 동안 이름을 사용하지 않는 경우는 흔하다. 물질적 존재이건 비물질적 존재이건 모든 존재는 에너지다. 천사들은 존과 글레나, 나를 우리 각자의 에너지로 알아보았다.

"우리 셋 중 하나는 여러 번 인간의 몸으로 태어난 적이 있습니다." 천사가 말을 이었다. "이제 그가 당신들에게 직접 말하겠답니다."

"맞아요, 나는 당신들의 세계에 867번 태어났습니다." 두 번째 천사가 입을 열었다. "사람의 몸으로 태어나 산 적이 여러 번 되고, 사람이 아닌 다른 생명체로 태어나는 쪽을 택한 적도 몇 번 있습니다. 사실 나는 존 당신이 이 세상에 태어났을 때 당신의 길잡이 영혼 중 하나가 되기로 선택했지요. 우리는 그 이전 생에서 아주 여러 번 함께 했습니다. 자매였던 적도 있고 모녀지간이었던 적도 있어요. 적이 되어 서로를 죽인 적도 있고 둘도 없는 친구였던 적도 있습니다.

그때마다 당신과 나는 다음에 어디서 만날지, 어떤 환경에서 만나 서로가 아름답게 성장하는 데 도움이 될지 의논했습니다. 우리는 이른바 '영혼의 짝soul mate'이라고 하는 그런 사이입니다. 우리 두 영혼은 파동이 무척 비슷하지요. 다시 말해 우리 둘은 매우 비슷한 색깔과 소리를 지니고 있습니다.

이번 삶에서 존이 보여주고 있는 행보에 무척이나 뿌듯하고 자랑스

럽습니다. 증명해 내야 할 것이 많고, 또 에너지를 모아야 할 일이 많았지요. 나는 늘 당신 곁에 함께 있었습니다. 가끔 당신이 가장 깊은 암흑 속에 있다고 생각되는 그런 때에는 당신에게 힘을 주려고 조금 앞서 가며 당신을 이끌기도 했습니다. 그래요, 내 에너지는 당신에게 매우 친숙한 것입니다. 사랑하는 존, 나는 당신이 당신 영혼의 아름다움과 당신 마음속으로 들어오는 눈부신 빛을 기억해 내기를 바랍니다. 주변에 온통 칠흑 같은 어둠뿐인데 그러한 밝은 빛이 되기란 쉬운 일이 아닙니다. 하지만 깨어 있지 않은 자들 가운데 홀로 깨어 있는 사람이야말로 진정한 현자요 진정한 치유자입니다. 기운을 내고 용기를 잃지 마세요."

"존은 이번 생에서 에이즈 환자로 살겠다고 태어나기 전에 계획했나요? 그렇다면 까닭은 무엇이지요?" 세션이 시작되기 전, 존과 나는 핵심적인 질문부터 던지자고 동의를 한 터라 내가 그렇게 물었다. 존은 이 질문에 대한 답을 나만큼이나 간절히 듣고 싶어했다.

"물론입니다." 천사가 답했다. "성장을 방해하거나 앞으로 나아가려는 힘을 가로막는 무거운 에너지 같은 것은 이 세계(비물질적 세계)에 없습니다. 우리 영혼들은 사이 시간(죽은 뒤 몸을 얻어 다시 세상에 태어나기까지의 시간)에 다음 단계, 다음 상태로 올라가기 위해 영혼이 무엇을 해야 하는지 의논하고 계획합니다. 당신 질문에 대한 대답은 '그렇다' 입니다.

사실 우리는 존의 조상의 유전적 소질, 그리고 존에게 가족과도 같은 영혼 그룹의 신념 체계에 대해 의논했습니다.(이후 곧 알게 되었지만, 천사는 여기에서 존의 영혼 그룹에 있던 누군가의 전생에 대해 말하고 있었다. 그는 그 전생에서 영혼인 자신의 기원을 완전히 잊은 채 두려움에 사로잡혀 행동했다. 이는 존의 그룹에 있는 영혼들이 한 번도 겪어보지 못한 일이었다.) 그 영혼 그룹의 구성원들은 하나같이 존이 꼭 필요한 짐을 지리라는 것, 의식을 분산시키는 것들 또는 환각으로 만들어진 것들에도 아랑곳 않고 빛나기 시작할 것이며 마침내 그 빛 자체가 되어 자신에 대한 진실을 깨닫고 이해하게 되리라는 데 의견의 일치를 보았습니다.

서로 돕기 위해 한데 모인 영혼들은 각자의 성격, 각자가 존에 대해 알고 있는 바를 모두 동원하여 그가 넘어야 할 장애물을 세웁니다. 그 장애물은 존으로 하여금 자신이 진정 누구인지 분명히 보게끔 해주지요.(스테이시 웰즈와의 보충 리딩에서 보게 되겠지만, 천사는 존의 영혼 그룹에 있던 누군가를 이야기하고 있었다. 그는 존이 태어나기 전 존에게 수치심이라는 시련을 주는 것에 동의한 존재였다.) 이는 장애물 경기와 아주 흡사합니다. 같은 장애물을 많이 맞닥뜨리다보면 여유가 생겨 나중에는 장애물 위로 몸을 날리기도 하고 아래로 기어가기도 하고 빙글빙글 돌아가기도 하게 되지요. 그러다 보면 그것이 더는 장애물이 아닌 것이 됩니다. 자신이 다른 이들보다 중요하지 않다거나, 사랑받을 가치가 없다거나, 소중하지도 존엄하지도 않다거나 하는 생각을 존이 더 이상 하지 않을 때 그를 막고 있던 장애물들은 사라질 것입니다."

우리는 천사의 말을 듣고 시련의 근본적인 목적을 알 수 있었다. 그것은 바로 우리의 생각과 감정이 어떻게 현실을 만들어내는지 보여주는 것이다. 시련은 우리가 자신에 대해 갖고 있던 감정을 보여주는 거울과 같다. 이런 점에서 시련은 선물이다. 지혜가 있다면 우리는 시련이 선물임을 알아볼 수 있다.

천사가 다시 입을 열었다. "사실, 몸이라는 것은 이 점을 일깨워주고자, 치유가 필요한 곳에 빛을 비추어주고자 있는 것입니다. 이는 그의 영혼 가족과 비물질계에 커다란 영향을 끼치는 만큼 시련이 주어지는 방식은 아주 혹독합니다. 존이 진실을 알게 됨으로써 모든 영혼이 성장할 수 있는 것도 그 때문입니다. 만일 누군가 장애물을 대신 치워준다면 승리는 그만큼 위대한 것이 되지 못하겠지요."

존은 비단 자신의 배움을 위해서만이 아니라 자신이 속한 영혼 그룹 전체의 영적 성장을 위해 에이즈라는 질병을 미리 계획한 것이다. 이 책의 다른 주인공들과 한 세션에서도 확인하였듯이 우리가 사람으로 이 지구에 태어나서 이루는 성장은 우리 개인의 영혼뿐 아니라 우리가 속한 영혼 그룹 내 모든 구성원들의 영혼까지도 성장시킨다.

"존이 에이즈라는 병을 경험함으로써 어떻게 영혼의 성장에 도움을 받지요?"

"진정한 자기를 보아야만 하기 때문입니다. 또한 자기만이 가진 가치를, 자신의 진짜 정체성을 믿을 수 있어야 하기 때문입니다. 이는 자신이 끝없는 사랑, 조건 없는 사랑을 받을 만한 존재라는 신념과 관련이 있습니다. 존의 전생 계획에 참여한 영혼들은 특정한 방식으로—즉 순응, 기존의 가치 체계를 말합니다—경험하게 될 조건적인 사랑을 계획했어요. 기존의 가치 체계에 들어맞지 않는 존의 정체성 때문에 사람들은 그를 사랑해 주지 않았습니다. 존의 자아는 이런 식으로 형성되었지요. 즉 자기는 조건 없는 사랑을 받을 자격이 없고, 다른 이의 기대에 부응해 인정을 받을 때만 사랑받을 수 있다는 믿음으로 말이에요. 여기서 혼란이 시작됩니다. 어릴 때부터 그렇게 믿어 온 그 인격체는 쪼개지고 갈라지기 시작합니다. 에이즈라는 병은 자신이 사랑받을 만하지 않다는 믿음과, 조건 없는 사랑을 향한 갈망 사이의 분열을 나타냅니다. 따라서 존의 영혼이 안에서부터 빛을 발하고 존의 인격체가 그 빛이 자신임을 믿을 때 치유가 일어나고 완성되는 것입니다."

천사는 지구 위에서 일어나는 영적 성장 과정의 핵심을 아름답게 표현해 주었다. 우리가 우리 자신을 제한되고 흠결 있는 존재로 보기를 그치고 원래 초월적인 존재임을 기억해 낼 때 자기 사랑의 불이 지펴진다는 뜻이었다. 이 내면의 빛을 알아볼 때 우리의 사고 패턴이 바뀌고, 외적으로는 몸이 건강해진다.

"존의 영혼은 이처럼 안으로부터 빛을 내보내기 위한 계획을 어떻게 세웠나요? 또 무슨 일이 일어날지 어떻게 알았지요?"

"여러분의 세계에서 일어나는 모든 윤회는 더 낮은 어둠의 단계를 거치도록 계획되어 있습니다. 증오의 진동이 있습니다. 신으로부터 떨어져 나오는 분리의 진동이 있고, 받아들여지지 않음의 진동이 있으며, 두려움의 진동도 있습니다. 이런 모든 진동은 우리가 소리와 동일한 것으로 보는 파동으로 존재합니다. 그것은 보이지도 않고 측정할 수도 없는 방식으로 인간의 몸에 영향을 줍니다.

그런 세계에 있는 여러분은 그것이 자기 자신이라고 믿지요. 여러분은 자신이 두려움이고, 증오이고, 받아들여지지 않음이라고 믿습니다. 그래서 서로를 죽이는 일도 일어납니다. 누군가를 해치고 착취하기도 합니다. 이렇게 더 낮은 파동으로 행동합니다. 영혼이 몸으로 들어올 때 명철한 지혜가 대부분 사라지므로 인간인 당신은 당신이 곧 몸이라고 믿게 됩니다. 당신이 영혼이라는 기억이 멈추어버리는 겁니다. 이것 역시 계획된 것입니다. 그렇게 해야 자신의 신성을 잊어버린 채 많은 시행착오를 겪으면서 비로소 진실을 알게 되니까요. 그 진실은 엄청난 힘을 일으키고, 믿음을 굳게 하며, 파동을 높은 단계로 끌어울릴 것입니다."

(존은 이에 대해 나중에 이렇게 말했다. "내가 찾고 있던 힘이 바로 이거예요. 내 안에 있다고 알고 있는 그 존재에 많이 가까워졌어요. 에이즈를 겪으면서 비로소 알게 되었지요. 비록 내 몸은 위험에 처해 있지만, 내 영혼과 내 존재, 내 의식은 그렇지 않다는 것을요.")

그렇다면 존의 영혼은 그러한 삶의 계획이 이처럼 엄청난 성장을 가져오리라는 것을 어떻게 알았는지, 혹은 왜 그렇게 생각했는지 궁금했다. "그러니까 존의 내면에서부터 영혼의 빛이 뿜어져 나오고 그가 그것을 알아보도록 특정 사건들이 미리 계획되었다는 말인가요?"

"(영혼이) 계획하고 그 결과 존이 경험하게 된 사건들이 많이 있습니다. 존은 그런 사건이 일어나는 순간 바로 그 빛을 알아볼 수도 있고 그렇지 않을 수도 있지요. 점차적인 과정입니다. 인간의 몸은 매우 낮은 파동으로 진동합니다. 진실은 더 높은 파동에서 볼 수 있지요. 몸은 빠른 속도의 높은 파동에는 맞추지 못합니다. 그래서 사람들은 높은 파동 속을 잠깐 스쳐가듯 볼 수 있을 뿐이죠. 그런 식으로 아주 조금씩 몸이 빛에 익숙해집니다. 그렇게 세포 속에 빛이 조금씩 쌓이면서 아주 점진적인 방식으로 더 높은 파동을 불러들이게 됩니다."

나는 천사의 말을 통해 몸의 병이 어떻게 영적인 치유를 자극할 수 있는지 이해해 나아갔다. 하지만 왜 애초에 그런 치유가 필요한 상황이 발생하는가 하는 궁금증이 일었다. "존이 치유하고자 하는 수치심, 그러니까 자기는 조건 없는 사랑을 받을 자격이 없다는 그 믿음 말이에요. 그것은 애초에 어디서 온 것이지요? 어떻게 만들어진 건가요?"

"그 영혼 그룹의 가계도에 조직화된 종교에 몸을 담았던 영혼이 하나 있습니다. 최고 고위 성직자군요. 그는 사람의 몸으로 살 때 고의적으로 불균형한 삶을 살았습니다. 그 불균형이 그의 몸을 통해 드러나기 시작했고, 그것은 정신의 병으로 나타났습니다. 그는 두려움과 싸워야만 했어요. 그가 느낀 두려움은 매우 깊은 것이어서 쉽게 사라지지 않았습니다. 결국 그 자신의 몸뿐 아니라 자손의 몸 안에까지 그 두려움이 남게 된 것입니다."

나는 신체의 차원에서 한 행동이 감정으로 고착화되어 결국 그 존재의 일부로 굳어진다는 것을 다른 세션을 통해 알고 있었다. 이러한 이유로 다음 생들이 이의 치유를 계획하는 경우가 생긴다. 몸 안에서 생긴 감정의 덩어리는 몸 안에서 가장 쉽게 치유될 수 있기 때문이다.

"일부러 그렇게 어둠 속으로 떨어졌습니다. 이 영혼 그룹에서 전에는 한 번도 겪어본 적이 없는 낮은 파동 속으로 떨어진 거지요. 그래서 이 실험에서 이 코드〔두려움의 에너지〕가 DNA를 통해 유전적으로 이어지고, 급기야 이 코드는 사뭇 멀리까지 퍼져 다른 영혼 그룹의 많은 영혼들에게까지 적용되었습니다. 그렇게 하는 것이 낮은 파동으로 내려가는 데 유용했으니까요."

더 깊이 자기를 알기 위해 반대의 것을 경험하고자 하는 영혼의 소망을 천사는 언급하고 있었다.

"우리가 자신의 진실한 존재로부터 멀어질수록 어둠은 더 짙어지고 파동수는 더 낮아집니다. 영혼 그룹은 윤회를 통해 이 어둡고 무거운 에너지의 길을 지나면서 정화됩니다. 〔영혼 그룹은〕 다시 한 번 빛과 진리를 인식하게 되고, 그 의식은 안정됩니다. 그러한 존재들은, 마침내 이 윤회의 바퀴를 떠나 다른 영역으로 옮아갈 때 빛으로부터 물려받은 이 지식을 가지고 갑니다. 대답이 되었나요?"

"네, 고맙습니다. 존의 영혼 그룹에 있던 영혼들이 그에게 에이즈 환자로 살겠느냐고 물었고, 그가 동의했으며, 다른 이들은 그의 주변 사람으로 태어나서 그를 판단하고, 거부하고, 그에게 무조건적인 사랑을 주지 않는 역할을 맡기로 동의했다는 말씀으로 들리는군요. 제 말이 맞나요?"

"맞습니다."

"그렇다면 꽤 위험한 계획이라는 생각도 드네요. 존은 주변 사람들이 자신에게 강요한 믿음을 그냥 받아들일 수도 있었고, 그래서 자신은 무조건적인 사랑을 받을 자격이 없다고 결론지어 버렸을지도 모르잖아요."

"맞습니다. 존은 그 이전 여러 번의 생에서 그랬습니다. 그것은 자기 영혼의 치유를 위한 과정의 일부입니다."

"영혼 그룹은 한 개인이 자기는 무조건적인 사랑을 받을 자격이 있다고 확신할 때까지 계속 윤회하면서 이런 종류의 계획을 하나요?"

"네, 맞습니다."

나는 때로 삶이 주는 고통이 너무도 심한데 그것이 꼭 필요한 것인지 알고 싶었다. 나는 여러 가지 방식으로 고통의 필요성을 이해하고자 했고, 그 마음이 촉매제가 되어 이러한 세션에까지 오게 된 것이기도 했다.

"왜 그런 식이어야만 하나요? 조건 없는 사랑을 풍족하게 받으며 기쁘게 사는 삶은 왜 계획하지 않나요? 누구나 그런 사랑을 받을 만하다는 걸 배우게 하는 게 더 쉽지 않을까요?"

"균형은 빛과 어둠을 모두 경험할 때라야 얻어집니다. 여러분의 세계로 다시 태어나는 모든 영혼은 여러 번 태어나기를 거듭하면서 빛과 어둠을 다 경험합니다. 인간 종 전체를 멸종하는 사람으로 태어나겠다고 선택할 수도 있고, 아동을 학대하는 삶을 선택해서 태어날 수도 있습니다. 이 모든 삶은 배움과 앎의 단계를 만들어냅니다. 여러분이 사는 이곳은 선과 악의 양극이 존재하는 영역입니다. 빛과 어둠, 선과 악의 균형을 찾으면 비로소 그 영역에서 빠져나올 수 있고, 이원성이라는 개념을 버릴 수 있으며, 자기 내면에 만유의 주재All That Is에 대한 믿음을 세울 수 있습니다."

천사는 우주에 존재하는 모든 것의 신성한 본성과 하나됨에 대하여 말하고 있었다.

"그렇다면 존의 영혼 그룹은 기쁨과 사랑의 삶뿐 아니라 에이즈와 같은 시련을 주는 삶도 동시에 거치도록 함으로써 수치심을 극복하게 하려 한다는 건가요?"

"맞습니다."

나는 삶을 계획하는 과정에서 그러한 균형이 추구된다는 말을 들으니 마음이 한결 편안해졌다.

"아까 낮은 파동수에 대해 말씀하셨잖아요?" 처음으로 존이 입을 열었다. "그 파동수를 어떻게 하면 올릴 수 있나요?"

"이렇게 말해주고 싶네요, 존. 우주에서 가장 높은 파동은 사랑입니다. 그리고 기회가 있을 때마다 될 수 있는 한 오래 그 파장에 자신을 매어두는 것이 그 비결입니다."

"에이즈라는 병에서 더 깊은 영적인 의미를 찾고자 하는 에이즈 환자들에게는 무슨 말씀을 해주고 싶으세요?"

"마음을 아주 활짝 열어놓으세요." 천사의 목소리가 부드러워져 있었다. "마음에서 나오는 소리만 따라가세요. 그러면 여러분의 이해를 넘어서는 단계에 이를 때마다 많은 치유가 일어날 겁니다."

나는 다른 세션에서도 영에게서 이 비슷한 말을 여러 번 들었다. 마음을 닫으면 우리를 치유할 수 있는 에너지—근원적으로는 사랑의 에너지—도 막아버리게 된다. 마음이 닫혀 감정이 굳어지면 신체도 따라 굳어진다.

"존의 영혼 그룹에서 왜 하필 존이 에이즈에 걸리는 사람으로 선택되었죠?"

"그의 차례였기 때문입니다."

"그냥 단순히, 차례가 돌아와서 그랬다고요?"

"그렇습니다."

"에이즈 경험과 관련해 알아두면 좋은 사실이 더 있을까요?"

"에이즈는 여러분 시대의 흑사병입니다. 그것은 인간 사이에 퍼진 자기 증오의 양상을 나타냅니다. 이 세대가 영으로부터, 빛으로부터 가장 멀리 떨어져 있다는 것을 보여주지요. 또한 몸이 곧 자기 자신이며, 만유의 주재와 별개의 존재라는 믿음 역시 최고조에 달해 있음을 보여주고 있습니다."

"그렇다면 에이즈는 인류를 치유하기 위한 것이라고 말해도 될까요?"

"맞습니다."

나는 이런 세션에 참가한 것이 이번이 처음이 아니었고, 우리가 시련을 고르고 계획했다는 이야기도 영으로부터 이미 들어 알고 있었지만, 그래도 이 세션에서 영이 들려준 말은 놀라웠다. 에이즈를 비롯해 심각한 병에 걸린 사람 가운데 자신의 병을 하느님이나 우주의 징벌로 받아들이는 사람, 그 고통에 아무런 의미가 없다고 여기는 사람이 얼마나 많을까 하는 생각이 들었다. 나는 천사와 나눈 대화를 통해 존의 경험이 비록 고통스러운 것이기는 하지만 깊은 의미를 지니고 있다는 것을 분명히 알게 되었다. 그것은 완전히 새로운 존재로 바뀌기 위한 발판이었다. 존은 세션을 통해 새로운 눈을 뜨게 된 것 같다고 했다.

"내 안에 지금까지 생각하던 것보다 훨씬 더 많은 선의 씨앗이 있다는 걸 깨달았어요. 이제 더 강한 목적 의식을 갖게 되었습니다." 그는 또 자기 영혼이 마치 양복사가 양복을 뜯어 고칠 때처럼 자기한테 인격의 수정을 촉구하고 있다고 말했다. "분필선이 사라지고 마름질선이 훨씬 형태를 갖춰가네요. 영혼은 내가 이를 수 있는 가장 순수한 모습이에요."

스테이시 웰즈의 리딩

앞에서도 말했듯이 스테이시한테는 전생 계획 세션을 보고 들을 수 있는 놀라운 능력이 있다. 그 덕분에 나는 마치 영계로 옮겨진 듯한 느낌을 받기도 했으며, 그 다른 세계의 존재들이 만질 수 있을 정도로 가까이 있는 듯 생생한 느낌을 받기도 했다. 전생 계획 세션에서 일어난 대화를 들을 수 있는 것은 영으로부터 받은 귀중한 선물이다. 이는 스테이시와 나를 비롯해 이 책을 읽는 독자들에게도 또 다른 차원의 세계는 물론이고 한 영혼의 지극히 개인적인 면까지 엿볼 수 있는 기회가 된다. 영혼들은 여기서 영적 진화를 향한 가장 내밀한 희망을 말하기도 하고, 지난 삶에 대한 실망감을 공공연히 털어놓기도 한다. 스테이시의 길잡이 영혼은 각 영혼들의 동의 없이는 그러한 내용을 우리에게 알려줄 수 없다. 그처럼 내밀한 경험의 일부를 우리에게 공개해 준 영혼들에게 고마움을 전한다.

회를 거듭하면서 나는 스테이시의 길잡이 영혼이 고도로 진화된 존재임을 알 수 있었다. 그와 함께할 수 있었던 것은 큰 영광이었다. 그가 스테이시에게 자신을 남자의 모습으로 드러냈으므로 나 역시 '그'라는 호칭을 쓰도록 하겠다.

"존과 그의 아버지가 전생 계획에서 나누는 대화를 듣고 있어요." 스테이시가 입을 열었다. "대화를 나누는 둘 사이에는 커다란 사랑이 있군요. 내가 보는 것은 영혼으로서의 존과 아버지지만, 겉모습은 둘 다 이생에서의 그것과 무척 비슷해요. 존이 자신의 성 정체성을 동성애자로 이미 결정한 게 분명하군요. 어쩌면 죽음에 이를 수도 있는 심각한 병 이야기를 지금 하고 있어요. 이 역시 이미 결정이 된 바네요."

나는 스테이시가 전생의 대화를 한마디 한마디 입으로 재현해 내는 모습에 경탄하지 않을 수가 없었다.

존의 아버지_너에게 수치심을 주지 않겠다.

존_저는 그걸〔수치심 주는 말을〕경험해야만 해요. 제가 제 자신을 찾으려면 아버지가 그런 말씀을 해주셔야 해요. 수치심을 느껴야 제 의지가 강해질 것이고, 운명에 맞설 용기가 생길 거예요.

존의 아버지_좋다. 그렇다면 동의하마. 널 사랑하니까 말이다.〔존의 어머니는 아버지 옆에 서 있다. 아버지가 손을 뻗어 아내를 끌어당긴다.〕우리가 네 부모가 되겠다.

존의 어머니_너를 사랑하고 돌봐주기로 약속한다. 그리고 평생토록 너를 소중히 아껴주마. 내가 너를 멀리할 수도 있단다. 나로서는 무척 어려운 일이겠지. 하지만 너를 위해서 이 시련을 받아들이마.

"존에게는 이전 여러 번의 생에서 감정적으로 그리고 경제적으로 독립하는 것이 중요한 문제였네요." 스테이시가 말을 이었다. "존은 전에 네 번의 생을 연달아 무척 가난하게 살았어요. 그 중 한 번은 제3세계 국가에서 태어났군요. 이런 시련을 이겨내어 강하고 흔들림 없는 자기 존중감을 맛보고 싶어서 부모님을 비롯한 다른 영혼들에게 자기를 심리적으로 무너뜨려달라고 부탁하네요. 억지로라도 자기 안의 힘을 찾아 결국 독립적인 사람이 될 수 있도록 말이에요."

스테이시가 방금 한 설명은 '반대를 통해 배우는' 삶의 계획이라는 매우 고전적인 내용이다. 이러한 전생 계획에서 영혼들은 자신이 가장 이해하고 싶거나 누리고 싶은 것이 결핍되어 있는 상태를 경험하기로 선택한다. 존은 나중에 스테이시의 리딩에 대하여 이렇게 말했다. "나는 내가 [현재의 인격체 모습으로] 원하는 삶과는 정반대되는 삶을 직접 골랐다고 믿어요. 다른 사람의 아픔을 공감하기 위해서 말이지요." 그는 오랫동안 여러 전생에서 사람들에게 잔인하게 행동한 데 대한 벌로 지금 이 같은 병을 앓고 있다고 생각해 왔다. 하지만 이제는 그것이 사실이 아님을 안다.

"또 다른 게 보이네요." 스테이시가 입을 열었다. "존이 이번 삶을 선택한 것은 의식의 혁명과 성적性인 혁명을 구체적으로 경험하기 위해서예요. 이번 생에서 그는 지금 이 시대를 살고 싶어했어요. 그래야 그 두 가지 혁명을 다 경험할 수 있으니까요. 그는 또한 여러 전생에서 연인 관계, 심지어 가족 관계에서조차 절제력 있는 모습을 보여주지 못한 적이 있군요. 이번 생에서도 그런 모습을 보였어요. 같이 있어도 되는 사람인지, 그와 함께 위험이 따를 수 있는 행동을 해도 되는지 잘 살펴보지 않고 가까이 해 에이즈 바이러스에 감염되는 것을 계획했어요. 둘 모두 자기 훈련을 생각하지 않은 결과지요."

존은 나중에 그 점에 있어서 스테이시의 말이 옳다고 인정했다. 그리고 덧붙였다. "저에게 자기 절제나 자기 훈련이란 남의 나라 이야기나 다름없었지요."

"지금 존의 전생 계획 세션에 다른 누가 있는 게 보여요. 존의 학교 선생 중 한 명이네요. 그녀는 스스로 예술적이라고 생각하는 영혼이에요. 이번 생에서 존의 선생으로 사는 그녀는 자신의 예술적인 성격과 균형을 맞추기 위해 무척 공격적인 사람이 되려고 하는군요. 그녀는 자기 안의 남성 에너지를 끌어올려 표현하려고 해요. 그녀가 존에게 하는 말은 전부 [그에게 수치심을 주는 것인데요] 의도된 것이군요. 그녀는 존과 이러한 약속을 하기에 안성맞춤이에요. 둘은 아주 오래 전 삶에서부터 아는 사이거든요. 기원후 3~4세기 정도부터요."

스테이시의 말을 들으니 영혼은 모든 것에서 균형을 추구하며, 그 안에는 남성 에너지와 여성 에너지를 표현하는 일도 포함된다는 사실이 떠올랐다. 내가 인터뷰한 이들 중에는 전생에서 남성 혹은 여성의 에너지를 표현하는 데 어려움을 겪은 경우가 있었다. 그들은 그 표현 못한 에너지를 표현하는 기술을 익히는 쪽으로 그 다음 생을 계획했다.

"존에게 수치심을 준 사람들과 다른 대화는 없나요?"

"존의 반 친구들은 영혼의 단계에서 그와 약속한 영혼의 짝들은 아니라고 하네요." 스테이시는 길잡이 영혼이 해주는 말을 그대로 전해

주고 있었다. "하지만 그들은 자기 길잡이 영혼들의 영향으로 그런 식의 말을 한 거예요. 그들의 길잡이 영혼이 존의 길잡이 영혼과 협력하는 방식으로 일하고 있군요. 길잡이 영혼들이 그러한 표현이나 말을 주면 그들의 입에서 그런 말이 불쑥 튀어나오는 거지요. 매번 그런 거냐고 물었더니 이런 답이 들려오네요. '그렇습니다. 매번 그래요. 그들에게는 이런 일에 대한 약속이 없는 것으로 보입니다.'"

이 말은 무척 놀라웠다. 길잡이 영혼이 사람들이 무슨 말을 하는지에까지 영향을 줄 수 있다는 말은 들어본 적이 없었기 때문이다. 그렇지만 이는 이후 다른 세션에서 들은 바와 맞아떨어졌다. 나는 길잡이 영혼들이 비록 고통스러운 경험이라 할지라도 현생의 모든 경험을 태어나기 전 미리 계획한다는 사실을 알려주려 열심히 일한다는 것을 다른 세션을 통해서도 알 수 있었다. 이러한 생각은 인간의 관점에서 보면 이해하기 힘들거나 불쾌할지 몰라도 영혼의 관점에서는 전적으로 다른 의미를 지닌다. 영혼으로서 우리는 이 삶이 지구라는 무대 위에서 펼쳐지는 한 편의 연극이며, 무대 위의 배우가 다른 배우의 대사에 영향을 받듯 자신 역시 타인의 말에 깊은 영향을 받는다는 것을 알고 있기 때문이다.

나는 존의 삶에서 그에게 수치심을 주기로 약속한 사람이 또 있는지 궁금했다. "애인이었던 사람들은 어떤가요?"

스테이시는 잠시 말을 멈추더니, 곧 이번 생에서 존의 애인이었던 남자와 존 사이의 대화를 들려주었다.

남자_이런 일을 맡고 싶지 않아. 너를 그런 식으로 대하고 싶지 않다고.

존_하지만 내게 필요해. 그런 말이 필요한걸. 그런 태도도 필요해. 그래야 내가 자극을 받을 거야. 내가 원해서 하는 거야.

"존은 그런 말들을 극복하고 싶어해요. 그런 말은 그가 지난 여러 생에서 자기 자신에 대해 생각하던 바거든요." 스테이시가 설명해 주었다.

존_나는 널 아주 많이 사랑하기 때문에 용서할 수 있어. 이번 생을 끝내고 다음 생으로 넘어갈 때 마음속에 담아두지 않을 거야. 너를 탓하지도 않을 거야. 이 일로 우리가 새로운 카르마를 만들어 또 다른 생에서 용서라는 주제를 풀어야 한다든지 하는 일도 없을 거야.

남자_네게 그런 말을 하고 널 그렇게 대한다는 건 참 어리석은 짓이지. 〔존의 부탁을 놓고 생각하며 잠시 침묵이 이어진다.〕 네 부탁을 들어줄게. 하지만 우리 사이에는 사랑이 꼭 있어야 해. 사랑을 경험해야만 해.

존은 나중에 나한테 "맞아요. 우리는 정말 사랑했어요"라고 말했다. "사람들이 바뀌는 게 보이네요." 스테이시가 계속 이야기했다. "한 남자가 몸을 돌리더니 다른 이들의 대화에 끼어들어요. 그가 누군가에게서 에이즈 바이러스를 얻겠다고 하는군요. 그는 모두 존과 같은 병을 앓게 될 영혼 그룹과 이야기하고 있어요. 그들은 이 경험에서 개인적인 교훈을 얻는 것뿐 아니라, 윗세대에게도 관용과 조건 없는 사랑에 관한 중요한 교훈을 주기 위해 이런 약속을 한다고 해요. 개인적인 차원을 넘어 이 영혼 그룹 모두가 동의하는 더 큰 뜻을 위해서지요. 이 남자가 존에게로 고개를 돌리는 게 보이네요."

남자_이 병을 앓는 데는 개인적인 가르침을 얻는 것을 넘어 더 큰 뜻이 있어요. 우리는 윗세대에게 가르침을 줄 거예요. 그들을 존중하면서도 그들이 소중한 것을 경험하고 배워 성장할 수 있도록 기회를 줄 겁니다.

존_맞는 말이에요. 하지만 내게는 개인적으로도 이 경험이 필요하지요. 전처럼 행동하려는 고집이 이 병으로 꺾일 테고, 그리하여 연애 문제에서도 더 깊이 생각하고 지혜롭게 처신하는 방법을 배우게 될 거예요.

나는 그제야 존의 영혼 그룹이 얼마나 심오한 일을 하고 있는지 깨달았다. 그들은 사회 전체를 위해 일하고 있었다. 그들은 세상을 더욱 관용적인 곳으로 만드는 방법으로 인류에게 봉사하고자 했다. 그들이 사회의 힐난을 참아내는 것은 그렇게 힐난하던 사람들이 판단 대신 무조건적 사랑을 표현하고 마침내 그들 자신이 그러한 무조건적 사랑임을 깨닫게 하기 위함이었다.

스테이시와 그녀의 길잡이 영혼은 지금까지 어떻게 그리고 왜 한 영혼이 태어나기 전에 에이즈 환자가 되기로 계획을 세우는지 명쾌히 설명해 주었다. 하지만 이와 같은 전생 계획 없이 에이즈 환자가 되는 이들은 어떻게 된 것일까? 이 경우 영혼은 어떤 역할을 하는 것일까? 스테이시가 대답했다.

"내 친구 중에 에이즈로 죽은 친구가 있어요. 태어나기 전 그런 일을 계획하지 않았던 친구지요. 그가 선택한 거예요."

"영혼의 차원에서요, 아니면 인간의 차원에서요?" 내가 물었다.

"영혼의 차원에서 한 것이지만, 그 선택은 육체를 입고 있을 동안 이루어졌지요."

"그렇다면 그 영혼은 스스로 삶의 에너지를 끊어버리려 했다는 건가요?"

"그래요."

"그건 왜죠?"

"내 친구는 사랑받지 못했다고 느꼈어요. 태어나서 단 한 번도 사랑받지 못했다고 생각했지요. 자살은 원하지 않았어요. 그 대신 에이즈에 걸려 죽는 쪽을 택했지요. 병상에 누워 있는 동안 많은 사랑과 관심을 받을 수 있을 테니까요. 그의 더 높은 자기[영혼]는 자신의 인격체가 느낀 바에 동의했어요. 그의 인격체는 슬픔과 용서하지 못함, 분노로 가득 차 있었지요. 그의 영혼으로서는 이 삶에서 나가는 것이 가장 간단한 방법이었던 거지요."

"어떻게 영혼이 인격체에게 에이즈에 걸리도록 할 수 있나요?"

"아무 상대하고나 잠자리를 가져 에이즈에 쉬 걸릴 수 있도록 이미 행동을 한 거지요." 스테이시가 대답했다.

나는 여전히 어떻게 이런 일이 일어날 수 있는지 이해할 수 없었다. "하지만 그건 마치 영혼이, 인격체가 에이즈에 걸릴지 말지를 조절할 수 있다는 말로 들리는군요. 영혼이 어떻게 그런 힘을 가질 수 있나요?"

"우리가 잠을 잘 때 영혼의 차원에서 많은 일이 일어나요. 이 결정은 그가 자는 동안 일어난 것이었어요."

"그러니까, 그 인격체가 밤에 빛몸lightbody이 되어 영혼을 만나서는 깨어난 뒤 에이즈에 걸리게 할 뭔가를 하기로 동의를 한다는 말인가요?"

'빛몸'이란 영혼 상태에 있을 때 우리의 겉모습을 가리키는 말이다. 문자 그대로의 뜻이다. 우리의 빛나는 몸은 빛으로 만들어져 있다.

"그래요." 그녀가 말했다.

"스테이시, 그럼 이외에 영혼들이 생에서 큰 병에 걸리기로 계획하는 주된 이유는 무엇인가요?"

스테이시의 말이 갑자기 느려지며 훨씬 더 신중해졌다. 그녀는 이 세션에서 처음으로 자신의 길잡이 영혼과 채널링하고 있었다. 그녀의 길잡이 영혼은 리딩의 끝에 다다른 우리에게 마무리로 무언가를 말하고 싶어하는 것 같았다.

"[이유가] 많이 있습니다. 이타적인 이유, 이기적인 이유 모두 다요. 큰 병은 그 사람의 신념 체계와 가치관, 사고방식을 크게 바꾸어 놓는 역할을 합니다. 때로는 카르마의 균형을 맞추기 위해서 계획하기도 합니다."

"큰 병을 앓거나 그런 이를 돌보는 사람, 병의 더 깊은 영적 의미를 이해하고자 하는 이들에게 해주고 싶은 말씀이 혹시 있으신가요?" 내가 물었다.

"충분히 사랑하십시오. 그리고 이 글을 읽는 사람들에게 이런 말을 상기시켜 주고 싶습니다. 아픈 것, 혹은 아픈 이를 돌본다는 것은 참 무거운 인생의 짐이라 느껴지겠지만, 그건 하나의 징검다리라는 사실을요. 진화의 사다리에 걸쳐 있는 한 칸의 가로막대와 같은 거라는."

존은 무척 멋진 삶의 계획을 세웠다. 그 역시 여느 영혼들처럼 다른 시대나 장소를 골라 태어날 수 있었다. 그러나 그는 자신이 속한 사회의 수치심이 자신의 마음속에 있는 수치심을 반영하는 시대와 장소를 골랐다. 도덕적 불관용이 어느 때보다 심한 미국 남부를 택해 태어남으로써 수치심이 무엇인지 깊이 체험할 수 있는—따라서 그만큼 깊이 치유될 수 있는—삶을 계획했던 것이다.

그가 주변에서 받은 수치심은 개인적인 관계에도 그대로 반영되었다. 이보다 시련이 더 큰 환경은 만들기 어려웠을 것이다. 그는 개인생활이 보장되지 않는 작은 마을을 택해 태어났고, 따라서 자신의 성 정체성을 애써 감추지 않으면 안 되었다. 또 그의 본성을 용납하지 않는 종교의 신도들을 이웃으로 골랐으며, 그를 가차 없이 비난하는 부모—이들은 같은 영혼 그룹의 구성원이다—를 선택했다.

그는 여기서 그치지 않고 이 시대에 가장 수치스러운 질병으로 여겨지는 에이즈를 선택했다. 존은 자신의 삶의 그림을 부드러운 파스텔 톤으로 칠하지 않았다. 그는 용기 있게도 대담하고 강렬하며 때로 거칠기도 한 색을 골라 드라마틱한 그림을 그렸다. 그리고 그 그림은 그의 영혼의 아름다움을 그에게 일깨워주었다.

존의 부모 역시 존만큼이나 아름답다. 그들은 존이 대본을 짜놓고 부탁한 역할을 마지못해 맡기로 했다. 그들이 존의 부탁을 들어주기로 한 동기는 오직 하나, 바로 사랑이었다. 과거 연인 관계에 있던 남자 역시 사랑이 있기에 그만큼이나 어려운 역할을 받아들였다. 그는 실제로 자신과 존이 사랑을 경험한다는 조건하에서만 그 역할을 받아들였다. 꽉 막히고 편협한 아버지의 영혼, 판단하기 좋아하는 어머니의 영혼, 그리고 수치심을 안겨준 애인의 영혼은 모두 사랑 그 자체였다. 존의 전생 계획 세션의 중심에 사랑이 놓여 있다고 하는 것은 바로 이 때문이다. 사랑은 그들이 존의 부탁을 받아들인 동기이자 장차 자신들이 경험할 것이기도 했다. 마침내 영혼의 세계에서 그들과 다시 만나게 될 때 존은 그처럼 훌륭하게 역할을 해내준 그들에게 고마워할 것이다.

영은 사랑이다. 우주는 사랑이다. 우리는 사랑이다. 눈에 보이는 인격체를 넘어 영원한 영혼의 내부를 들여다본다면 우리는 자신이 진정으로 누구인지 기억해 낼 수 있을 것이다. 영혼은 자신의 정체성을 일시적으로 잊어버렸다가 나중에 다시 발견하면서 — 그리고 그 둘 간의 대조를 통해서 — 자기를 더욱 깊이 알고 깨닫는다. 영혼은 육체적 환생 없이는 이런 종류의 강렬한 대비를 경험할 수도 이해할 수도 없다. 사람이 사랑인 자기 자신을 다시 발견할 때, 존에게 이제 막 일어난 것처럼, 몸과 마음에 치유가 일어난다.

영혼 그룹 전체로서도 이러한 경험으로 얻는 바가 있다. 존은 이번 생이 끝나고 자기 영혼 그룹으로 돌아갈 때, 수치심에 대하여, 특히 어떻게 그 감정이 영혼의 위대함을 가릴 수 있는지 느껴서 알게 된 상태로 돌아갈 것이다. 그리고 그 지혜를 그의 그룹 내 다른 구성원 모두와 나눌 것이다. 지혜는 그들의 일부가 될 것이고, 그들은 함께 영적 진화의 다음 단계로 올라갈 것이다. 존이 지구의 삶에서 견뎌야 하는 고통은 덧없는 것이다. 하지만 그와 그의 영혼 그룹은 여기에서 얻은 지혜를 영원히 가져갈 것이다.

자기를 용서하는 것은 이번 생에서 존의 치유에 시금석이다. 그는 남을 받아들이지 못하는 이들의 편협함도 용서해야 했지만, 그보다 훨씬 더 어려운 것은 자신에 대한 다른 이들의 말을 그대로 믿어버린 스스로를 용서하는 일이었다. 존은 자신이 에이즈 바이러스에 양성 반응을 보인다는 것을 알았을 때 자기가 그런 병에 걸려도 마땅하다고 생각했다. 그의 수치심은 그토록 뿌리 깊었던 것이다. 그는 임사 체험을 하고 나서야 자신이 살고 싶어하고 또 살 가치가 있다는 것을 깨달았다. 삶과 죽음의 대비를 통해서야 진정한 자기 자신에 대한 기억을 되살려낼 수 있었다.

그는 더 이상 아버지의 거친 말에, 학교 선생과 친구들의 정죄定罪에, 전 애인의 수치심 주는 말에 묶이지 않았다. 더는 자신을 에이즈 환자로 규정하지 않았다. 치유의 여정은 결국 '기억해 냄'의 여정에 다름 아니다. 존은 값을 매길 수 없는 자신의 가치를 직관적으로, 내면으로부터 기억해 냄으로써 영혼으로서의 자기 자신에 눈을 떴다. 용기 있게 어둠을 껴안을 때에만 빛을 이해하고 빛을 온전히 누릴 수 있는 것이다.

우리가 물질계에서 경험하는 대부분의 어둠은 우리가 분리되어 있다고 믿는 데서 나온다. 우리는 우리가 서로에게서 분리되어 있고, 근원적인 영으로부터도 분리된 개체라고 생각한다. 천사가 한 말을 빌자면 그저 이 몸만이 우리라고 생각하는 것이다. 이 세상에 육신의 옷을 입고 태어난 우리에게는 이러한 착각에 설득당하는 일이 꼭 필요하다. 그래야 영적인 성장을 위한 깊은 가르침을 얻기 때문이다. 우리가 분리를 느끼지 않는다면 삶은 우리의 교사가 되는 데 필요한 중력을 잃어버릴 것이고, 우리는 삶의 학생이 되어야 할 동기를 느끼지 못할 것이다.

존은 에이즈를 앓음으로써 우리 모두에게 우리의 진정한 자신이 드러날 수 있는 기회를 주었다. 우리가 아주 지독하게 비판하는 많은 사람들 역시 우리에게 이런 선물을 준다. 알코올 중독자, 마약 중독자, 에이즈 환자들은 각각 눈에 보이는 것만으로 사람을 판단하지 않을 기회를, 관용과 연민을 생생하게 표현할 기회를 우리에게 준다. 존과 그의 영혼 그룹에 있던 다른 영혼들은 부분적으로는 사회에 그처럼 신성한 덕목을 가르치려는 뜻으로 에이즈라는 삶의 시련을 계획했다. 우리는 그들에게 손가락질할 것이 아니라 오히려 교사가 되어주니 고맙다고 해야 할 것이다. 다른 이들에게 가르침을 주기 위해 에이즈 환자가 되는 등의 시련을 선택하는 것은 이타심의 표현이다. 경우에 따라 이타심은 이전 생에서 보여준 이기심과 균형을 맞추기 위한 것이기도 하다. 하지만 그것이 사랑의 표현이라는 데에는 예외가 없다.

사랑을 표현하는 것은, 우리의 진정한 본성이 숨겨져 있을 때 ― 이 역시 스스로 계획한 것이지만 ― 삶이 주는 가장 근본적인 임무다. 우리가 그 시련을 만날 때, 그리고 인격체란 우리가 일시적으로 걸치는 겉옷일 뿐임을 깨달을 때, 우리는 스스로 선택한 기억상실에서 깨어난다. 존은 그 겉옷을 벗어던지고 그 안에 숨어 있던, 무한한 사랑이요 영원한 영혼을 드러냈다.

도리스의 이야기 ― 유방암과 판단 내려놓기

도리스 역시 존과 마찬가지로 치명적인 병을 얻었다. 바로 유방암이었다. 사람들이 앓는 병은 제각각이지만 그 병의 기원과 개인의 성장에서 하는 역할은 모두 같다. 몸의 병은 그들에게 마음의 치유가 필요함을 보여주는 것이다.

도리스는 알코올 중독자인 어머니에 대해 이렇게 설명했다. "처음에는 굉장히 부드럽게 어루만지세요. 그러다가 갑자기 목을 부러뜨릴 듯 세게 후려치시죠. 번개가 치는 것 같아요."

도리스가 열여섯 살이었을 때 어머니와의 사이에 중요한 사건이 일어났다. 아직 이성을 사귀어본 경험은 없지만 호기심이 가득하던 도리스와 친구들은 어느 날 콘돔 한 봉지를 샀다. 그들은 함께 도리스의 방으로 가서 가져간 콘돔을 뜯어보고 장난을 치며 놀았다. 그리고 도리스의 옷장 서랍에 그것을 넣어두고서 까맣게 잊어버렸다.

며칠 뒤 도리스가 학교에서 돌아와 보니 어머니가 술에 취한 채 도리스의 방에 있었다. "제 옷장에 있던 옷이란 옷은 죄다 바닥에 널브러져 있었죠. 옷이 든 서랍 여섯 개 중 다섯 개가 바닥에 내동댕이쳐져 있더군요. 제가 올라갔을 때 어머니는 마지막 서랍에 손을 얹고 마치 연극 배우 같은 자세로 서 계셨어요. 어머니는 마지막 서랍을 빼 바닥에 내동댕이치더니 콘돔 봉지를 들었어요. '이게 다 뭐야, 네가 매춘부냐?'"

도리스의 어머니는 그 뒤로 몇 주 동안 도리스를 '매춘부'나 '창녀'라고 불렀다.

"전 어머니 말대로 해주겠다고 생각했어요." 도리스는 슬픈 목소리로 말했다. "전 그때까지는 남자와 자본 적이 없었는데, 밖으로 나가서 마치 무슨 실험이라도 하듯이 처녀성을 버렸어요. 제게는 그런 것 따위 지키고 있을 자격도 없다고 생각했지요. 그 일이 있은 뒤로 저는 섹스만이 저를 가치 있게 해준다고 생각하게 되었죠."

도리스는 어머니에게 이것 말고도 자존감을 짓밟히는 말을 많이 들었고 그때마다 그것을 내면화했다. 도리스는 소녀 시절의 자신을 "돌리 파튼(큰 가슴으로 유명한 미국의 가수—옮긴이) 몸매"였다고 말했지만, 실제로는 결코 뚱뚱하지 않았다. 그런데도 어머니는 그녀가 뚱뚱하고 못생겼다고 입버릇처럼 말했고, 도리스는 그 말을 그대로 믿었다. 도리스가 대학에 입학해 집을 떠나게 되었을 때는 짐을 꾸리는 딸에게 어머니가 이렇게 물었다. "가기 전에 가슴 축소 수술이라도 받아야 하는 거 아니니? 그래야 좀 정상으로 보일 것 같은데."

"어머니는 다음에 어떻게 나올지 절대로 예상할 수 없는 분이었어요."

도리스는 어머니의 언어 폭력 때문만이 아니라 가족들이 유대인이었다는 사실 때문에도 가족 내에서 고립되었던 느낌을 아직 기억하고 있다. "늘 버스를 잘못 탄 기분이었어요. 종교는 저에게 아무런 소속감도 주지 못했어요."

나는 도리스의 말을 들으며 어린 시절 그녀의 반응이 조금 의아하게 생각되었다. 어린 소녀가 유일하게 접한 종교적 토양을 왜 그토록 이질적으로 느꼈을까? 그녀는 유대교의 신념이나 관습을 강요받았다는 말을 한 적도 없었다. 그러나 나는 곧 그 답을 찾았다.

도리스가 유방암 판정을 처음 받은 것은 삼십대 중반의 일이었다. "부엌으로 갔어요. 제 룸메이트가 서 있었지요. '나 암이래.' 제 말을 듣고 친구가 들고 있던 잔을 개수대로 떨어뜨리는 바람에 잔이 깨지고 말았어요. 친구가 저를 와락 껴안더군요. 우리 둘 다 그 사실이 믿기지 않았어요. 하지만 죽지는 않으리라는 걸 알았어요." 그녀는 담담하게 말했다. 나는 도리스가 어떻게 그렇게 확신할 수 있었는지 궁금했다. 그것 역시 곧 밝혀졌다.

도리스는 방사선 치료와 종양 절제 수술을 받았다. 수술이 진행되는 동안 의사와 농담을 주고받기도 했다. 그녀는 자기가 제일 좋아하는 록밴드의 음악을 듣겠다며 수술실 직원에게 라디오를 켜달라고 부탁하기까지 했다.

수술이 끝나자 이제 암과는 작별이라고 생각했다. 하지만 12년 뒤 양쪽 가슴에 종양이 있다는 유방암 진단을 다시 받았다. "저는 아직도 제 자신에 대한 느낌과 성적인 문제 전반에 대해서 감정이 정리되지 않은 상태였어요. 여전히 제 자신을 아주 낮게 평가했죠. 저는 괜찮은 작가였어요. 전 세계를 다니며 일했지요. 하지만 제 안의 목소리는 언제나 절 과소평가했어요……"

의사들은 도리스에게 양쪽 유방을 모두 잘라내는 수밖에 없다고 했다. 도리스는 며칠이 지난 뒤에야 의사들의 말이 어떤 뜻이었는지 실감했다. "정신을 차릴 수가 없었어요. 갑자기 머릿속에서 이런 말이 떠오르더군요. '의사들이 네 양쪽 가슴을 도려낼 거야.' 너무나 무서웠어요. 울고 말았지요."

도리스는 스스로는 겁이 나면서도 다른 이들에게는 마음을 편안하게 해주려 애썼다. "저는 [진료 대기실에서] 제아무리 꾀죄죄하고 이상해 보이는 사람이라 해도 바로 옆에 앉는 버릇이 있었어요. 한 소녀가 있기에 물었지요. '안녕, 너는 무슨 일로 왔니?' 소녀는 저를 외계인 보듯 쳐다보면서 '그야 암 때문이죠' 라고 하더군요. '나도 그런데. 그래, 넌 어떤 거니?' 그제야 소녀가 경계심을 풀며 자기 이야기를 꺼내놓더군요."

도리스는 양쪽 가슴을 모두 도려낸 뒤 일종의 해방감을 느꼈다. "수술이 끝나니까 정말 좋았어요. 이제 더는 걱정할 필요가 없어진 거예요. 가슴 촬영을 할 때마다 숨을 참고 있을 일도 없어졌고요. '소녀 같아진' 제 가슴을 보자 겁이 나긴 하더군요. 하지만 남편이 그러더군요. '이야, 당신 소녀 같아. 난 그것도 좋은걸?' 가슴 크기가 이제야 제 몸매와 좀 비율이 맞는 것 같았어요. 가슴을 도려내면서 제 눈에 씌어 있던 볼록 렌즈 안경도 벗겨진 거지요. 그제야 전 더 현실적인 관점에서 제 자신을 볼 수 있게 되었어요. 제 정신적인 고민이 싹 가신 거죠."

스스로에 대한 도리스의 감정은 얼마나 많은 사람들이 자신을 위해 기도했는지 알게 되었을 때 훨씬 더 많이 바뀌었다. 많은 이들이 사랑과 지지의 말을 보내주었고, 그녀가 자신들에게 얼마나 소중한 존재인지 말해주었다.

"내가 그동안 어떻게 살았고, 얼마나 많은 사람들을 감동시켰는지 뭐라 반박할 수 없는 증거들이 쏟아져 나왔지요." 그녀의 목소리에서 기쁨이 묻어났다. "내가 좋은 사람도 아니고 사랑받을 만한 사람도 아니라고, 이 세상에서 아무것도 아니라고 계속 자신을 부정할 길이 없어진 거예요. 저를 인생의 절정에 올려준 경험이었어요. 물론 모두에게 다 그러리라는 건 아니에요."

도리스는 이제 유방암을 통해 얻은 성장과 치유를 다른 식으로 바라보고 있다. "저는 여성의 힘에 매우 불편해했어요. 제가 여자들을 믿지 않듯 여성의 힘 역시 믿지 않았죠. 저는 사람들을 은근히 조종하는 여자들 특유의 방식으로 행동해 본 적도 없고—오히려 그런 걸 지독하게 싫어하지요—화려한 옷에 빠져본 적도 없어요. 화장은 남의 일이었지요. 화장실에서 퍼프로 얼굴을 두드려본 적도, 몸치장을 해본 적도 없어요. 하지만 [아파서] 도움이 필요한 여성들을 돌아보지 않을 수 없더군요. 저는 우리 여성이라는 존재를 무척이나 존경하게 되었어요."

"도리스, 자기 자신에 대해 어떤 점을 알게 되었나요?"

"저는 인간의 조건에 끝없는 연민을 느끼는 다혈질의 여자예요. 인간적인 것을 좋아하지요. 사람들의 경험을 직관으로 꿰뚫어보고 또 잘 활용할 줄도 알아요. 전 유방암이라는 경험을 통해 제가 다른 여자들에게 손을 뻗어 '이리 와요, 이 다리를 같이 건너요'라고 말할 수 있게 된 것에 깊이 감사해요. 암으로 피해를 보았다는 생각은 한 번도 해보지 않았어요. 마치 제가 선택한 일 같아요. 처음부터 쭉 말이에요. 저는 늘 이런 선물을 찾고 있었어요."

"유방암을 앓는 다른 이들에게 뭐라고 말해주고 싶은가요?"

"가슴 두 쪽을 다 도려내는 수술을 하고도 회복한 이야기를 사람들에게 들려줄 일이 종종 있는데, 그럴 때마다 저는 한 번에 시원스레 끝났다고 말해줘요. 여섯 시간이 걸렸는데, 세 시간은 도려내는 작업, 나머지 세 시간은 '앞부분' 재정비 시간이었다고요. 이렇게 말하면 사람들은 죄다 웃음을 터뜨려요. 유머를 찾아내요. 그렇게 즐겨요. 노는 거예요. 이 일로 비참한 눈물을 뚝뚝 흘려야 할 필요는 어디에도 없어요."

내가 도리스와 인터뷰를 하기로 결정한 이유 중 하나는 그녀에게 투청 능력이 있기 때문이었다. 나는 그녀가 자신의 전생 계획에 대해 뭔가 알아낼지도 모르겠다고 기대했다. 하지만 그녀는 내 기대를 뛰어넘었다. 영매와 대화를 나누는 사이 자신의 영적인 능력을 놀라운 방식으로 활용한 것이다. 그녀는 영매 스테이시 웰즈의 도움을 받아 영혼의 영역에 간접적으로 접촉했다.

나는 도리스가 비물질적 존재, 아마도 그녀의 길잡이 영혼일 가능성이 아주 큰 존재에게서 말을 듣고 그것을 우리에게 전달해 주리라고 예상했다. 그래서 그녀가 즉시 트랜스 상태로 들어가 채널링을 시작했을 때 그렇게 많이 놀라지는 않았다. 하지만 그녀를 통해 말하고 있는 영혼이 누구인지를 알았을 때는 적이 놀라지 않을 수 없었다.

채널링이 시작되자 도리스의 목소리에서 에너지가 강하게 출렁이는 것이 느껴졌다. 접신된 영혼은 무척 권위 있는 톤으로 이야기를 했다. 내뱉은 첫마디부터 말하는 방식이 극적으로 바뀌어 있었다. 도리스의 인격이 더는 존재치 않는 게 분명했다. 그녀는 어디론가 사라지고 그 자리에 새로운 의식이 들어와 있었다.

도리스의 채널링

"이 영혼(도리스)은 자신의 힘을 두려워했습니다. 요즘 말로는 성공에 대한 두려움이라고 할 수 있겠습니다." 접신된 존재가 선언하듯 말했다.

"영혼과 몸의 결합은 무척 어려운 일이었습니다. 이 영혼은 남자의 몸에 들어 있을 때보다 여자의 몸에 들어 있을 때 훨씬 힘들어합니다. [과거 여러 생에서] 남자의 육신을 입고 있었을 때에는 대부분 영락없는 마초였습니다. 좀 나을 때도 있었지만, 그래도 남자가 우월하다고 철석같이 믿는 사람이었지요. 그러니 카르마의 균형을 맞추기가 아무래도 쉬운 일은 아니었습니다. 남자의 몸을 입고 태어날 때는 여자들을 존중하지도 동등하게 대우하지도 않습니다. 여자의 몸을 입고 태어날 때는 성이 요긴한 수단으로 쓰이는 경우가 많습니다. 무기로, 협상의 도구로 성을 사용하는 거지요.

이번 생에서 우리는 정반대의 삶을 경험할 기회를 주었습니다. 육체적으로는 여성성이 훨씬 드러나는 풍만한 몸을 선택했지요. 모녀 관계에서는 딸을 무척이나 질투하는 어머니를 계획했습니다. 심지어 딸이 처녀성을 버리기도 전에 도덕적으로 타락했다며 딸을 비난하는 상황도 설정했습니다. 바로 그때 이 인생에는 두 개의 문 중 하나가 활짝 열릴 수도 있었지요. 이 영혼은 어머니가 틀렸다는 것을 증명하고 이후 여러 해 동안 처녀성을 간직할 수도 있었습니다. 하지만 이미 보았듯이 비록 자신은 그렇게 생각하지 않으면서도 어머니가 한 말이 옳다고 믿어버렸습니다. 이 영혼은 그때부터 성을 편리한 도구로 생각하기 시작했고, 가끔은 자기 맘대로 할 수 있는 유일한 소모품이라고까지 생각했습니다.

이런 상황 때문에 이 영혼의 자아상은 극단적으로 나빠졌습니다. 그리고 이것은 권력과 성공의 관점에서 두 번째 시험이 되었습니다. 그녀는 자신은 성이 바탕이 되지 않으면 어떤 것도 할 수 없고 또 성공할 수도 없다고 믿게 되었습니다. 우리가 암을 계획한 것은 그것이 올바른 성적 에너지를 거부할 때 어떤 일이 일어나는지 보여줄 수 있는 가장 적절한 예였기 때문입니다.

이 사람은 첫 번째 암 선고를 받았을 때 이것이 죽을병이 아니라는 것을 알았습니다. 따라서 별 두려움 없이 수술을 하고 방사선 치료를 받았지요. 하지만 자기 혐오와 극히 낮은 자아상의 문제는 해결되지 않은 상태였습니다. 따라서 우리는 두 번째로 암을 경험하게 해야 했습니다. 이때는 삶에 대한 믿음도 무너지기 시작했습니다. 물론 그래도 포기하지는 않은 상태였지요.

나이를 먹어감에 따라 자기 혐오가 더욱 깊어졌고, 한편으로는 삶의 가르침을 받아들일 내적 준비가 갖추어져 가고 있었으며, 동시에 평생의 직업을 시작하고 있었습니다. 비웃음과 고통, 자기 혐오의 대상이 되어오던 부분을 도려내기로 결정할 최적의 시점이었습니다. 방해받지 않고 하던 일을 계속할 수 있었으니까요. 그리하여 그녀는 [두 번째로] 암 선고를 받았고 양쪽 가슴 모두를 도려내야 했습니다. 이에 대한 반응이 더할 나위 없이 긍정적이었기에 우리는 기뻤습니다."

나는 전에도 채널링을 지켜본 경험이 있기에 비물질적 존재가 자기만의 에너지를 가지고 있다는 것을 알고 있었다. 이 경우에는 아주 강한 힘이 느껴졌다. 그 영혼이 말하는, 간결하지만 설득력 있는 설명에서도 힘찬 에너지가 느껴졌다. 이 존재는 더 커다란 그림을 잘 알고 있었고, 어떤 감정도 개입시키지 않고 그 그림을 보여주었다. 그래도 목소리에서는 보살펴주는 듯한 다정함이 묻어났다.

한 가지는 분명했다. 도리스의 몸은 스스로에 대한 감정에 반응했다는 것이다. 세포는 우리가 하는 생각을 들으며, 그것에 따라 반응하는 법이다. 인격체의 관점에서 보면 처벌처럼 느껴질지 모르나, 영혼의 관점에서 보면 이는 성장의 기회이다. 존의 이야기에 나왔던 천사가 존이 느낀 수치심이라는 감정과 관련해 말했듯이, 병은 "치유가 필요한 곳에 빛을 비추어주는" 역할을 한다. 도리스 자신이 설명한 영적 성장의 관점에서 보자면 그녀의 몸 역시 존과 마찬가지로 더 높은 영적 자각을 위한 발판으로 작용한 것이다.

채널된 존재는 '시험'이라는 말을 썼는데, 그것은 곧 도리스의 경험 대부분이 계획되어 있다는 것을 암시했다. 그 까닭에 대해 묻기 전에 말하고 있는 이가 누구인지를 먼저 물었다.

"우리라는 말을 여러 번 쓰셨는데요. '우리'가 누구인가요?"

"우리는 대령大靈입니다. 모든 인격체들을 아우르지요. 그 인격체들은 죽지 않습니다. 그들은 거대한 코러스의 일부입니다. 우리는 3차원의 그림, 즉 콜라주처럼 인생을 계획하는데, 이때 길잡이 영혼들과 함께 마치 페이지를 쭉 넘기며 살펴보듯 그 인격체들을 훑어봅니다."

나는 모든 윤회 과정에 속해 있는 모든 인격체들을 아우른다는 그의 말을 듣고 대령이란 영혼과 같은 의미라고 이해해도 되겠다고 생각했다. 도리스가 자기 영혼에 접신하리라고는 상상도 하지 못했기에 이 말은 적잖이 놀라웠다.

"도리스에게 자기를 사랑하는 법, 그리고 성적 에너지를 옳게 사용하는 법을 가르쳐주려고 유방암이라는 경험이 계획되었다고 이해한다면 맞나요?"

"맞습니다. 여성이라는 사실을 판단 없이 받아들이는 것도 가르침에 들어갑니다."

"도리스에게 유방암을 경험하게 하고 이 세 가지 가르침을 주기 위하여 어떤 일이 계획되어 있었습니까?"

"중요한 사건은 열여섯 살 때 알코올 중독인 어머니와의 사이에 있었던 일입니다. 그때 카르마는 중립적이었습니다. 하지만 도리스가 자기를 창녀라고 한 어머니의 말을 그대로 받아들이고 자기는 그보다 더 나은 사람이 될 가치가 없다고 생각한 뒤부터, 아시는 바와 같은 길을 가게 되었습니다. 어머니의 말이 틀릴 수도 있다는 것을 확인해 보려 하지 않았지요."

"그 사건은 태어나기 전에 어머니의 영혼과 이미 약속되어 있던 건가요?"

"그렇습니다."

"이번 삶은 언제 계획되었고, 도리스는 왜 그 세 가지를 배우고 싶어했나요?"

"이 영혼은 교사로서, 또 지도자로서 훌륭한 자질을 타고났습니다. 하지만 전에 설명했듯이 남자의 몸으로 태어났을 때는 성적으로 불평등한 대우를 받고 있는 여성을 억압하는 데 성을 자주 썼어요. 남자의 몸으로 태어날 경우 자기 사랑의 결핍 문제는 상대적으로 덜 중요한 문제여서 논의되지 않기도 합니다. 우리는 카르마의 매듭이 앞으로 서너 번의 생 안에서 풀어진다는 것을 확실히 하고 싶었습니다. 따라서 이번 생에서는 할 일이 조금 많았던 거지요."

"유방암이라는 사건을 불러들였다고 하셨는데, 어떻게 그런 일이 가능했나요?"

"얼마간의 변수들이 있었습니다. 정교한 기계 장치의 레버를 생각해 보세요. 우리는 그 레버를 균형이 잘 맞게 만들어놓았습니다. 당신은 그 레버를 긍정적인 생각과 관용의 위치에 잘 놓을 수도 있고, 해로운 생각과 느낌으로 뒤흔들 수도 있지요. 해로운 생각과 감정은 생화학 체계를 바꿈으로써 암이 발생할 수 있도록 했습니다."

"생각의 패턴 때문에 암이 촉발된 것이기는 하지만 유방암이 생기기 쉬운 유전적인 소인도 있었나요?"

"그렇습니다. 하지만 부모님 두 분의 유전적 소질을 보면 이 시점보다 일찍 유방암이 발병할 가능성은 없습니다. 하지만 유전자 변이는 가능합니다."

"그 계획은 사실 일종의 모험이었다는 생각이 드는군요. 도리스가 유방암에 부정적으로 반응할 수도 있었으니까요. 도리스는 분노하거나 절망에 빠질 수도 있었지요."

"삶에는 백점도 낙제점도 없습니다. 그저 어떤 가르침을 받을지 고르는 일만이 있지요. 우리는 모든 가능성을 받아들입니다. 그 무엇도 '잘못된' 것이란 있을 수 없습니다."

영혼의 관점에서 볼 때는 어떤 사건이나 행동도 나쁘지 않다. 모든 것은 그저 경험일 뿐이며, 모든 경험은 가르침이 되고 성장의 씨앗이 된다.

"삶을 계획할 때는 그래도 개연성이 가장 큰 경로를 보겠지요?"

"맞습니다. 우리는 말하자면 고속도로 위에서 어느 길이 가장 넓은지를 봅니다. 출구도 보고, 〔더 좁은〕 길, 돌아가는 길도 봅니다. 어느 것 하나 빠짐없이 모두 길입니다. 그 길을 모두 가야 할 필요도 없어요."

"도리스가 이번 삶에서 실제로 보여준 것보다 더 부정적으로 반응하는 삶의 각본도 있었나요?"

"그렇습니다. 바로 그러한 이유로 위험은 없다고 하는 겁니다. 한 차원에서 일어나지 않은 일은 다른 차원에서 일어날 것입니다. 필요하다면요."

"다른 차원이라면…… 그것 역시 물질계를 말씀하시는 건가요?"

"역시 실제로 존재하는 차원을 말합니다. 만질 수 있을까요? 아마 그렇지는 않겠지요. 지금 이 차원이 꿈이 아닌 만큼 그 차원 역시 꿈이 아닙니다. 그 역시 지금 우리가 있는 이 차원만큼이나 실제적입니다. 물론 물질계는 그것을 한계가 있는 언어로 언급하지만요."

"한 사람이 내리는 결정 하나하나마다 다 다른 차원이 있다는 말씀인가요? 그러면 그 숫자가 무한할 텐데요."

"우주가 그 정도도 감당하지 못할 만큼 작다고 생각합니까?"

"아니요. 하지만 영혼으로서 어떻게 무한한 개수의 선택지와 무한한 개수의 차원을 경험할 수 있지요?"

"우리는 우리 자신을 제한된 존재로 보지 않습니다. 따라서 그러한 경험도 가능하지요. 〔직선적인〕 시간 안에 있지 않다면 앞으로 달려갈 필요도 없습니다. 시간이라는 건 존재하지 않으니까요."

영혼이 "시간이란 존재하지 않는다"는 말을 쓴 것은 시간이 우리의 육체적 차원의 한 단면임을 지적하려는 의도였다. 시간은 착각이고, 가르치기 위한 도구이며, 그것 없이는 불가능한 특정 경험을 위한 방편일 뿐이다.

영혼들은 스스로를 제한된 존재로 보지 않는다는 말에는 무척 깊은 의미가 담겨 있다. 생각은 그것이 그 즉시 나타나는 비물질적 영역에서도, 일정한 시간에 걸쳐 충분한 파동과 강도가 주어질 때에야 물질적 실체가 되는 물질적 영역에서도 창조의 힘을 갖는다. 믿음─특히 존재는 아무런 제한을 받지 않는다는 믿음─은 생각에 힘을 실어준다. 한 가지에 초점이 맞추어진 생각에, 자기 자신이 제한되지 않은 존재라는 믿음이 더해지면 산도 옮길 만큼의 잠재력이 생긴다.

나는 도리스의 영혼이 아무 제한도 받지 않는 방식으로 활동하는 차원들이 서로 어떤 관계에 있는지 궁금했다. "이 차원에 있는 도리스가 다른 차원에 있는 여러 도리스들에게 영향을 받아 전과 다른 선택을 할 수도 있나요?"

"그럴 수 있습니다."

"어떻게 그런 일이 일어날 수 있지요?"

"주로 얼마나 깨어 있느냐에 달려 있습니다. 한 영혼이 이 차원에 너무 꼭 갇혀 있다면 그건 마치 겨울 코트를 겹겹이 껴입고 있는 사람을 아무리 만지려 해도 만지기 힘든 것과 같습니다. 자기가 여러 차원에 걸쳐 존재할 수 있다는 것을 더 깊이 인식하고 있는 사람일수록 손을 뻗어 만지기도 쉽고, 따라서 다른 가능성을 이해하기도 쉽습니다."

"이 차원의 도리스가 다른 차원에 있는 다른 도리스에 영향을 받아 다른 결정을 한 예를 들어줄 수 있나요?"

"도리스는 처음 암 선고를 받았을 때 아무런 이유도 없이 '난 죽지 않을 거다'라고 생각했습니다. 이것은 사실 어떤 우주의 손길을 느꼈기 때문일 겁니다. 그 우주에서는 암이 훨씬 더 심각했고 실제로 죽기까지 했지요. 우리는 같은 일을 되풀이하는 일은 삼가고자 합니다. 따라서 이번 물질계에서는 이 암으로 인한 죽음이 계획되어 있지 않다는 내면의 앎이 있었던 거지요."

"도리스가 배워야 할 것이 세 가지가 있다고 말씀하셨지요. 성 에너지를 옳게 쓰는 것, 여성으로 태어난 것을 받아들이는 것, 그리고 자기를 사랑하는 것이요. 암을 경험한 것이 도리스가 이 세 가지를 배우는 데 어떻게 도움이 되었는지 설명해 주시겠어요?"

"도리스는 이 암을 통해 성이라는 것이 치유에 집중하고자 할 때는 그다지 큰 도움이 되지 않는 '재능'이라는 걸 발견했지요. 그 대신 창의성과 용기, 의지, 기회를 받아들이는 자세, 타인에 대한 믿음이 더 중요하다는 것을 알게 되었습니다. 머리와 마음이 이러한 것들로 채워지면 무기나 도구로서의 성은 자연스레 옆으로 밀려나고 잊히게 되지요.

여성의 몸으로 태어난 것을 받아들이는 문제를 볼까요. 도리스는 이제 '형태는 기능을 따라간다'는 말이 무슨 뜻인지 깨달았습니다. 겉모습이란 단순히 젠더와 섹슈얼리티를 나타내기만 하는 것이 아니라는 것, 이차적인 특징이란 자신을 더 여성적으로 만들거나 그 반대로 만드는 것 혹은 더 돋보이는 욕망의 대상으로 만들거나 그 반대로 만드는 그런 것이 아니란 것을 깨달았습니다. 따라서 여성의 몸을 했다는 데서 생겨난 감정적 앙금이 사라졌습니다. 도리스는 암을 이겨내고 다른 이들에게 용기와 영감을 주면서 다른 이들이 자신을 어떻게 보는지 알게 되었습니다. 그 일을 통해 자기 자신이 훨씬 더 사랑받을 만한 존재라는 것을 이해하게 된 겁니다."

"아까 앞으로 올 서너 번의 생 안에 모든 카르마의 매듭을 다 풀고자 한다고 했는데, 그러고 나면 무슨 일이 벌어지나요?"

"그러면 도리스는 무척 바빠질 겁니다. 이 영혼의 파편들이 요청하는 가르침이 아주 많으니까요."

"그러한 가르침은 비물질적 차원에서 이루어지게 되나요?"

"아닙니다. 물질적 차원을 말하는 겁니다. 깨끗하고 질서정연한 환경에서 공부할 때 공부가 더 잘되는 것처럼, 자신의 못다 한 카르마의 숙제 때문에 마음이 흐트러지지 않는다면 그 영혼은 더욱 충실하게 가르침을 전할 수 있지요. 결국 이 영혼은 길잡이 영혼이 될 겁니다. 하지만 인간의 세계에서 배우고 느껴야 할 것들이 아직 많이 남아 있지요."

"덜 고통스러운 방식으로 가르침을 얻는 경우도 있는데, 만일 가르침을 충분히 얻지 않으면 그 다음에 시련은 더욱 커지나요?"

"그것만이 유일한 방식은 아니라는 점을 짚고 넘어가야 하겠지만,

그래도 그게 보통 수순입니다. 카르마의 균형상 그럴 필요가 없는데도 커다란 시련을 택해 이 세계로 내려오고자 하는 성숙한 영혼들이 있습니다. 그들은, 자신의 카르마에 따라 어려움을 겪고 있는 이들에게 자극제 역할을 하는 사람, 고정 핀과 같이 붙들어 매주는 역할을 하는 사람, 문제를 터뜨려주는 역할을 하는 사람이 되고자 합니다. 그렇게 하여 그들이 자신의 가르침에 어떤 식으로든 대응할 수 있게 해주는 거지요."

"그 말은 이 주제로 책을 쓰려는 저를 곤란하게 하는군요. 암 진단을 받은 사람이나 여타 큰 시련에 부딪친 사람에게 그런 시련을 겪는 이유가 이전 생에서 그들이 필요한 가르침을 받지 않았기 때문이라고 말한다면, 그것이 과연 도움이 되는 말일지 잘 모르겠어요. 물론 그게 사실이라면 그렇게 말해야겠지만요."

"가르침을 얻지 못한다고 해서 실패한 것은 아닙니다." 도리스의 영혼이 분명하게 말했다. "그 가르침을 다른 식으로 받는 쪽을 택했다고 보는 것이 옳습니다. 어떤 것이든 판단의 대상이 될 수도 있지만, 동시에 판단하지 않고 연민의 관점에서 바라볼 수도 있습니다."

"제가 잠시 거들어도 될까요?" 조용히 듣고만 있던 스테이시가 입을 열었다.

"환영합니다." 도리스의 영혼이 대답했다.

"그것[삶에서 얻는 가르침]은 영혼이 이 삶에 들어오기 전에 선택하는 것이지요. 그에 따라 예상되는 결과도 같이 고르고요. 태어나기 전에 계획을 세우는 동안 영혼에게 여러 가지 선택지가 주어지지 않나요?"

"맞습니다." 도리스의 영혼이 확신에 찬 목소리로 말을 이었다. "전생 계획 단계에서는 실패에 대한 두려움이 전혀 없습니다. 분리가 없기 때문이지요. 사람들은 '분리되어 있다' — 우리와 그들이, 옳음과 그름이 — 는 믿음을 고수합니다. 그래서 만일 어떤 방향으로 간다면 그것은 다른 방향이 틀리기 때문이라 생각하고, 시험을 통과하지 못해서 어려움도 생기는 거라고 생각합니다. 우리는 한 영혼이 이것[다른 방향]을 택한 것은 대단한 힘과 성숙함, 용기가 있는 것이라고 봅니다."

"그 말은, 영혼이 때로 인격체 — 이는 영혼의 한 부분이지요 — 에게 자기가 이미 알고 있는 것을 가르쳐준다는 말 같네요. 예를 들어 아까 도리스가 자기를 사랑하는 법을 배우는 것과 관련해 이야기했잖아요. 나는 영혼이란 곧 사랑이라고 알고 있어요. 그러니까 이는 당신이 이미 알고 있는 것을 당신 자신에게 가르치고 있는 것 같다는 말이에요. 제가 이것을 어떻게 이해해야 할까요?" 내가 물었다.

"맞습니다. 영혼은 모두가 하나라는 것을 알지만, 그것[앎]을 일부러 잊어버립니다. 그래야 분리됨을 느낄 수 있고, 그래야 태초의 집으로 돌아와야 한다는 것을 깨달을 수 있으니까요. 또한 인격체가 영혼에게서 가져오는 가르침은 인간으로서 살면서 한 경험을 더 깊이 이해할 수 있게 해줍니다. 영혼들은 자신이 사랑이라는 것, 그리고 사랑받고 있음을 알기 때문에 그것을 온전히 배우기 위해 사랑의 부재를 경험합니다. 그래야 자기를 사랑한다는 것이 어떤 건지 모든 방향, 모든 면에서 이해할 수 있으니까요."

도리스의 영혼이 들려주는 말을 들으니 존의 세션 때 천사가 해준 이야기가 생각났다. 그 천사는 존 역시 이와 똑같은 이유로 사랑의 부재를 경험하고자 했다고 말했다.

"도리스의 삶이 끝난 다음에는 무슨 일이 벌어지나요? 자신의 개체성을 유지한 상태로 에너지가 당신과 다시 합쳐진다고 하면 맞는 말인가요?" 내가 그때까지 영들과 대화를 나누어본 경험에 따르면 그렇게 생각되었다.

"맞습니다. 인격체의 어떤 특성들은 차원을 옮겨감에 따라 사라지기도 하지만, 〔몸을 입고 있었을 때〕 진정한 영혼에 더 가까이 있던 사람들일수록 인격체로서 가졌던 성격이 더 잘 보존됩니다."

"그렇다면 한 사람이 전생에서 살았던 그 사람과는 다른 사람이라고 말하는 것도 옳은가요?"

"한 사람에서 다른 사람으로 옮아가는 영혼의 파편들이 있습니다. 예를 들어 여기 이 〔도리스의〕 몸에는 영혼의 불꽃soul spark이라는 본질적인 조각이 있습니다. 이는 90년 전 어떤 독일 남자 군인의 몸에 들어 있던 것입니다."

나는 질문의 주제를 바꾸어보았다. 나는 다른 세션을 통해 영혼이 지구 위에서 동시에 하나 이상으로 환생해서 살 수 있다고 알고 있었다. "이번에 당신은 몇 개의 육체로 환생을 하고 있나요?"

"여기 지구 차원에서는 둘입니다."

이 대답을 들으니 그녀의 영혼이 비물질 차원에서는 얼마나 많은 삶을 살고 있을지 궁금해졌다. "다른 차원에서는 몇 개나 되는 생을 살고 있지요?"

"그 수가 끝이 없습니다. 끈이 중심점에 연결되어 있는 한 계속해서 태어나고 죽고, 자라고 스러지고 합니다."

"이렇게 말하는 것이 적합한지 모르겠지만, 당신의 시간 중 얼마나 많은 부분이 지구 위의 두 인격체를 돌보는 데, 또 이끄는 데 쓰이고 있나요?"

"늘 연결되어 있습니다. 사랑과 연민으로 언제나 끈이 연결되어 있지요. 하지만 인격체는 자신에 대해 더 잘 알고 또 그렇게 알게 된 것을 가지고 돌아오기 위해 지구에 머물러 있는 것입니다."

"또 다른 어떤 활동에 참여하나요?"

"우리는 또 다른 이들을 위한 길잡이, 멘토로 활동합니다. 그리고 절대 존재와의 결합을 추구하지요. 인간의 언어로는 표현할 수도 이해할 수 없는 없는 경험이 무척 많이 있습니다."

"육체를 입은 인격체가 삶의 가르침을 얼마나 잘 받아들이는지에 따라 당신의 성장도 달라지나요?"

"그들이 얼마나 잘 배우는가의 문제가 아닙니다. 그저 그들이 무엇을 다시 알게 되느냐의 문제입니다. 더 많은 정보를 기억해 낼수록, 이렇게 말하는 것이 꼭 옳은 표현이라고 생각되지는 않지만, 우리가 의도한 과정이 더 빨리 끝납니다."

"당신이 도리스의 삶을 계획할 때 어떤 시대, 어떤 장소를 고를지 선택할 수 있었다고 생각하면 맞나요?"

"시간은 선line이 아니라 망web입니다. 그렇게 생각하는 것이 맞습니다."

"그러면 어떻게 그리고 왜 이 시대와 미국을 고른 건가요?"

"다른 영혼들과 함께 정한 겁니다. 계획을 세울 때 우리는 융통성을 발휘해서 세우는데, 이번에는 미국을 고르자는 데 동의했어요. 다른 어떤 나라보다도 자유로우면서 또 몸을 중시하는 곳이니까요. 이 영혼은 해당 시대의 맨 앞에 서 있는 나라에 태어나고자 하는 마음이 있었습니다. 예컨대 독일 장교로 태어났을 때는 독일 제국이 무너질 무렵에 살았고, 영국 기사로 태어났을 때는 왕조가 기울던 장미전쟁 시대에 살았습니다. 그 밖에 몇 번의 삶에서도 시대의 앞에 서지 못했지요. 바로 앞의 삶에서는 미국 시카고에서 상당히 지루한 삶을 살았습니다. 이 영혼이 더 큰 역할을 하기로 되어 있으니 이제 우리에게나 이 영혼에게나 세계의 관심을 가장 많이 받는 곳에 태어나게 하는 것이 더 이득이 큰 셈이었습니다."

"하지만 아틀란티스나 고대 이집트를 고를 수도, 아니면 서기 3000년의 미국을 고를 수도 있었잖아요."

"맞습니다."

"다른 행성도 고를 수 있나요?"

"물론입니다. 하지만 우리는 이 영혼이 두 발로 걷는 사람의 모습일 때 가장 편하게 느끼며, 따라서 지구가 그가 가장 좋아하는 학교라는 것을 알고 있었습니다."

이때 스테이시가 다시 입을 열었다. "독일에서의 삶을 잠깐 살펴보았어요. 이번 삶에서 유방암을 경험한 것은 그 삶에서 인격체가 깊이 새긴 죄책감을 씻어내는 데도 도움이 되었군요."

"맞습니다. 그 생에서 얻은 배움 두 가지가 이번 생에서 직접적으로 표현되었지요. 하나는 강한 반 유대인 기질입니다. 이 인격체[도리스]가 유대 가정에서 태어났음에도 늘 그곳이 자기 자리가 아니라고 느꼈던 것은 바로 이 때문입니다. 말하자면 독일에서의 삶—그 카르마의 매듭—이 미처 다 풀리지 않았던 겁니다.

그 삶에서는 또한 남자로 살면서 여자와 친해지는 데 큰 어려움이 있었습니다. 독일 병사로 살았을 때 중요한 관계를 맺은 여자가 셋 있었습니다. 이십대 초반에 만난 여자가 있는데 그녀를 매우 좋아했지요. 그래서 연인이 되고 싶었지만, 그 희망은 아주 잔인하게 꺾였습니다. 그리고 두 번째로는 아프리카에서 기술자로 있을 때 만난 여자인

데, 육체적인 관계를 맺지는 않았습니다. 이때 그는 인종의 장벽을 건넜다는 것 때문에 엄청난 죄책감과 자기 혐오를 느꼈지요. 세 번째로 어떤 여자와 약혼을 했는데, 약혼 후 한 달 뒤에 그녀가 죽게 됩니다. 재미있는 것을 하나 말해줄까요? 이때 찍은 약혼녀의 사진을 본다면 아마 깜짝 놀랄 겁니다. 그 약혼녀와 지금 도리스의 어머니가 놀랍도록 닮아 있거든요."

"독일에서 군인으로 살 때 전쟁에 참전했었지요?" 스테이시가 물었다.

"맞습니다." 도리스의 영혼이 말했다.

스테이시가 설명했다. "유방암은 무고한 생명을 죽인 데서 오는 죄책감을 덜려고 한 것과 관련이 있는 것 같아요. 살아있을 때는 죄책감을 느꼈으면서도 꾹 억눌렀지요. 죽음의 강을 건너고 나서야 자기가 스스로를 용서하지 못한 채 감정의 짐을 고스란히 지고 있음을 깨달았어요."

"맞습니다." 도리스의 영혼이 확신 있게 말했다.

스테이시의 통찰력은 퍼즐의 마지막 조각을 채워주었다. 드디어 도리스가 왜 그렇게 어려운 경험을 선택했는지 완전히 이해할 수 있을 것 같았다. 나는 마지막 질문을 던졌다. "유방암 진단을 받은 사람이 거기에 더 깊은 영적인 의미가 있다는 걸 알지 못하고 '왜 하느님이 내게 이런 벌을 주시는 걸까?' 하고 묻는다면 그에게 무슨 말씀을 해주시겠어요?"

"모든 것은 선택입니다. 스스로 알고서 고른 거지요. 인격체의 차원에서 두려움이나 슬픔을 느낄 권리가 없다는 말이 아닙니다. 다만 아무리 힘겨운 경험이라 할지라도, 주어진 모든 것에는 삶을 더 잘 이해하도록 해주고 아름다움을 더 깊이 느끼도록 해주는 씨앗이 담겨 있다는 말입니다. 유방암이라는 경험으로 오감이 전에 없이 살아있게 되었으며, 쭉 건강하기만 했더라면 결코 알지 못했을 방식으로 살게 되었고, 그 전까지는 갖고 있다고 생각지도 못했던 재능과 힘을 깨닫게 되었습니다. 암을 잔인한 삶의 형벌로 본다면 이길 수 없습니다. 그 사람은 이미 진 것입니다. 예를 들어 불이라는 것을 긍정적으로도 보고 부정적으로도 보고 중립적으로도 보듯이 암에 대해서도 좋은 것도 나쁜 것도 아닌 중립적인 시각으로 볼 수 있다면, 그것이 전달하고자 하는 가르침을 더 잘 들을 수 있습니다.

병은 '편치 않음dis-ease' 입니다. 감정적으로 혹은 정신적으로 어려움이 극에 달했다는 표현이지요. 그것은 또 다른 층위의 배움일 뿐입니다. 뭘 잘못해서 그런 것이 아닙니다. 처벌도 아니고요. 하느님이나 길잡이 영혼 혹은 천사들에게 사랑을 덜 받고 있다는 표지도 아닙니다. 사람에게 잠이 필요한 것처럼, 더위나 추위를 느끼는 것처럼 인간 존재의 일부일 뿐입니다. 인류가 자신을 더 높은 수준의 파동으로 표현하는 법을 배워가면 갈수록 병은 그 목적을 잃고 결국에는 사라질 겁니다."

"오늘 이렇게 우리와 이야기해 주셔서 고맙습니다."

"또 다른 곳에서 당신들을 가르칠 기회를 주어 고맙습니다. 여러분은 완전합니다. 우리는 완전합니다."

도리스의 전생 계획 세션

나는 도리스의 영혼과 대화가 끝나자 스테이시에게 도리스의 전생 계획 세션을 들여다볼 수 있게 해달라고 부탁했다.

"난 지금 많은 영혼들과 한 방에 있어요." 스테이시가 입을 열었다. "내가 초점을 맞추고 있는 영혼은 도리스와 그의 어머니예요. 어머니의 영혼이 희생하겠다고 동의하고 있군요. 어머니의 영혼은 사랑이 아주 많고 관대하지만, 그녀(도리스의 영혼)가 쓴 대본대로 역할을 맡겠다고 약속하네요. 거기엔 자신의 성장에 필요한 부분도 있기 때문이에요. 아무튼 어머니의 영혼이 도리스에게 필요한 배움을 주기 위해 자신이 어떤 점에서 가혹해야 하는지 또 사랑을 주어야 하는지 토론이 이어지는군요. 희생이라는 말이 계속 들려요. 무척 중요한 목적 일부를 그녀의 이번 생에 포함시키려 하고 있는 것 같아요.

암을 앓게 될 가능성이 도리스에게 제시되네요. 암은 도리스가 어떤 카르마의 문제를 처리하면서 고르는 선택지의 부산물이군요. 말로 하기도 하고 계획판에 그려보기도 하면서 암의 가능성이 이야기되고 있어요. 도리스가 바닥을 내려다보는 모습이 보여요. 그녀 주위로 길잡이 영혼 셋이 둘러싸고 서 있어요. 바닥에 계획판이 있군요. 어떤 길을 취할 수 있을지, 그 길에 어떤 굽이들을 만들 수 있을지를 그린 일종의 도판이에요. 어떤 선택이 어떤 결과를 낳을지 보여주는 그림이지요.

도리스가 알겠다는 뜻으로 고개를 끄덕이네요. 그들이 보여주는 것이 어떤 의미인지 잘 이해하겠다는 뜻으로요. 자기가 유방암에 걸릴 것이며 꼭 부딪쳐야 한다면 잘 헤쳐 나가겠다고 동의하는 모습이 보여요. 그리고 또 그것이 잠을 깨우는 전화벨 같은 역할을 하리라는 것도 이해하는 것 같군요. 도리스가 교사 그룹에 속해 있다는 말이 들려요. 다른 이들에게 도움이 되고자 하는 것이 그녀의 가장 커다란 목적이라고 하는군요."

존의 병과 마찬가지로 도리스의 유방암도 그동안 그녀가 자신에 대해서 갖고 있던 감정에서 생겨났다. 자신에 대한 그러한 느낌은 그녀가 태어나기 전의 계획에서 기인했다. 해변에 와 부딪치고 가는 바닷물처럼 생각도 강한 힘으로 우리의 몸을 휩쓸고 지나간다. 파도가 모래알들의 자리를 바꾸어놓듯 생각도 우리 몸의 세포 구석구석에까지 미치면서 그 생각이 지니는 에너지를 옮겨놓는다. 우리는 보통 생각이 몸이라는 실재에 반응하여 생겨난다고 보지만, 사실은 생각이 몸의 반응을 만들어내는 것이다. 인간의 몸에서 각 세포는 마음의 소리에 반응하는 독립적인 의식이다. 그 목소리는 산골짜기에서 울리는 외침처럼 우리 몸을 관통하며 울리고, 각 세포는 그 외침을 깊이 새긴다.

도리스는 여성 및 여성의 몸에 대해 풀지 못한 채 갖고 있던 혐오의 에너지에서 치유되고자 했고, 도리스의 어머니는 그 치유가 이루어지도록 돕고자 했다. 영혼의 관점에서 볼 때 도리스의 어머니가 내뱉는 거친 말은 사랑에서 나온 것이었다. 그 말들은 치유할 필요가 있는 도리스의 자아 모습을 들여다보는 거울이 되기 때문이었다. 도리스는 태어나기 전에 이미 그 말을 듣게 되면 자신이 상처받으리라는 것을 알고 있었다. 또한 그 말에 대한 자신의 반응이 결국 유방암으로 귀결되리라는 것도 알았다. 하지만 그녀의 용기 그리고 자신을 치유하고자 하는 소망이 무척이나 컸기에 그녀는 이번 삶의 계획을 선택한 것이다. 이런 시련이 있는데도 선택한 것이 아니라 이 시련이 있기에 선택한 삶이다.

상처가 되는 말과 행동으로 남에게 수치심을 안길 수 있는 방법은 많다. 도리스가 치유하기 원하는 바가 있었음을 생각한다면, 그녀가 "돌리 파튼의 몸매"를 고른 것도, 어머니가 계속해서 그녀의 몸무게와 가슴 크기를 지적한 것도, 열여섯 살 때 일어난 중요한 사건에서 창녀나 매춘부 같다는 말에 깊은 수치심을 느낀 것도 우연히 일어난 일이 아니다. 도리스의 삶의 청사진에는 자기를 사랑하기 위해 고른 특정한 시련이 들어 있었다. 그녀의 성격과 외모에 대한 어머니의 지적은 도리스가 지난 삶에서 여성에게 취해온 특정 판단들을 보여주기 위해 계획된 것이다. 도리스의 영혼이 말한 것처럼 여성들은 그 당시 존중받지 못했고 동등한 존재로 여겨지지도 않았다. 만약 도리스가 어머니의 힐난에도 굴하지 않고 자기를 사랑하는 쪽을 택했다면 지난날 사람에 대해 판단을 내리던 에너지는 풀어지고 치유될 수 있었을 것이다. 그러나 어머니가 한 말을 내면화하는 쪽을 선택하자 촉매제―유방암을 위해 잠재적으로 계획되었던―가 활동하기 시작했다. 말로 주는 상처에도 여러 형태가 있듯이 암에도 그만큼이나 다양한 종류가 있다. 도리스의 몸에서 유방암 세포가 자란 것은 도리스의 삶에서 벌어진 다른 일들이 그렇듯이 결코 우연이 아니다.

도리스의 영혼이 말했듯이 그녀의 암은 실패도 처벌도 아니다. 사람들은 고통은 나쁘고 빨리 배우는 것이 느리게 배우는 것보다 낫다고 여긴다. 그러나 영혼의 관점에서 볼 때는 어떤 경험도 나쁘지 않고, 자기를 사랑하는 법을 배우는 것처럼 뭔가를 배우는 데 시간이 얼마나 드느냐는 전혀 중요하지 않다. 영혼은 자신이 본질적으로 영원하다는 사실을 늘 알고 있으며, 지금 살고 있는 차원의 세계가 실은 단선적인 시간 속에 있지 않다는 것을 알고 있다. 따라서 영혼은 성장을 중요하게 여길 뿐 그 성장에 걸리는 시간에는 관심이 없다.

우리가 이 세상에서 보는 이원성—옳음과 그름, 좋음과 나쁨—은, 모든 것이 중립적인 영혼의 세계에는 존재하지 않는다. 사람은 인생이라는 강물 위를 흘러가는 모든 것을 판단하려고 하지만, 영혼은 강둑에 말없이 앉아 공평무사한 연민의 마음과 판단하지 않는 태도로 그저 가만히 바라볼 뿐이다. 깊은 내적 평화는 우리가 이 중립성을 기억해 낼 때 온다. 사람에게 판단은 고통에 따른 당연한 결과다. 영혼에게 고통은 판단에 따른 당연한 결과다. 우리가 마음의 눈을 떠 우리 자신이 손상될 수 없는 영원한 영혼이라는 사실을 기억해 낼 때 우리는 삶의 시련들을 더 이상 판단하지 않게 될 것이다. 시련이 닥치더라도 그것을 중립적으로 받아들일 수 있을 것이며, 그로써 고통은 줄고 기쁨은 늘 것이다.

자신을 인격체에서 영혼으로 인식하게 될 때 우리는 자신을 더욱 정확하게 이해하게 된다. 또 시련이 주는 고통보다는 시련이 주는 지혜와 성장 쪽으로 초점을 옮기게 된다. 그 전에는 고통의 무의미함만 보다가 이제는 거기에 목적이 있음을 본다. 전에는 처벌로 보이던 것이 이제는 선물로 보이고, 짐으로 보이던 것이 기회로 보인다. 다시는 삶의 희생양이 되는 일이 없을 것이며, 오히려 삶이 주는 수많은 축복의 수혜자가 될 것이다.

존의 이야기에서 천사는 에이즈가 인간을 치유하기 위한 것이라고 말했다. 이와 비슷하게, 영혼의 관점에서 볼 때 도리스의 암 역시 일종의 치유이지 병이 아니다. 존과 도리스가 수치심과 자기 혐오를 버리고 스스로를 사랑하기로 선택하면서 그들은 이 지구 위의 모든 사람이 자기를 판단하는 대신 자기를 사랑하는 일을 더 쉽게 할 수 있도록 돕는다. 다시 말해 그들은 자신들의 세계를 넘어서는 사랑의 파동

혹은 공명을 만들어내는 것이다. 나비의 날갯짓 한 번이 지구 반대편에 거센 바람을 일으킬 수 있다고 한다. 이와 마찬가지 방식으로, 자기를 사랑하고자 하는 존과 도리스의 결단은 아주 멀리까지 에너지로서 영향을 미친다. 인격체의 관점에서 영혼의 관점으로 이동하면서 우리는 태어나기 전에 알았던 진실, 곧 우리의 행동과 말, 생각이 온 세계에 영향을 미친다는 사실을 기억해 낸다. 태어나기 전에 계획한 시련을 넘어섬으로써 인류를 치유하는 공명을 만들어내는 것이다.

전생 계획에서 우리는 우리가 무척 사랑할 뿐 아니라 우리를 깊이 사랑해 주기도 하는 영혼들과 함께 '일하기'를 선택한다. 우리를 가장 힘들게 하는 사람은 영혼의 세계에서 가장 큰 사랑을 나누던 이들인 경우가 많다. 이번 생이 끝나면 도리스는 어머니 덕분에 그처럼 성장할 수 있었다며 고마워할 것이다. 그리고 도리스의 어머니는 도울 수 있는 기회를 주어 고맙다고 할 것이다. 우리를 제일 힘들게 한―그리하여 우리의 성장을 가장 크게 재촉한―이들에게 고마워하는 것은 우리가 아직 몸을 입고 있을 때도 적용할 수 있는 영혼 차원의 관점이다. 이러한 관점을 받아들이기로 하면 삶에서 탓할 일이 없어진다. 탓하지 않으면 용서하는 것이 가능해지고, 용서하면 치유가 뒤따라온다.

도리스는 시련을 최대한 활용했다. 그녀는 자기를 사랑하는 법을 배우고자 했다. 병상에 있는 동안 가족과 친구들이 쏟아준 커다란 사랑을 내면화함으로써 자기를 사랑할 수 있게 되었다. 그녀는 전생들에서는 하지 못했던 방식으로 여성을 존중하고자 했다. 여성만이 겪을 수 있는 종류의 암을 경험함으로써 다른 여성들과 감정적인 유대를 나누며 그들과 끈끈한 관계를 맺었다. 여성의 힘을 보았고 존경하게 되었다. 그녀는 자신의 성을 훨씬 더 정겨운 방식으로 경험하고자 했다. 암을 치유해야 한다는 필요성 때문에 창조성과 용기와 같은 개인적인 재능이 샘솟았다. 자기에게 있는 창조성과 용기에 초점을 맞추자 더는 전처럼 성적인 에너지를 도구로 사용해야겠다는 필요나 욕구를 느끼지 못했다. 영혼의 세계로 돌아오고 나면 그녀는 이번 생의 아름다움을 한껏 만끽할 것이다. 고통은 '시간' 속의 한 찰나에 불과해 보일 것이며, 지혜는 영원히 그녀의 것이 될 것이다. 마침내 길잡이 영혼의 위치가 되면 그녀가 인도하는 사람들은 그 지혜의 혜택을 받게 될 것이다. 당신이나 나도 그들 중 하나가 될지 모른다.

3. 장애아의 부모가 되기를 계획하다

장애아의 부모로 산다는 건 말할 수 없이 가슴 아픈 일이다. 부모들은 아이들이 행복하고 건강했으면 하는 것뿐 아니라 자신들보다 더 나은 삶을 살기를 바란다. 아이가 장애를 가지고 태어나거나 자라면서 장애를 갖게 될 때 부모들은 보통 분노를 느낀다. 그리고 왜 이런 일이 이 무고한 아이에게 일어나는지 묻는다. 그들은 또 '결함 있는' 유전자를 아이에게 물려줬다며 배우자나 자신을 탓하기도 한다. 그와 같은 분노의 뿌리는 무척 깊다.

이러한 종류의 시련을 부모의 관점에서 알아보기로 했을 때 내 마음속에 몇 가지 질문이 떠올랐다. 만일 어떤 영혼이 날 때부터 장애를 갖기로 계획했다면 부모가 될 이의 삶의 청사진도 함께 계획했을 것인데, 그렇다면 부모가 될 영혼들도 그것에 동의했다는 말일까? 만일 그렇다면 그들은 그런 경험을 바랐던 것일까, 아니면 다른 영혼의 계획에 그저 승낙한 쪽에 가까울까? 만일 자발적으로 선택한 것이라면 그 고통의 경험은 어떤 의미가 있는 것일까?

제니퍼의 이야기 — 자폐증과 진실한 소통

"저는 저를 위해, 또 제 아이들을 위해 그러한 선택을 했음을 알고 있어요." 제니퍼는 자녀 셋 중 둘을 장애아로 둔 어머니로 살아간다는 것이 어떤지 내게 들려주었다. 그녀의 목소리에는 굳은 확신이 묻어 있었다.

"큰아들 라이언은 열여섯 살이에요. 아스퍼거 장애를 앓고 있죠. 아스퍼거 장애는 고기능 자폐증을 부르는 새로운 이름이에요. 양극성 장애와 ADD(주의력결핍장애)도 앓고 있죠. 양극성 장애는 십대 전까지는 나타나지 않았는데, 십대가 되면서부터 아이 기분이 극과 극을 오가기 시작했어요. '행복해요, 엄마. 세상 모든 게 아름다워요.' 이러다가도 한순간에 '난 저 깊은 지옥에 있어'라며 깊은 우울증에 빠지거나 걷잡을 수 없이 화를 내는 식이에요. 둘째 브래들리는 열한 살이에요. 그 녀석은 훨씬 증세가 심하지요. 전형적인 자폐아에, 시력마저 거의 잃었어요. 브래들리는 굉장히 희귀한 백피증(날 때부터 멜라닌 색소가 부족하여 피부나 머리털, 눈동자색이 흐린 증상—옮긴이)을 앓고 있어요. 눈만 빼고는 다 희다고 보시면 돼요."

제니퍼는 7년 전에 이혼하고 혼자서 아이들을 키우고 있다. 그녀에 따르면 아스퍼거 장애가 있는 아이들은 한두 가지 특정한 관심사에 몰두하는 경향이 있어 종종 '꼬마 교수님'이라는 별명을 얻는다고 한다. 큰아이 라이언은 날씨와 정치에 관심이 많다. 라이언은 기상 정보를 알려주는 라디오를 몹시 좋아해서 지역 텔레비전 기상 캐스터와는 날마다 전자 우편을 주고받는다. 그뿐 아니라 정치인들에게도 정기적으로 전자 우편을 보내 이런저런 제안을 하기도 한다.

"전 아들에게 늘 긍정적인 말을 해줘요. '너에게는 아무에게도 없는 능력이 있어'라고요. 만약 누가 시력 검사를 마지막으로 받은 게 언제냐고 물으면 대개는 '아마 작년일걸요'라고 대답하지요. 하지만 라이언은 '작년 5월 24일이에요'라고 대답해요. 날짜를 정확히 기억하는 능력이 있거든요."

그녀의 목소리에서 자랑스러움이 묻어났다. 아스퍼거 장애를 가진 다른 이들과 마찬가지로 라이언도 높낮이 없는 톤으로 말을 하고 사람들과 눈 맞추기를 꺼려하는 경향이 있다. 그러다 보니 또래 아이들과는 관계가 멀어질 수밖에 없다. 최근, 라이언을 상담치료사에게 데려간 일이 있었다.

"치료사 선생님이 라이언에게 친구가 있냐고 묻더군요. 라이언은 없다고 대답했어요. 친구가 있었던 적이 한 번이라도 있느냐고 다시 묻는데 역시 없다고 하더군요. 그 대화를 듣고 있노라니 제 가슴이 찢어지는 것 같았어요."

둘째아들 브래들리는 쓸 줄 아는 말이 스무 개 남짓밖에 되지 않는다. 최근까지도 대화는 '응'이나 '아니' 정도가 전부였다. 브래들리는 가끔 수화로 이야기하기도 한다. 이 아이는 시력을 거의 잃었음을 알고 난 뒤 2년쯤 지나서 자폐아 진단을 받았다. "한꺼번에 주시면 체할까봐 조물주께서 제게 소화할 시간을 주신 것 같아요. 그 점이 늘 감사하지요."

더 어렸을 때 브래들리는 사납게 화를 내는 버릇이 있어서 뭐든 자주 머리로 들이받고는 했다. 예상치 않은 일이 일어날 때는 발작 증세가 더욱 심해졌다. 예를 들어 같이 마트에 갔을 때 제니퍼가 앞으로 가다가 방향을 틀면 브래들리는 걷잡을 수 없이 화를 터뜨렸다. 아이가 화를 내지 않게 하는 유일한 방법은 복도의 남은 공간을 무조건 끝까지 갔다가 역방향으로 되돌아오는 것뿐이었다. 또 브래들리가 함께 있을 때는 주유소에 들러 기름을 넣을 수도 없었다. 브래들리에게 시동을 끄는 것은 곧 차에서 내리는 걸 뜻하기에 내리지 않고 앉아 있으면 발작이 시작되었던 것이다.

형과 마찬가지로 브래들리도 남다른 능력을 지니고 있다. "브래들리는 음악에 재능이 있어요. 〈반짝반짝 작은 별〉이나 〈미키 마우스 주제가〉 같은 노래를 한두 번 들려주면 바로 피아노로 칠 수 있어요."

제니퍼는 두 아들이 장애라는 사실을 처음 알게 되었을 때 차마 울 수조차 없었노라고 했다. "한번 울면 그칠 수 없을 것 같았거든요."

"제니퍼, 하느님께 왜라고 물어본 적이 있나요?"

"아뇨. 한 번도 없어요. 까닭이 있으리라고 알고 있었으니까요. 무언가, 아주 깊은 뜻이 있겠지요. 전 자폐증이란 게 뭔지 알아야 할 운명이었나 봐요. 고등학교에서 심리학 수업을 들은 적이 있어요. 자폐증 관련한 흑백 영상물을 보았는데, 무척 흥미가 가더군요. 대학에 들어와서 심리학 수업을 들었을 때는 자폐증을 주제로 논문을 쓰기도 했지요. 자폐증을 다룬 〈레인맨〉이라는 영화가 나올 거라는 말을 들었을 때는 얼른 개봉하기만 기다렸고요. 브래들리가 태어나기도 한참 전 일이에요. 뭐랄까, 제 영혼이 무의식적으로 그 일을 준비하고 있었던 것 같아요. 전 미리 알고 있었나 봐요. 그 많은 것 중에서 하필 그런 데 관심이 갔던 걸 보면……"

"그러니까 어느 정도는 자기 자신을 위해 이런 일을 택했다는 말씀이세요? 이 일로 무엇을 얻을 수 있는데요?"

"인내심이죠. 인내심을 한참 더 배워야 했어요. 아, 그리고 이런 일이 없었다면 알지 못했을 훌륭한 부모들을 만나기도 했어요. 온라인상의 부조扶助 모임이에요. 전에는 생각도 못했던 사람도 알고 모임도 알고 일도 알게 된 거죠."

"제니퍼 자신과 관련해서는 무엇을 배웠나요?"

"전 늘 제가 강한 사람이라고 생각하기는 했지만, 이런 경험을 하면서 '야, 제니퍼, 넌 정말 강한 사람이구나' 하고 다시 확인하게 되었어요. 단지 제가 엄마 역할을 잘 해내고 있다는 뜻이 아니라 제 마음이 아주 평온하다는 뜻에서요. 걱정을 달고 사는 우리 아버지는 늘 이렇게 물으시죠. '네가 죽으면 브래들리나 라이언은 어떻게 되는 거냐?' 그럼 전 이렇게 대답해요. '아버지, 우리에게 허락된 것은 오늘뿐이잖아요.' 대개 사람들이 걱정하는 일들은 실제로 일어나지 않아요."

나는 제니퍼에게 스물세 살 되었다는 큰딸 사라에 대해 물었다. 사라는 막내와 많이 닮았고, 다른 식구들과 달리 둘만 금발이라고 했다. 또 태어난 날도 같다.

"사라가 두 남동생을 얼마나 아끼고 사랑하는지 몰라요. 저는 세 아이 모두에게 골고루 관심을 주려고 노력했지만, 그게 쉬운 일은 아니더군요. '정상'인 아이들은 아무래도 장애 아이들보다 관심을 덜 받게 되죠. 한번은 그래서 화가 나지 않느냐고 물었더니 이렇게 대답하더군요. '아뇨. 화났던 적은 한 번도 없어요. 동생들에게 엄마의 관심이 더 필요하다는 거 잘 알고 있으니까요.'"

곧 알게 되었지만 사라의 놀라우리만치 긍정적인 태도는 그녀의 전생 계획과 관련이 있었다. 제니퍼는 자신이 두 아들에게 보인 관심 때문에 그 아이들이 시련에 대처하는 방식도 크게 바뀌었다고 말했다. 예컨대 브래들리는 일 년 전에 커다란 돌파구 하나를 지났다.

제니퍼는 흥분된 목소리로 말했다. "다이나 복스라고, 프로그램된 대로 말이 나오는 기계가 있어요. 아이가 조르고 졸라 결국 사줬지요. 어느 날 아이가 운전을 하는 제 어깨를 톡톡 두드리는 거예요. '물고기'라고 말하는 단추를 누르더군요. 그러더니 '먹이다'라는 말의 단추를 눌러요. 세상에, 이 아이가 지금 나랑 대화를 하고 있는 거구나! 오늘밤 물고기에게 밥을 주고 싶냐고 물었더니 그렇다는 거예요. 전 사탕 가게에 간 아이처럼 신이 나 어쩔 줄을 몰랐지요. 지치는 줄도 모르고 이것저것 물어보았어요. '오늘 저녁에는 뭐 먹고 싶니?' 아이는 '피자'를 눌렀어요. 정말이지 온전한 대화를 나눈 거예요! 생전 처음 있는 일이었어요."

코비 미틀라이트와의 세션

나는 영매 코비 미틀라이트와 세션을 갖기 전부터 제니퍼가 이 시련을 태어나기 전에 계획했다는 확신이 들었다. 그렇지 않고는 둘이나 되는 장애아의 부모가 되지도 않았을 것이요, 그것도 각기 한 번에 여러 가지 장애를 가진 아이들을 두지도 않았을 것이다. 제니퍼가 일찍부터 까닭 없이 자폐증에 관심을 갖게 된 것 또한 이 일이 영혼의 차원에서 계획된 것이라는 강한 인상을 주었다.

코비는 평소 늘 그렇듯이 기도로 세션을 시작했다. "우주의 어머니이자 아버지이신 하느님, 오늘 이들과 함께 일할 수 있는 귀한 시간을 마련해 주시니 고맙습니다. 당신의 조건 없는 사랑과 보호하심, 긍휼히 여기심, 그리고 지혜와 진실의 빛으로 저희를 감싸주소서. 진실만을 말하고 진실만을 듣게 하여주소서. 제니퍼와 로버트(이 책의 저자—옮긴이), 브래들리와 라이언에게 오늘 그들이 알고자 하는 것을 알려줄 수 있도록 제가 깨끗한 거울이 되게 하소서. 제 머리와 손과 마음을 온전히 당신께 드립니다. 그리스도의 이름으로 이 일이 이루어지게 하소서. 아멘."

코비는 이러한 기도로 우리에게 필요한 영의 인도를 청했다. 또한 우리의 의지를 다졌다. 영적인 차원에서 의지는 에너지의 흐름을 방향 짓기 때문에 매우 중요한 뜻을 지닌다. '깨끗한 거울'이 되게 해달라는 기도는 자신에게 들어오는 정보를 자신의 성향으로 윤색하지 않겠다는 의지를 보여준 것이다.

코비가 입을 열었다. "제니퍼, 영이 저에게 1930년대를 보여주네요. 신문사 사무실인데 손에 신문을 든 사람들이 정신없이 왔다 갔다 하고 타자기 두드리는 소리가 시끄럽게 들려요. 기자들 가운데 당신도 있군요. 당신은 사람들이 달가워하지 않는 기사를 쓰고 있어요. 나치의 '마지막 해결책'(유대인 말살 계획—옮긴이) 관련 정보를 손에 넣은 상태군요. 무척 좌절한 모습이에요. 방방마다 문을 두드리며 이 소식을 알리고, 매번 시간을 넘기곤 하는 회의가 어서 끝나길 기다리며 복도에 몇 시간째 앉아 있어요. 하지만 당신은 이 사람들[유대인]에게는 아무런 발언권도 없다는 것, 그러니 당신이 바로 그들의 목소리를 대변해 주어야 한다는 것을 알아요. 당신은 미국 대중들과 의회, 그 밖에도 가능한 모든 수단을 동원해서 지금 무슨 일이 일어나고 있는지 알리려고 애쓰고 있어요. 당신은 유대인이 아니에요. 다른 사람들이 대개 그렇듯이 이 모든 걸 모른 척하고 잘 지낼 수도 있지만, 당신은 사람들한테 진실을 전하고 싶어하고 사람들이 못 본 척 못 들은 척 외면할까봐 몹시 두려워하는군요.

유럽 쪽 사람들과 접촉을 했어요. 수용소가 지어지고 유대인들이 사라지고 있다는 말을 듣네요. 유대인들에게 실제로 어떤 일이 일어나고 있는지도 들었어요. 당시 미국 사람들이 애써 외면하던 사실이지요. 당신은 뉴욕과 워싱턴 D.C.를 자주 왔다 갔다 하는군요. 사무실은 뉴욕에 있네요. 규모가 좀 작고 독립적이며 열성적인 신문사군요.

당신은 여러 가지 활동을 하며 워싱턴에서 사람들을 만나네요. 무슨 일이 일어나고 있는지 사람들에게 알린다든지, 조금이라도 도움을 준다든지, 이민자 인구 할당률을 높인다든지 하는 일들을 하려고 애쓰고 있어요. 하지만 사람들은 될 수 있는 한 당신을 멀리하면서 이렇게 말해요. '글쎄, 걱정할 것 없어요. 유럽은 오래 전부터 이런저런 일을 겪은 터라 알아서 해결할 겁니다.' 아무도 이 일에 끼어들려 하지 않아요. 정말 제2차 세계대전이 일어날 거라고 믿는 사람은 아무도 없어요. 아직은 말이지요.

당신의 아이들 둘이 유럽에 있는 게 느껴지는군요. 그들이 담장 너머에 있어요. 그러니까 나치 군에요. 두 아이와 당신까지 셋 모두가 이번 삶에서 배우고자 하는 것은 바로 의사소통이에요. 당신은 이런 식으로 영혼을 모독하는 일 따위는 멈춰야 한다고 사람들에게 알리려 애쓰며 평생을 보냈지요. 그 당시 당신 아들들은, 그때도 역시 형제였는데, 내내 나치 군에 들어가 활동했지요."

"이런, 세상에!" 제니퍼가 소리쳤다. "정말 놀라워요. 우리 큰아들은 아주 꼬맹이 때부터 정치 아니면 못 살거든요."

제니퍼는 뭔가를 확신하는 눈치였다. 그것은 바로 내가 이 책을 준비하는 과정에서 자주 목격한 사실, 즉 영혼들이 여러 번의 생을 살면서 계속해서 특정 관심사에 주의를 기울이는 경우가 종종 있다는 점이었다.

"라이언과 브래들리가 의사소통에 어려움을 겪는 모습으로—혹은 '찌그러진 메가폰'을 들고—다시 생을 살기로 선택한 것은, 진실을 알고 있으면서도 전하지 못한다는 것이 어떤 것인지 배우기 위해서예요. 전에 그들이 진실을 알고 있으면서도 일부러 숨겼기 때문이죠."

코비의 이 말은 라이언과 브래들리의 영혼이 어떠한 동기로 이번 생을 계획했을지 어렴풋하게 암시해 주었다. 영혼들은 몸을 얻어 태어나 살다가 마치게 되면 그 삶을 전체적으로 돌아본다. 거기서 라이언과 브래들리는 자신들이 나치의 전쟁 기계 노릇을 하며 진실을 왜곡했다는 사실을 깨달았다. 그래서 진실한 의사소통의 가치를 배울 수 있는 삶을 계획했다. 그들은 영적인 진화를 앞당기기 위해 장애를 적극적으로 선택한 것이다.

"제니퍼 당신은 [이번 삶에서도] 다시 진실을 손에 넣었고, 그것을 알리려고 무슨 일인가를 하고 있군요. 어떻게 보면 당신은 그저 당신의 영혼이 얼마나 큰지 보여주려고 두 아들의 시련을 함께하기로 동의한 거나 다름없어요. 영혼의 나이로 보면 당신은 두 아들보다 훨씬 더 성숙해요. 그들은 아직 어린 영혼들이지요. 성숙한 영혼에게 진정으로 중요한 것은 자신의 감정이요, 사람을 이해하는 것이며, 자신이 누구인가 하는 것이지요. 세상적인 힘이 아니라요."

이 지구 위에서 살고 있는 영혼들의 나이는 다양하다. 일반적으로 보면 나이가 어린 영혼들은 권력이나 생존 같은 3차원적인 주제를 체험하는 쪽으로 윤회를 계획한다. 그와 반대로 물질계의 더 성숙한 영혼들은 세상적인 것을 얻는 것보다는 감정의 문제에 더 크게 초점을 맞추는 경향이 있다. 그들은 성장이 감정을 통해 일어난다는 것을 직관적으로 알고 있다. (이 책의 주제와 조금 거리가 있기는 하지만 이 주제에 관심이 있는 독자들을 위해 '마이클 시스템'이라는 것을 언급하고자 한다. '마이클'은 전 세계 수많은 사람들과 채널링하는 의식의 이름으로, 그 의식은 영혼의 나이가 어느 정도 되는지를 고려하여 삶의 청사진을 계획하는 일을 한다.)

"딸 사라와 관련된 것은 하나도 없나요? 사라와 브래들리가 같은 날에 태어났고 그 밖에도 공통점이 많아서요." 제니퍼가 물었다.

"눈에 보이는 것을 바로 바로 말씀드릴게요." 코비가 말을 이었다. "(돌아가신) 우리 아버지가 어떤 그림 속으로 들어가더니 손을 흔들어요. 그게 무슨 뜻인지 나는 뚜렷하게 알겠어요. 아버지와 나는 생일이 같아요. 난 아버지가 서른넷 되던 날에 태어났지요. 아버지는 전화기를 가리키고, 또 당신을 가리키네요. 그러고는 고개를 끄덕이세요.

사라와 브래들리는 아주 여러 번 삶을 함께했군요. 하지만 대개는 가까운 친구 사이였어요. 브래들리는 이번에는 친구 대신 누나가 필요하다고 생각했고, 사라도 동의했어요. 우리가 생사고락을 함께하고 자신을 잘 아는, 그러니까 이른바 '영혼의 짝'을 고를 때, 둘은 부모 자식 관계일 수도 있고, 형제자매나 부부, 선생과 학생 사이일 수도 있어요. 영혼의 짝이 꼭 사랑하는 사이나 결혼하는 사이만을 가리키는 건 아니에요. '가장 가까운 짝꿍'을 말하는 거지요. 이 경우에 브래들리는 기댈 수 있는 누군가가 필요했어요. 그가 더없이 깊은 좌절에 빠져 있을 때도 그를 대신해 말해줄 수 있는 사람 말이에요. 그런 때가 오면 사라가 그 역할을 할 거예요. 사라에게는 뛰어난 직관력이 있어서 브래들리가 말로 표현하지 못할 때도 그가 말하고 싶어하는 게 뭔지 알 수 있으니까요."

이제야 코비 아버지의 행동이 이해가 되었다. 사라는 브래들리를 세상에 연결시켜 주는 '전화선' 역할을 하는 것이다.

"코비, 두 아들이 세상과 소통할 수 있도록 도와주는 것과 제니퍼의 영혼이 성장하는 것 사이에는 어떤 관계가 있나요?" 내가 물었다.

"제니퍼의 영혼은 제가 '가르침 단계teaching mode'라고 말하는 과정으로 들어가고 있어요. 성숙한 영혼, 특히 나이 든 영혼, 더 높은 단계의 영혼으로 갑자기 올라가는 경우에는, 바통을 넘겨주지 않고서 '학교'를 떠날 수가 없지요. 이번 생에서 제니퍼는 다른 영혼을 가르치는 법을 배울 거예요."

나는 코비의 말에 깊이 공감했다. 이 땅 위에서 윤회의 마지막 단계에 이른 영혼은 그동안 쌓은 지혜와 앎을 다른 이에게 전해줄 수 있는 삶을 계획할 것이다. 그리고 사실 그렇게 하는 것은 이 '지구 학교'를 졸업하는 데 필요한 절차이기도 하다.

"영혼에 대해 이렇게 설명을 해볼게요. 손가락이 있지요? 손바닥도 있고, 또 팔도 있어요. 우리가 윤회해서 사는 삶은 손가락 같은 거예요. 영혼의 중심부에서부터 타고 내려와서 특정한 삶이 끝나면 다시 돌아가지요. 여러 모습의 삶들은 모두 같은 손바닥에 연결되어 있어요. 그 손바닥이 바로 영혼이고, 완전한 우리의 모습이며, 그 영혼은 다시 팔이라는 신에게로 연결되지요. 제니퍼의 영혼은 이번 생에서 자신의 성장을 위해 최선을 다하고 있는 두 장애 아들을 가르치는 삶을 골랐지요. 영혼으로서 우리는 개인적으로 맺힌 인연의 끈을 거의 풀면 다른 이들을 돕고자 해요."

"코비, 사람들은 이번 삶에서 브래들리와 라이언의 장애가 지난 생에서 나치 군이었던 것에 대한 벌이라고 말할 수도 있겠지요. 그것에 대해서 뭐라고 하겠어요?"

"단지 누군가가 나치 군이었다는 사실만으로 그 영혼이 악독하고, 따라서 벌을 받아야 마땅하다고 할 수는 없어요. 그들 역시 무언가를 배우기 위해 그렇게 선택한 거니까요. 균형 맞추기와 그에 따른 결과의 문제일 뿐이지요. 당신에게 천 달러가 있는데, 그 천 달러를 집세 내고 공과금 내는 데 말고 다른 데 쓰기로 선택했다면 그 결과로 당신은 집을 잃을 수도 있고 공과금이 연체될 수 있겠지요. 벌을 받는 거냐고요? 천만에요. 이건 중립적인 일이에요. 원인이 있고 그 결과가 있는 것일 뿐이죠. 처벌이라는 개념은 사람들이 자기 머릿속에서 끄집어낸 것이죠. 영혼은 무엇이든 선택해서 맛볼 수 있어요. 예를 들어 권력도 그 중 하나지요. 부를 택할 수도 있겠고요. 돈이 무척 많으면서 그것을 현명하게 쓸 수도 있고, 돈이 많은데도 돈에 더 탐욕을 부릴 수도 있어요. 사람들의 삶을 약간씩 변화시켜 놓는다 뿐이지, 뭔가를 배우기 위한 행위라는 관점에서 보면 둘 중 어느 쪽도 좋다 나쁘다 할 수 없어요. 그건 삶이라는 책에서 또 하나의 장일 뿐이지요."

코비의 설명은 카르마란 질서를 유지하기 위한 공평한 우주의 법칙이라고 내가 알던 바를 한 번 더 확인해 주었다. 카르마라는 법칙이 없다면 혼돈이 우주를 지배할 것이다. 이 삶에서 일어나는 상황들은 때로 혼란스러운 것처럼 보이지만, 그것은 우리가 수많은 생애에 걸쳐 일어나고 있는 카르마의 균형을 보지 못하기 때문이다. 무대 뒤에서는 아름답고 완벽하게 균형을 잡기 위한 작업이 이루어지고 있다. 영혼들은 수많은 윤회를 거치며 지혜로운 영혼으로 자라나면서 부정적인 말과 행동, 생각이 궁극적으로는 카르마의 균형을 맞추기 위해 의미가 있었음을 깨닫는다. 그리고 새로이 카르마를 더하지 않는 방식으로 삶을 살기를 선택한다.

내가 물었다. "코비, 두 아이는 의사소통에 대해 배우고 있어요. 그런데 같은 것을 배우기 위해 왜 라이언은 아스퍼거 장애와 양극성 장애, 주의력결핍장애를 선택하고, 브래들리는 심한 자폐증과 시력을 잃는 쪽을 선택했나요?"

"학교에 갓 들어온 신입생이 한 사람은 셰익스피어 고등 과정을 선택하고, 다른 하나는 신입생 작문을 선택했다고 생각하면 어떨까요? 우리는 강도 높은 집중 과정을 들을 수도 있고, 일주일에 두 번만 들으면 되는 좀 쉬운 수업을 택할 수도 있지요. 어떤 쪽으로든 배울 수 있어요. 집중도는 선택이지요."

그때 제니퍼가 입을 열었다. "브래들리는 매우 심한 자폐증에 시력도 거의 잃었지만 그래도 무척이나 행복한 아이예요. 라이언은, 믿으실지 모르겠지만, 재능이 아주 많은 반면 괴로워하는 시간도 훨씬 많지요. 브래들리가 장애는 더 심해도, 삶은 라이언보다 몇 배 더 평화로워요."

"아까 하던 이야기를 마저 해볼게요. 어떤 과정을 들을지 고르고 나면 어떤 책으로 공부할지도 고르게 되지요. 어떤 책이든 다 의미가 있고 효과도 있지만, 관점은 각기 다를 거예요.

브래들리는 확실한 배움을 얻기 위해 지금 그 상태[극심한 장애]에서 옴짝달싹하지 못하는 쪽을 택했어요. 브래들리의 장애는 말하자면 집중 과정이지요. 라이언은 혼자서 공부하는 아이에 더 가까워요. 자기가 뭘 해야 하는지는 알지만, 어떻게 해야 할지 그 방법은 잘 모르지요. 둘 모두 이 삶을 마칠 때 아주 커다란 배움을 얻어가지고 갈 거예요.

라이언이 정치에 빠진 것은 이번이 처음이 아니에요. 라이언은 정치적 지도자예요. 그게 그의 타고난 본성이지요. 그런데 지도자로 살지 못하는 삶도 몇 번 살게 돼요. 또 우리는 남자로도 살고 여자로도 살아요. 라이언의 성별 에너지는 남성보다 여성이 조금 더 강하네요. [남자로서의] 삶은 그에게는 늘 더 힘이 들지요."

이와 비슷한 경우를 여러 차례 본 적이 있다. 윤회할 때 남성의 성격을 더 많이 가진 사람들은 여자로 태어난 생에서 어려움을 겪는 경우가 많고, 그 반대도 마찬가지다. 영혼은 성장함에 따라 남성적인 면과 여성적인 면의 균형을 추구하며, 자신들에게 덜 익숙한 에너지를 표현하는 법을 배우는 쪽으로 윤회를 계획한다.

"라이언은 지난 일이 년 동안 몇 가지 영적인 경험을 했어요. 브래들리도 마찬가지고요. 그것은 그저 두 아이의 영혼의 모습인가요, 아니면 장애와 관련되어 있는 건가요?" 제니퍼가 물었다.

"앞으로 오는 세대의 대다수는 '인디고 아이들Indigo children' 이라고 하는 애들이에요.(국내에 이 아이들에 대해 다룬 《인디고 아이들》이란 책이 번역되어 있다—옮긴이) 인디고 아이들은 호모 사피엔스의 다음 버전이지요. 그들은 다른 차원에 접근할 수 있는 능력이 우리보다 훨씬 뛰어나요. 우리가 못한다는 뜻은 아니에요. 다만 우리는 이제 구세대 컴퓨터와 같다는 말이지요. 가끔은 별도의 모뎀을 붙이거나 배터리를 충전해야 되지요. 하지만 인디고 아이들은 최신식 랩탑 컴퓨터라고 할까요? 언제 어디서든 접속될 수 있어요. 자기들이 가진 것에 좀더 쉽게 접근할 수 있지요."

잠시 침묵이 흘렀다. 코비와의 세션이 끝나가고 있다는 뜻이었다.

"코비, 장애아를 둔 부모들에게 해주고 싶은 말이 있다면요?" 나는 세션을 마무리하는 질문을 던졌다.

"아이를 존중하세요. 그들의 선택을 존중하세요. 하늘을 올려다보며 '왜 하필 저입니까?'라고 묻지 마세요. 그것은 처벌이 아니에요. 잊지 마세요. 언어 장애를 갖고 있지도 않고 척추피열로 몸이 불편하지도 않은, 볼 수도 있고 들을 수도 있고 생각할 수도 있는 흠 하나 없는 영혼들이 거기에 있다는 사실을요. 그들은 비록 솔기가 잘못 이어져 잘 맞지 않는 옷을 고르긴 했지만, 그 옷을 입고 사는 것이 이번 생의 목적이라는 것을요."

스테이시 웰즈의 리딩

우리는 제니퍼의 전생에 대해 더 알아보기 위해 영매 스테이시 웰즈를 찾아갔다. 나는 여느 때처럼 제니퍼의 이름과 생년월일을 대고, 두 아이의 장애에 대해서도 들려주었다. 이는 스테이시의 길잡이 영혼이 관련한 사실들을 보여주는 데 필요한 기본적인 정보였다.

스테이시가 트랜스 상태로 들어가자 잠깐 침묵이 흘렀다. 마침내 스테이시가 입을 열었다. "독립적인 존재가 되는 것에 대한 이야기가 들려요. 자기가 온전히 자기 발로 서는 사람이 되는 데 어떤 시련이 필요한지도 이야기하는군요."

그녀는 곧 대화를 채널링하기 시작했다.

제니퍼_ 꼭 이렇게 힘든 방식밖에는 없는 건가요?

길잡이 영혼_ 자신의 선택이에요. 당신은 타인을 통해 배우고자 했고, 평탄한 관계뿐 아니라 어려운 관계도 경험하며 성장하고자 했지요. 이 아이들의 부모 역할을 잘 해내는 것은 매우 숭고한 목적이고, 또 그들을 존중하는 방법이에요. 지금까지 경험하지 못한 방식으로 남을 돕고 싶다는 욕구를 이 삶으로 완전히 채우게 될 거예요.

"제니퍼의 전생 계획 단계에 두 아이들이 있었는지는 아직 보이지 않지만, 그들을 알고 있었다고는 하는군요. 하지만 아직 대화는 나눠보지 않았네요. 아이들은 그녀와 같은 영혼 그룹에 속해 있어요. 이 영혼 그룹은 꽤 성숙한 그룹이에요. 이들은 더 높은 이상을 가지고 살며 더 큰 시련을 선택하기를 좋아하네요.

이 아이들의 부모가 되기로 한 것은 삶에 진지하게 집중하고자 하는 무의식적인 소망에서 내린 결정이군요. 이는 그런 식으로 한번 살아보겠다는 선택이면서, 또 책임을 떠안고 살지 않았던 지금까지와 반대로 살아보기 위한 결단이기도 해요. 더 높은 데로 이어지는 길을 가고 싶어하는 거지요. 제니퍼가 라이언, 브래들리와 직접 나누는 이야기도 들어볼 수 있는지 한번 볼까요."

스테이시가 초점을 또 다른 전생 계획 단계로 옮기는 동안 긴 침묵이 흘렀다. 스테이시의 길잡이 영혼은 구체적인 세부 사항들을 보여주기 전에 대개 일반적인 정보, 다시 말해 '큰 그림'을 보여준다.

"제니퍼는 또 다른 생에서 브래들리의 엄마였네요. 그래서 브래들리는 제니퍼와 함께 있는 것을 아주 편안해해요. 그에게는 엄마가 이미 편하게 느껴지는 사람이라는 점이 중요해요. 앞이 안 보이는 삶을 택한 만큼 아주 민감한 아이가 될 수밖에 없으니까요.

브래들리가 엄마에게 자기의 두려움을 말하는군요. 그 두려움은 전생의 삶에서 왔네요. 전생에서 브래들리는 영국의 고아원에서 어린 시절을 보냈어요. 엄마의 사랑을 몰랐군요. 매를 맞기도 하고 감정적으로도 학대를 당했네요. 그 삶에서 그것이 큰 상처가 됐어요. 이번 삶에서는 그와 비슷한 일을 조금도 겪고 싶지 않다는 생각을 했어요. 또다시 자기에게 상처를 줄 수도 있는 세계로는 가고 싶지 않았던 거죠. 트라우마로 남은 그 기억들을 치유할 수 있도록 일부러 지금과 같은 삶을 선택했다는군요. 늘 보살핌을 받는 삶, 잔인한 세상에 내던져지지 않는 삶을 한 번 정도는 살기로 한 거예요. 그런 삶을 통해 전생의 트라우마에서 놓여날 수 있겠지요. 또 앞을 못 보는 쪽을 선택한 것은 세상의 잔혹함을 보지 않기 위해서였다고 하는군요.

늘 사랑을 주어왔던 대로 제니퍼는 브래들리의 이번 삶에 함께하기로 동의했어요. 제니퍼는 지금까지, 누군가 자기를 필요로 하기 때문에 그를 돌보고 그에게 뭔가를 해주는 일을 많이 해왔군요. 그녀는 자신이 사랑하는 이라면 마땅히 이렇게 해주어야 한다고 생각해요. 그래서 동의한 거지요. 그럼, 이제 라이언에게 옮겨가 볼까요?"

스테이시가 또 다른 전생 계획 단계로 옮겨가는 동안 또 한 번 긴 침묵이 이어졌다.

"라이언의 영혼이 제니퍼와 이야기하는 게 보여요. 자신의 장애에 제니퍼를 위한 뜻이 있다고 말하는군요. 아주 진지한 방식으로 다른 사람을 책임지는 법을 상기시켜 줄 거래요. 자기가 난폭하게 굴 때마다 제니퍼에게는 평정을 유지하면서 문제의 핵심에 집중해야 한다는 커다란 과제가 주어진다는 거지요. 이번 삶에서는 강한 자기 확신을 잃지 않는 것이 그녀에게 주어진 가장 큰 시련인 만큼, 라이언의 엄마로 살게 되면 이 카르마의 시련에 집중할 수 있을 거라는 거예요. 라이언에게는 이 시련의 목적이 정확히 무엇이냐고 길잡이 영혼에게 물어보는 중이에요."

나는 스테이시가 길잡이 영혼의 말에 귀 기울이는 동안 기대감을 갖고 기다렸다.

"라이언은 매우 학구적이고 지적인 사람으로 일곱 번의 생을 살았군요. 한 번은 남자 과학자였어요. 이런 소리가 들리네요. 교육적이고 학문적인 것을 추구하는 삶을 너무 여러 번 살아서 지겨워지려 한다고요. 그는 '균형 잃은' 삶을 살아보려 해요. 그것이 어떤 것인지 경험하고 싶어서요. 왜 이런 특정 선택(장애)을 했는지도 묻는 중이에요."

스테이시가 길잡이 영혼이 해주는 말을 듣는 동안 한 번 더 침묵이 이어졌다.

"이런 장애가 있다 보니 라이언에게 무언가를 성취해 내라는 요구나 기대가 없군요. 그 짐이 이제 벗어진 거예요. 그의 정신은 원하는 건 뭐든지 자유롭게 탐구할 수 있어요. 무엇을 해보라는 식의 기대에서 벗어나게 하는 데 자폐증이라는 장애가 적절한 역할을 하는 셈이군요. 제니퍼는 자기가 바라는 대로의 삶을 여러 번 살았기 때문에 이번 생을 필요로 하는 라이언의 마음을 이해했지요. 라이언과 이번 생을 같이하게 된 것은 그것이 제니퍼 자신의 목적에 부합하기 때문이기도 하지만, 책임감에서 풀려나고 싶어하는 라이언의 염원을 그녀가 이해했기 때문이기도 해요. 라이언은 커다란 자유를 원했고, 제니퍼는 그의 엄마가 되기로 함으로써 그에게 그 자유를 준 거죠."

스테이시는 다시 말이 없어졌다. 나는 그녀가 길잡이 영혼이 주는 다른 정보에 귀를 기울이는 중이리라고 생각했다. 그래서 갑자기 길잡이 영혼이 직접 말을 하기 시작했을 때 깜짝 놀라고 말았다. 나는 이 지혜로운 존재와 직접 이야기할 기회를 얻어 반갑고 고마웠다.

스테이시의 길잡이 영혼이 제니퍼에게 말했다. "이 영혼은 삶에 집중하게 만드는 시련을 오래 전부터 계획했습니다." 스테이시는 이제 아주 천천히, 어찌 보면 더듬거리듯이 말하고 있었다.

"지금 이 상황은 마치 제니퍼에게 피할 수 없는 책임을 강제하는 것처럼 보이는데, 그래서 더욱 치열하게 삶에 임해야 하고 개인적인 자유도 포기해야 합니다. 만일 그러지 않았다면, 제니퍼는 자신의 자유에 쉬 굴복해서 결국 쾌락과 유혹에 자기를 내주었을 겁니다. 삶에 진지하지 않았던 과거의 생들에서 그러했듯이 말이지요. 제니퍼는 길잡이 영혼의 말을 듣고서 지금까지 유혹에 굴복한 적이 너무 많다는 것을 깨닫습니다. 그래서 두 아이의 엄마가 되고 그것도 혼자서 아이를 키우기로, 그러니까 이 무거운 짐을 남편과 함께 나누지 않기로 하는 데 동의했습니다."

앞서 코비는 제니퍼의 삶의 목적이 아들들에게 진정한 의사소통의 가치를 가르치는 데 있다고 보았다. 지금 스테이시의 길잡이 영혼은 제니퍼의 다른 과거를 언급하고 있었다. 영혼들은 대개 이전에 살았던 삶에 맞추어 후생을 계획한다. 보통 두세 번의 특정 삶이 전생 계획과 깊은 연관을 가지며 큰 영향을 미친다.

제니퍼와 라이언, 브래들리가 왜 지금과 같은 삶을 계획했는지 알게 되자 나는 질문의 폭을 더 넓히고 싶어졌다. "영혼들에게 장애아의 부모가 되겠다는 동기를 주는 것에는 또 무엇이 있나요?"

"영혼들이 장애를 선택하는 것은 그럼으로써 '일반적'이지 않은 삶을 살 기회가 주어지기 때문입니다. 때로는 [이전 삶에서] 배운 같은 교훈을 다른 방식으로 배우려고 이런 선택을 하기도 합니다. 또 돌봐주는 사람이 되어 연민과 자비, 사랑을 베풀고자 이러한 시련을 택하기도 합니다. 스스로를 다른 영혼이 태어나는 통로가 되게 함으로써 다른 영혼들을 높이려는 것이지요. 장애를 가진 아이들이 스스로 바랐던 대로―일반적인 삶의 기능을 잘 수행하지 못하는 모습으로―이번 삶을 살도록 허락해 주고 자신은 그 영혼들을 돌보는 삶을 선택합니다. 장애아 자신들에게는 특별한 기회이고, 부모에게는 사랑을 보여줄 기회이지요. 이러한 합의는 사랑으로 맺어집니다."

"장애아의 부모들은 그들 자신이나 유전자를 탓하기도 하고 죄책감을 느끼는 경우도 많은데요. 그러한 이들에게는 어떤 말을 해주시겠어요?"

"자기를 탓하는 건 사실 자기 연민일 따름입니다. 초점을 맞추어야 할 것은 그게 아닙니다. 초점은 아이에게 맞추어져야지요. 모든 것에는 목적이 있습니다. 그들은 현실을 억울하다고 느끼지만 나중에야 그런 시련이 손해는커녕 오히려 득이 되었음을 알게 됩니다. 우리가 이것을 계획했다는 것을 잊지 마세요. 그러면 관점이 바뀔 겁니다. 탓하고, 죄책감 느끼고, 수치심을 갖는 것은 우리의 목적도 아니거니와, 앞으로 나아가는 걸 막을 뿐이지요. 그러기보다는 이를 기회로 보세요. 더 높은 관점에서 이 아이를, 또 당신의 삶을 바라보세요."

나는 브래들리가 폭력적으로 화를 터뜨린다고, 특히 기대치 않은 일이 일어났을 때 분노를 터뜨린다고 한 이야기가 머릿속에 떠올랐다. "제니퍼가 브래들리와 말할 때는 단어를 아주 신중하게 골라 써야 하는데요, 장애가 있는 아이들과 의사소통하는 문제에 대해서는 어떤 말씀을 들려주시겠어요?"

"자기 존중감과 자신감이 없다면 분명하고 간결하게 의사소통하기가 어렵습니다. 이야기할 때 서로의 존재를 온전히 받아들여 주고, 또 서로가 느끼는 바를 충분히 존중해 준다면, 우리는 다른 사람들과도 의사소통을 훨씬 잘할 수 있습니다. 아이들이 자라 자기만의 생각을 갖게 될 때 실은 부모들을 향해 자기들한테 그렇게 대해달라고 숙제를 내는 겁니다.

　제니퍼는 이번 삶에서 자기 자유를 제한하기를 원했습니다. 과거의 삶에서는 지나치다 싶게 자유를 누렸고, 자신을 위한 최선의 선택이 무엇인지 판별하지 못했지요. 아이들 때문에 자신의 한마디 한마디를 신경 써야 할 때 사실은 자신이 원했던 가르침을 아이들을 통해 얻는 겁니다. 여러분은 그 말이 미칠 영향을 생각하지 않고 내키는 대로 말하는 때가 너무 많습니다. 장애아들은 부모에게 깊이 생각하고 분명하게 말해야 한다는 사실을 상기시켜 줍니다."

　제니퍼와 라이언, 브래들리의 이야기는 장애를 가진 아이를 두었다고 해서 누구를 탓하거나 비난할 게 없다는 사실을 보여준다. 단지 그 경험으로 얻게 될 배움을 위해 그러한 선택을 하는 것이다.

　이러한 계획은 어느 정도까지는 각자의 전생을 기반으로 한다. 브래들리는 고아로 자라면서 감정적으로 힘들게 산 데 대한 보상으로 안전하게 보살핌받고 지지받을 수 있는 삶을 계획했다. 그 생에서 남은 두려움과 트라우마를 치유하기 위해 내린 그의 선택은 어찌 보면 자연스러운 것이다. 영혼은 그 다음 생에서 상처를 치유하고자 하기 때문이다. 라이언은 이전 일곱 번의 생애에서 무거운 부담에 시달렸기에 거기서 벗어나 쉬고 싶다는 소망을 품고 있었다. 라이언과 브래들리는 모두 세상과 진실하게 소통하기 위해 시련의 삶을 선택했으며, 이로써 제2차 세계대전 당시 자신들의 행동으로 말미암은 카르마의 균형을 맞추고자 했다.

제니퍼는 전쟁 기간의 삶에서 "사람들이 못 본 척 못 들은 척 외면할까봐" 몹시 두려워했다. 어쩌면 브래들리처럼 그녀도 그 생에서 남은 두려움을 해소하고 싶었는지도 모르고, 그리하여 당시 그녀를 보지 못하고 그녀의 말을 들을 수 없었던 이 둘의 어머니가 되는 데 동의했는지도 모른다. 두려움을 갖고 있을 때 영원한 영혼으로서의 우리의 본성은 가려지고 만다. 그 두려움을 피한다면 우리의 눈을 가리는 장막은 더 두꺼워질 것이다. 하지만 두려움을 껴안는다면 곧 장막이 걷히면서 두려움을 없앨 기회를 계획하는 용감한 영혼이 드러나 보일 것이다.

전생 계획 중에는 그저 새로운 경험을 하고자 하는 마음에서 세워지는 것들도 있다. 예를 들어 라이언은 쉬고 싶은 마음도 있었지만, 동시에 불균형을 경험하고 싶은 욕구도 있었다. 이번 생에서 그가 느끼는 불균형—예를 들면 양극성 장애와 같이 기분 상태가 날카롭게 변하는 것—은 이전 삶에서의 자기 모습과도 반대될 뿐 아니라 영혼의 세계에서 알던 완전하고 신성한 균형의 삶과도 반대된다. 더 큰 그림에서 보자면 현재의 경험은 카르마의 균형을 이루기 위한 것이기도 하면서 균형을 더욱 깊이 음미할 수 있게 하는 것이기도 하다. 불균형이 없다면 균형이 무엇인지 온전히 알 수 없다. 이번 생을 마감할 때 영혼의 차원에서 그는 균형의 아름다움을 더욱 깊이 이해하고 있을 것이다. 이처럼 경험에 바탕을 두고 얻는 앎은 그의 육체적 삶이 준 선물이요, 또 태어나기 전 이러한 삶에 동의해 준 어머니에게서 받는 선물이기도 하다.

제니퍼와 라이언, 브래들리는 또한 특정한 배움을 얻고자 이러한 삶을 계획하기도 했다. 셋 모두 의사소통의 중요성과 가치를 배우고자 했으며, 그 중 제니퍼는 이전 삶에서 진실한 의사소통을 훌륭하게 보여준 바 있듯이 진실한 의사소통이 어떤 것인지 깊이 이해하고 있는 영혼이었다. 따라서 라이언과 브래들리가 진실한 의사소통을 가르쳐줄 선생님으로 제니퍼를 고른 것은 매우 현명한 선택이었다. 제니퍼로서는 그들에게 의사소통하는 법을 가르치며 그들의 영혼에 봉사하는 경험을 한다. 그녀는 연민과 조건 없는 사랑으로 그들을 대하면서 성숙한 영혼에서 한층 더 지혜로운 영혼으로 영적인 성장을 한다.

아이들은 장애가 있건 없건 부모의 교사다. 라이언과 브래들리 역시, 비록 그들이 제니퍼에게 배우기 위해 태어나기는 했지만, 제니퍼에게 무엇인가를 가르쳐준다. 제니퍼는 그들을 통하여 인내심을 키우는 법과 자기 확신을 잃지 않는 법, 질서 있는 삶을 유지하는 능력과 진지하게 삶에 집중하는 능력을 키운다. 아이들은 또한 이처럼 직접적인 가르침을 줄 뿐 아니라 그들로 인해 만나게 되는 사람들을 통해 부모의 성장을 더욱 촉진시킨다. 이 역시 미리 계획된 것이다. 삶을 계획할 때 우리는 우리에게 필요한 다른 영혼을 만나게 해줄 환경까지도 계획한다. 내가 만나본 장애아의 부모들은 모두 아이의 장애 때문에 알게 된 특별한 사람들—이미 알고 있다고 느껴지는 사람들—이 있었다고 말했다. 열에 아홉은 그러했다. 장애아를 자녀로 두었다는 공통점 이상의 특별한 유대가 생기는 경우는 매우 흔하다.

우리는 우리가 어떤 영혼들을 만나기로 계획했는지, 어떤 시련을 택했는지 어느 정도 선까지는 기억해 낼 수도 있다. 제니퍼가 고등학교와 대학교에서 자폐증에 유독 관심을 보인 것은 태어나기 전에 그린 인생의 청사진을 어렴풋이 기억해 낸 결과다. 우리의 영혼은 우리와 끊임없이 교류하면서 우리 미래 삶의 발판이 되어줄 열망과 관심사를 부드러운 목소리로 속삭여준다. 영혼의 소리에 더욱 가까이 귀 기울여보라. 그러면 우리가 계획한 시련이 무엇인지 영혼이 속삭이는 소리를 들을 수 있을 것이다.

자신이 선택받았다는 제니퍼의 말은 옳다. 그녀의 전 남편 역시 선택된 사람이다. 인간의 관점에서는 그녀 혼자서 두 아이 양육이라는 짐을 떠안은 것처럼 보일 것이다. 하지만 제니퍼는 이 점 역시 계획했다. 아이들이 바라는 경험을 아이들이 할 수 있도록 그녀가 동의한 것처럼, 전 남편 역시 그녀를 사랑해서 그녀가 추구하는 경험을 할 수 있도록 동의한 영혼이었다. 이 대본에서 악역은 하나도 없다. 사랑이라는 동기에서, 그리고 사랑하는 마음으로 자신의 역할을 다하는 영혼들이 있을 뿐이다. 브래들리와 사라가 남달리 가까운 관계를 맺기로 계획한 것도 바로 이 사랑을 바탕으로 해서이다. 그렇기에 사라는 브래들리가 무엇을 원하는지 직관적으로 이해하고 그와 소통할 수 있는 것이다. 같은 방식으로, 사라가 두 아이에게 더 신경을 쏟아야 하는 어머니를 이해하는 것도 전생 계획의 반영이다.

이처럼 그물같이 얽힌 삶의 계획은 같은 목적을 향한 복잡하고도 아름다운 협력으로 완성된다. 개인의 영적 진화와 다른 영혼에게 봉사하고자 하는 두 가지 동기를 가진 제니퍼와 전 남편, 사라와 라이언, 브래들리는 다른 장애아 자녀들과 형제자매, 부모들이 서로를 사랑으로 선택한 것과 똑같이 서로를 사랑으로 선택했다. 사랑은 남에게 줄 때 널리 퍼진다. 영혼 그 자체가 사랑이므로 영혼은 사랑할 때 더 커진다. 장애아의 부모가 되는 것은 사랑의 기회를 갖는 것이다. 비록 몸이 힘들고 마음이 아픔에도 불구하고 제니퍼와 그 가족이 참으로 용기 있게 받아들인 시련인 만큼, 이 시련은 영혼을 더욱 성장시킬 것이다.

그들은 모두 조용한 영웅들이다. 브래들리와 라이언은 사회가 인정하거나 대접해 주는 방식으로 성공할 수도 있고 그렇지 않을 수도 있지만, 그것과 무관하게 그들이 이루어내는 바는 위대하다. 제니퍼가 보여주는 인내와 공감도 무척이나 뜻 깊다. 수많은 장애아와 그 부모들은 경쟁해서 이기는 것이 목표인 이 세상에 관심을 두지도 않고 명예나 인정을 추구하지도 않는다. 그들은 날마다 그 용기를 시험받는 삶, 동시에 날마다 그 존엄함과 아름다움을 확인받는 삶을 살아간다.

그들의 삶은 조용하지만 숭고하다.

4. 장애를 갖고 살기를 계획하다

우리는 태어나기 전에 우리에게 오감이 필요하다는 것을 안다. 또한 거의 모든 감각 지각은 눈과 귀를 통해 이루어진다는 것도 안다. 그렇다면 시각 장애나 청각 장애처럼 큰 어려움을 동반하는 장애를 왜 선택하는지 묻지 않을 수 없었다. 이러한 의문을 품으면서 나는 태어날 때부터 귀가 거의 들리지 않는 어린 내 조카를 떠올렸다.

미국에서만 만 18세 이상 성인 중 2,500만 명 이상이 가벼운 청각 장애를 지니고 있으며, 6만 명은 중증 청각 장애를 앓고 있다. 이 장에서는 태어날 때부터 전혀 듣지 못하던 페넬로페와 사고로 시각 장애인이 된 밥의 이야기를 하고자 한다. 청각 장애가 있는 페넬로페와는 인터넷 메신저를 통해 이야기를 시작했다.

페넬로페의 이야기 — 청각 장애와 연민

"일곱 살 때였어요. 엄마에게 내가 왜 귀머거리냐고 물었지요. 전 그때 이 질문에 대해 '충분한' 답을 찾지 못해 견딜 수가 없었어요. 화도 났고요. 엉엉 울었죠. 엄마가 저를 안아주면서 차분히 설명을 해주시더군요. 내가 뭘 잘못해서 그런 게 아니라고요. 하느님이 날 그렇게 만드셨고, 그건 무척 특별한 일이라고요. 그때 저는 제가 귀머거리라는 사실에 처음으로, 말 그대로 뼈저리게 절망했어요. 전 그 대답이 마음에 들지 않았죠. 마치 제가 원해서 그렇게 되기라도 했다는 것 같았거든요."

이제 곧 결혼을 앞둔 스물네 살의 페넬로페는 청각 장애를 가진 성인들에게 수화와 영어를 가르치는 교사다. "저는 제가 가르치는 분들을 이끌어도 주고 자신감도 심어주지요." 그녀의 학생 대다수는 미국 시민권이 없으며 대개 교육을 많이 받지 못한 사람들이다. 페넬로페가 가르치는 일을 하는 것을 보니 '빛의 일꾼', 즉 자신의 성장뿐 아니라 다른 사람의 성장 역시 돕기 위해 특별한 시련을 선택한 사람의 삶의 청사진이 떠올랐다.

페넬로페는 아홉 살 때까지 청각 장애인 학교를 다니다가, 그 이후로는 어머니의 권유로 일반 공립 학교를 다녔다. 전에 다니던 학교에서는 자신이 받아들여지고 지지받는 느낌이 들었지만, 새로 옮긴 학교에서는 수화 통역자가 필요한 일이 많았다.

"초등학교와 중학교에서 친구들은 자기가 괜찮은 애라는 걸 과시하고도 싶고 수화 배운 걸 써보고도 싶어서 저와 잘 놀고는 했어요. 백인들이 대다수인 학교였는데, 일 년쯤 지난 뒤부터는 인종이 다르다는 문제를 인식하게 되었어요." 페넬로페의 말을 들으며 나는 그녀가 왜 흑인 여자에 청각 장애까지 있는 사람으로 태어나기로 선택했을까 궁금했다.

고등학교 생활은 중학교보다 훨씬 힘들었다. "저는 청각 장애가 있는 흑인 친구들에게도, 장애가 없는 흑인 친구들에게도 받아들여진다는 느낌을 받지 못했어요." 페넬로페는 반 친구들 앞에서 자기가 '이상한 목소리'로 말하자 친구들 얼굴이 일그러지는 것을 읽을 수 있었다.

"'번역 오류'라는 말 아시지요? 그런 걱정을 안고 살았지요. 새치가 생기지 않은 게 신기할 정도예요. 학교를 다니면서 가장 좋은 것은 파티가 있다는 것이었어요. 저는 친구들과 인사를 나눈 뒤 제 이름을 말하려고 애를 썼어요. '피p'는 무성음인데, 전 무성음은 소리를 내지 못해요. 그러니까 '베넬로베' 정도로 말했겠지요. 한번은 제가 어떤 친구에게 갖은 애를 쓰며 이름을 말했는데, 그 친구는 자기 친구한테 돌아서더니 제가 감기에라도 걸렸냐고 묻더군요. 마음이 아팠어요. 제발 일어나지 않았으면 하고 바라는 일이지만, 실은 늘 일어나지요."

페넬로페는 만나는 사람들의 절반 이상은 자기 말을 이해한다고 설명했다. 물론 상대가 그녀의 말을 잘 알아듣지 못하는 일도 자주 일어나는데, 그럴 때면 종이와 펜을 부탁한다. "종이와 펜을 달라고 하면 일부러 안 주려는 사람들이 얼마나 많은지 모를 거예요. 그렇게 대화하면 시간이 곱절로 걸리니까요."

페넬로페는 사람들과 이야기할 때 말하고자 하는 바가 제대로 전달되지 않을까 늘 걱정스러워한다. 때로는 자신의 반응이 약해서 뜻이 전달되지 않기도 하고, 몸짓 언어가 지나쳐서 뜻이 잘못 전달되기도 한다.

페넬로페는 비청각 장애인들의 특정 행동이 청각 장애인들에게 큰 상처가 된다고도 했다. "가끔 보면 평소보다 느리게 말하는 사람들이 있어요. 사실 그런 것은 고맙지 않아요. 입술을 읽지 못할 만큼 말이 빠르면 느리게 말해달라고 부탁할 수 있거든요. 또 우리한테 크게 말하는 사람들도 있어요. 전 그걸 구별할 수 있어요. 가끔은 우리더러 읽을 줄 아느냐고 물어보는 사람도 있지요. 그러면 어떤 친구들은 '아니오'라고 써서 대답해 주기도 해요."

나는 페넬로페의 유머 감각에 웃음을 터뜨렸다. 그런데 그 순간 내가 웃고 있다는 것을 그녀가 알 길이 전혀 없다는 걸 깨달았다. 우리의 대화는 인터넷으로 이루어지고 있었기 때문이다.

"학교에서 데이트도 했나요?" 내가 물었다.

"고등학교 다니면서 제일 힘든 게 그거였어요. 전 누군가를 사귈 준비가 되어 있었죠. 충분히 지적이기도 했고요. 애인이 생기면 하고 싶은 일이 정말이지 많았어요. 하지만 십대 또래의 아이들에게 의사소통의 장벽이 있다는 것은 커다란 걸림돌이었죠. 스킨십 같은 것이라면 또 모르겠지만, 전 그런 것에는 관심이 없었어요. 전 대화를 하고 싶었어요. 저에게 공감해 주고 절 지지해 줄 남자 친구가 절실했어요. 그게 정말 큰 상처가 되었지요."

페넬로페는 이런 경험이 비록 고통스럽기는 하지만 그 덕분에 타인의 아픔에 더 깊이 공감할 수 있게 되었다. "전 자기 말을 전달하지 못하는 이들의 마음을 느낄 수 있어요. 귀가 들리지 않으니까 감수성이 그만큼 더 커지지요."

나는 페넬로페에게 귀가 들리지 않는 것의 더 커다란 목적이 무엇인 것 같으냐고 물었다.

"전 제가 외면받는 이들을 더 잘 이해하려고 귀머거리로 태어났다고 알고 있어요. 서로 반목하는 사람들 사이를 잇는 다리가 되고 싶어요. 비청각 장애인과 청각 장애인 사이만을 말하는 게 아니라, 어떤 종류의 문화적 장벽으로든 가로막힌 사람들 사이를 말하는 거예요."

나는 페넬로페가 '~인 것 같다'나 '~라고 생각한다'가 아니라 '~라고 알고 있다'는 말을 쓴 것이 놀라웠다. "외면받는 이들을 더 잘 이해하려고 그렇게 태어났다는 것은 어떻게 알았어요?"

"내 마음이 아니까요. 저는 직관 능력이 뛰어나요. 제가 귀머거리라는 점에서 보면 저 스스로가 그 '외면받는' 사람이지요. 어떤 종류든지 외면받는 경험을 한 사람들에게 눈길이 갈 수밖에 없어요. 내 영혼은 잊혀진 사람들, 관심받지 못하는 사람들에게 연민을 보여주고 싶어하는 것 같아요."

스테이시 웰즈와의 세션

인터넷으로 대화를 나눈 며칠 뒤 페넬로페와 나는 다시 온라인상에서 만났다. 이번에는 페넬로페의 전생 계획에 대해 알려줄 스테이시도 함께였다.

"나한테 보이고 들리고 느껴지는 인상들을 말해줄게요." 스테이시가 친 글자가 떴다. "이런 인상들은 내게 물리적으로 오는 거예요. 내 길잡이 영혼이 말해주는 거지요. 길잡이 영혼은 자기 손에 삶의 책[아카식 레코드]이라고 하는 것을 쥐고 있는데, 그 책에는 이미 살다 갔거나 현재 살고 있는 모든 이들의 삶이 기록되어 있어요.

청각 장애는 당신이 바로 직전에 산 삶과 연결되는 것이기도 하고, 또 전에는 경험해 보지 못한 성장을 이루려는 방편으로 선택한 것이기도 하다고 하네요. 귀가 들리지 않기 때문에 내적 경험과 직관, 생각, 심지어 물리적인 증상이나 몸이 주는 반응까지도 훨씬 더 민감하게 알아챌 수 있어요. 그 덕분에 자기 자신을 더 잘 알 수 있고요."

스테이시는 전날 밤 꿈에 페넬로페가 나왔다고 말했다. 누군가와 세션을 시작하기 전 그에 대한 정보를 받는 것은 스테이시로서는 흔한 일이었지만, 이번 것은 꿈의 형태로 나타났다는 점에서 처음 있는 일이었다. "길잡이 영혼이 말하길, 내가 이미 당신의 파동에 맞추어져 있다고 하네요. 그래서 당신에 대한 정보를 받는 데 내가 활짝 열려 있다고 하는군요. 당신의 가장 최근 전생에 대한 꿈을 꿨어요. 그 삶의 경험을 바탕으로 지금 삶에서 청각 장애인이 되겠다는 결심을 하게 되었죠."

스테이시의 꿈에서는 세 살쯤 된 전생의 페넬로페가 어머니가 남자 친구에게 심한 욕설을 듣는 장면을 목격하는 모습이 펼쳐졌다. 이러한 언어 폭력은 이후 2~3년 동안 이어졌다. "이 작은 소녀는 감정적으로 아주, 아주 예민했어요." 스테이시는 그 꿈을 통해 전생에서의 페넬로페 어머니가 이번 생에서도 다시 같은 어머니로 태어났음을 알았다.

"언어 폭력이 점점 심해지더니 결국 물리적인 폭력으로까지 이어졌어요." 스테이시가 친 글자가 컴퓨터 화면에 떴다. "심지어는 그 남자 친구가 극도로 화가 난 상태에서 페넬로페의 어머니를 전화선으로 목을 조르려고 한 일도 있었네요. 어머니를 위협해서 자기가 시키는 대로 하게 만들려고 했어요."

하루는 페넬로페가 이웃 사람과 함께 집 앞에 서 있었는데, 안에서 어머니와 남자 친구가 시끄럽게 싸우는 소리가 들렸지요. 잠시 후 살림살이가 내동댕이쳐지는 소리가 들렸어요. 이웃 사람이 페넬로페의 어깨에 손을 얹고 안심시키네요. 어머니가 침실로 도망을 가 방문을 잠그고 남자 친구가 못 들어오게 했군요. 그런데 남자한테는 총이 있었어요. 남자가 발로 차서 방문을 열고 어머니에게 총을 여러 발 쏘았어요. 페넬로페는 총소리를 뚜렷하게 들었고요. 어머니는 피를 흘리며 숨을 거두었지요. 그 남자가 욕실로 가더니 욕조에 기대앉아 우는군요. 페넬로페와 같이 있던 이웃 사람이 페넬로페를 집 안에 들여보냈고, 페넬로페는 경찰과 친척 한 명에게 전화를 했어요. 그때 남자가 자기 머리에 총을 쏴 자살했어요. 페넬로페는 이번에도 선명하게 총소리를 들었지요.

내 꿈은 여기서 끝이 났어요. 페넬로페의 어머니는 너무나 갑작스럽게 돌아가셨어요. 페넬로페는 그 생에서 어머니 없이 10년을 더 살았어요. 페넬로페 역시도 단명했어요. 그 생에서 아마도 서른을 넘기지 않은 것 같아요. 둘은 이번 생에서도 함께 모녀로 지내기로 영혼의 단계에서 약속했어요. 〔지금 생의〕 아버지는 전생에서 어머니를 쏜 그 남자는 아니에요. 그 남자는 이번 생에는 살아있지 않군요.

그 공포, 그날 들었던 총소리와 비명소리가 지난 생 내내 당신 마음 속에서 지워지지 않았어요. 그것 때문에 지독한 우울증을 앓았군요. 밤에 자려고 할 때나, 가끔은 낮에도 과거의 기억과 소리들이 계속 당신을 따라다녔어요. 그래서 그 생을 떠날 때 당신은 어떤 방법이 되었든지 그 소리들에서 영원히 자유로워지고 싶다고 생각하게 되었군요. 지난 생에서 당신은 자살했어요. 이번 생에서 청각 장애인이 되겠다는 결정에 그 일이 아주 크게 작용했군요. 그런 끔찍한 시간을 다시는 겪고 싶지 않았던 거예요.

그런데 페넬로페, 궁금한 것이 있는데, 지금 내 이야기를 쭉 들으며 기분이 어떤가요? 마음에 와 닿나요? 머리로 이해되는 걸 말하는 게 아니라, 감정적으로 그리고 신체적으로 말이에요."

"그날 꾸셨다는 꿈은……" 페넬로페가 대화창에 글자를 치기 시작했다. "엄마가 그러는데 저는 잘 때 늘 소리를 지른대요. 사실 좀 웃긴 일이죠. 전 어차피 귀가 안 들리잖아요. 제 옆에서 자는 사람한테만 미안한 일이지요. 거의 날마다 그러는 건 제 잠재 의식 속에 뭔가 있기 때문이겠지요. 그런데 전에는 이렇게 손이 떨리지는 않았는데……"

스테이시가 말하는 동안 나타난 자신의 신체적 변화를 관찰하고 페넬로페가 이렇게 덧붙였다. "손이 너무 심하게 떨려서 손을 비비며 진정시키는 중이에요."

"손을 자주 떨지요? 아마 그럴 거예요. 길잡이 영혼이 그렇다고 말해주네요. 온전히 치유되기 위해 가야 할 길이 아직 남았어요. 지금까지는 잠재 의식의 차원에서 치유하는 것이 당신이 할 수 있는 유일한 방식이었어요. 몸은 그렇게 내면의 감정과 충돌을 밖으로 나타내 보여주지요. 신호를 보내는 거예요."

"약혼한 남자 친구가 저더러 화가 나면 왜 그렇게 난폭하게 변하냐고 물은 적이 있어요. 이번 생에서 저한테 무슨 트라우마가 생긴 것 아니냐고 묻더군요. 이제 이 악순환의 고리를 끊어야 한다는 걸 알겠어요."

"지난 생에서 본 바로 그 일 때문에 난폭하고 공격적으로 되는 거예요. 그 일은 아직 당신의 잠재 의식에 선명하게 남아 있거든요."

나는 스테이시에게 이 일에 대해 더 말해달라고 부탁했다.

"페넬로페는 그〔청각 장애〕 때문에 온갖 종류의 장애를 가진 사람들을 연민의 관점에서 바라볼 수 있어요. 동물과도 마음이 아주 잘 통하고요. 페넬로페가 동물과의 소통을 무척이나 좋아한다고 하는군요. 나중에는 듣지 못하는 이들을 여러 방면에서 아주 다양한 방식으로 도울 거예요."

페넬로페가 글자를 쳤다. "저는 제 정체성(청각 장애인이고, 여자이고, 젊고, 인종적으로 소수자라는 것)으로 사람들의 이목을 집중시킬 수 있다면 그것을 창의적으로 최대한 활용해서 사람들과 제가 아는 것들을 나누고 싶어요."

"인종적 소수자라…… 그것 역시 페넬로페의 선택이었군요. 모든 걸 커다란 연민의 시선으로 볼 수 있도록 말이지요. 아주 여러 가지 면에서 보통 사람들과는 다른 삶을 살고 있어요."

"맞아요! 전 그 어디에도 속해 있다고 느껴본 적이 없어요."

"페넬로페, 지금 이런 이야기 괜찮나요?" 나는 페넬로페가 혹시 세션을 힘들어하고 있지는 않을지 궁금했다.

"마음이 편안한걸요. 아주 어렸을 적부터 궁금하던 것들이었어요. 인간적으로 공감을 받은 느낌이 드네요. 외로움이 덜어지는 기분이에요."

"스테이시, 페넬로페가 청각 장애를 선택할 당시 전생 계획 세션에서 오간 대화를 좀 들려줄 수 있을까요?"

페넬로페와 내가 잠시 기다리는 동안 스테이시는 영혼들의 대화에 '주파수'를 맞추었다. 잠시 후 스테이시가 그려낸 전생 계획 세션은 무척 생생하여 우리가 마치 영혼들과 함께 논의 과정에 참여하고 있는 기분이 들 정도였다.

"'생각-대화'를 듣고 있어요. 뭔가가 보이기도 하네요. 페넬로페가 커다란 방에 있어요. 천장이 높은 방이에요. 벽마다 영상들이 많이 보이네요. 과거 여러 전생의 모습들이에요. 페넬로페의 주 길잡이 영혼이 다른 길잡이 영혼들과 거기 같이 있어요. 페넬로페가 바닥에 양반다리를 하고 앉은 모습이 보이네요. 다가올 그녀의 생에서 중요한 역할을 할 다른 영혼들도 나란히 앉아 있어요. 지난번 삶에서 페넬로페와 함께했지만 다음 생에서는 함께하지 않을 영혼들도 있군요. 그녀의 주된 길잡이 영혼이 그녀 뒤에 서서 계획의 방향을 잡아주기도 하고, 거기 있는 모두의 의견을 모아 정리해 주기도 하네요."

길잡이 영혼_우리가 여기 모인 것은 페넬로페의 다음 생을 결정하기 위해서입니다. 여러분 상당수가 이전 삶에서, 또 여러 삶 사이에서 페넬로페를 도운 적이 있지요. 페넬로페는 직전 삶의 경험에서 받은 상처가 아물지 않았고, 그래서 이번 생에서는 그것을 치유하고자 합니다. 페넬로페가 이제 어떤 사람으로 태어나서 어떤 경험은 하고 어떤 경험은 하지 않을지, 또 그 목표를 이루기 위해 여기 있는 여러분과 어떻게 힘을 합칠지 의논하는 데 여러분의 에너지를 나누어달라고 청하고 있습니다.

"거기 있던 이들이 다 손을 내미네요. 에너지가 서로에게 전달되더니 결국 그곳에 있는 모두를 관류하는 물결처럼 방 안을 가득 메우는군요. 페넬로페가 맨 먼저 정한 것은 피부색이에요. 그것으로 현재의 자기 자신과 과거 삶에서의 자기 영혼, 그리고 어머니 사이의 연결점이 생기니까요. 피부색을 정하자 페넬로페의 영혼이 더욱 짙은 색으로 변하는 게 보여요. 몸의 옷이 '잘 맞는지 입어보는 것'이기도 하지만, 더 빨리 적응하고 싶어서 그러는 것이기도 해요.

페넬로페와 어머니 사이에 생각-대화가 오가고 있어요. 어머니의 영혼은 이번 생에서도 어머니가 되어 페넬로페를 낳을 것이며, 전생에서와는 다른 방식으로 길러주겠다고 약속해요. 페넬로페는 어머니 영혼에게, 자기는 엄마 품에 안겨 있어야 할 필요를 아직 많이 느낀다고 하네요. 어머니는 많이 안아주겠다고 약속을 하는군요.

하지만 그때 전생에서 목격한 장면들이 기억에 떠오르면서, 페넬로페는 다시는 그런 일이 일어나지 않게 해달라고 부탁해요. 전생에서 어머니를 총으로 쏜 남자가 무리 속에서 일어나더니 페넬로페와 어머니가 이번 삶을 사는 동안 자신은 환생하지 않겠다고 약속하고는 다시 제자리에 앉는군요."

페넬로페_하지만 그 소리요, 그 소리를 또 듣게 될까봐 무서워요. 무슨 일이 있어도 그런 소리를 다시 듣고 싶지 않아요.

길잡이 영혼_저런, 그 소리가 귓전을 맴돌리라는 것을 알고 있군요. 그렇다면 전생을 상기시키는 그 어떤 소리도 듣지 않도록 귀가 안 들리게 태어나는 쪽을 택하겠어요? 그 소리와 그 생에서 눈으로 보고 겪은 것들이 이번 삶에도 계속 영향을 줄 거예요. 하지만 더 깊은, 잠재 의식의 차원에서만 느끼게 될 거예요. 그러면 좀 낫겠지요.

페넬로페_네.

길잡이 영혼_잠깐만요. 〔그가 손을 들었네요.〕 그렇게 덥석 동의하기 전에 먼저 이 점을 생각해 봐요. 어찌 됐건 전생에서 본 그 끔찍한 일들이 이번 생에서도 영향을 미칠 거예요. 그 기억에 대한 치유 과정을 끝까지 마치고 싶다고 페넬로페가 말했으니까요. 다만 당시 일을 겪었을 때의 기분을 계속 느끼기는 할 테지만, 그 기분이 뭔지 정확히 모르고 보내는 시간이 더 많을 거예요.

페넬로페_ 좋아요, 그게 좋겠어요. 바라던 바예요.

"그녀가 진지해짐에 따라 에너지도 조금씩 바뀌는군요. 다시 태어나 새로운 삶을 산다는 것에 들떠 있던 에너지에 이제 조금은 그림자가 드리워졌어요. 어떤 일이 일어날지 설명을 들었으니까요. 하지만 그녀는 동의했고, 전생 계획 세션을 계속해 나가기로 하는군요."

페넬로페_ 나는 어떤 능력으로든 사람들에게 헌신하고 싶어요. 제 연민의 능력을 넓히고 싶어요. 지난번 삶에서는 엄마가 죽으면서 연민을 표현할 제 능력도 멈추어버렸어요. 연민으로 많은 이들을 돌보고 싶어요.

길잡이 영혼_ 다가올 생에서는 페넬로페만의 경험을 활용할 기회가 주어질 거예요. 그 기회를 통해 자신을 더 깊이 알게 될 테고, 친절하고 연민 가득한 마음으로 다른 이들을 보살피며 그들에게 헌신할 수도 있을 거예요. 그들을 가르치기도 할 거고요.

"자원 봉사 이야기가 오가네요. 지난 삶에서 페넬로페의 이웃으로 살았던 영혼이 나중에, 그러니까 서른 살이 좀 넘어서가 되겠네요, [자원 봉사자로서] 페넬로페와 함께 일할 장애인으로 태어나 살 거라고 하는군요. 페넬로페는 전생에서 이웃에게 받은 것을 보답하기 위해 이 일을 하고 싶다고 말하네요.

이웃이 자리에서 일어나 이에 동의하는군요. 그 영혼은 신체 장애가 있어서 목발을 짚고 다니는 사람의 모습을 보여주네요. 전생 계획 세션 동안 영혼의 형상이 변하는 것은, 그렇게 모습을 확인해 놓으면 몸을 입고 태어났을 때 서로를 더 잘 알아볼 수 있기 때문이라고 해요. 지금은 보고 들리는 게 이것이 전부예요. 궁금한 게 더 있나요?"

스테이시가 영적으로 받은 영상이 무척이나 뚜렷하다는 것도 놀랍고, 페넬로페의 전생 계획 세션에 그토록 굳은 의지가 담겨 있다는 점도 놀라웠다. 나는 여러 전생 계획을 접하는 동안, 인격체가 자유 의지를 갖고 있어서 영혼이 계획한 것을 잘 따를 수도 있지만 또 이탈할 수도 있다는 것을 알고 있었다. "전생에서 페넬로페의 어머니를 죽인 남자 말이에요. 그 남자가 한 일이 인격체인 그가 자유 의지로 결정한 건가요, 아니면 그것 역시 태어나기 전에 계획한 것인가요?" 내가 물었다.

"어떤 답이 들리나 볼까요…… 그가 자기 혐오와 분노라는 문제로 여러 생을 살았음이 이미 그의 전생 계획 당시 알려져 있었군요. 그는 아직 자신의 가치를 인정하는 법을 못 배웠어요. 페넬로페의 어머니가 그의 세션에서 이렇게 말하네요. 자신은 많은 삶에서 관계를 주제로 여러 경험을 쌓았으니 이런 문제를 다시 다룰 기회가 온다면 기꺼이 받아들이겠다고 말이에요. 그러니까 그와 함께 말이지요. 영혼의 단계에서 조건 없는 사랑이라는 맥락에서 자기 자신을 내준 거예요.

살인은 예견되지도 않았고 계획되지도 않았어요. 그것은 그 당시 그의 자유 의지로 내린 결정이군요. 페넬로페의 어머니는 영혼의 단계에서 자기 남자 친구였던 그에게 어떤 나쁜 마음도 품지 않네요. 일어난 일에 대해 아주 분명히 이해하고 있고, 그 남자 친구였던 자가 다뤄야 할 문제가 뭔지도 잘 알아서 그에게 용서와 연민을 느끼고 있어요."

자유 의지로 저지른 살인은 분명 커다란 카르마를 낳겠다는 생각이 들었다. "이 영혼은 에너지의 균형을 맞추기 위해 다시 태어났어야 하지 않나요? 그러니까 페넬로페에게 위협이 되지 않는 환경에서요."

"영의 세계에는 우리가 생각하는 것 같은 '편의'의 개념이 없어요. 다른 생들을 통해서도 그럴 수 있는 기회는 얼마든지 많이 있죠. 페넬로페의 삶에서 초점은 지난 생에서 받은 상처를 치유하는 거예요. 페넬로페는 무척이나 민감한 사람이라서 이번 생에 그 어머니의 남자 친구였던 자가 있다면 치유되지 못할지도 몰라요. 페넬로페가 가장 치유하고 싶어하는 상처는 자신이 자살한 문제라는군요."

"영혼의 상태에서 상처를 치유하는 방법도 많이 있잖아요. 왜 페넬로페는 또 한 번의 환생을 통해 치유하는 쪽을 택했나요?"

"선택의 문제가 아니라는 말이 들려오는군요. 무엇 대신으로 한 선택이 아니라고요. 영혼의 차원에서 치유할 수 있는 기회와 가르침이 물론 있지요. 그녀는 다른 길잡이 영혼들, 그리고 어머니의 영혼과 아주 여러 번 세션을 함께했어요. 그 세션들을 통해 여러 가지를 이해했지만, 더 깊은 치유를 경험할 수 있는 기회로서 몸을 얻어 다시 이 세상에 태어날 필요가 있었어요. 거기에다 그녀의 어머니도 시간이라는 틀이 있는 이 세상으로 몸을 입고 다시 돌아와야 했고요. (페넬로페의 어머니가 세상으로 돌아와야 했던 이유는 구체적으로 밝혀지지 않았다. 그녀가 삶을 공유하고 싶어하던 영혼이 환생하려던 찰나였기 때문인지도 모른다.) 페넬로페는 어머니의 영혼과 함께하고자 하는 마음이 무척 강했어요. 그 점에서도 물질계에서 치유를 계속할 필요가 있었던 거지요. 그녀의 어머니는 이번에도 어머니가 되어 전에 일어났던 일을 수습할 기회가 생겨서 반가워했고요."

"스테이시, 페넬로페의 이야기 중에서 일반 독자가, 특히 장애의 목적을 이해하고 싶어하는 청각 장애인 독자가 눈여겨보아야 할 중요한 점이 또 있는지요?"

스테이시는 길잡이 영혼의 말을 바로 타이핑하기 시작했다. "하나. 내면의 경험은 바깥 세계의 경험보다 더는 아닐지 몰라도, 적어도 그것만큼은 실제적입니다. 둘. 청각 장애 덕분에 훨씬 나은 방식으로 자기 삶의 목표에 집중하는 사람들이 있습니다. 셋. 청각 장애는 약점이 아닙니다. 그것은 기회입니다. 인격체의 성장과 영적인 성장에 필요한 쪽으로 미세하게 초점을 이동시켜 줍니다. 넷. 청각 장애는 그 누구의 잘못도 아닙니다. 그것은 선택입니다. 다른 선택들이 그러하듯이 역시도 목적한 바대로 삶을 살게 해주기 위해 마련된 기회입니다. 그리고 가끔은 영혼이 한 일의 균형을 맞출 필요가 있기도 합니다. 다른 이의 귀나 팔다리를 자른 영혼들이 있지요. 그들은 다음 생에 귀가 안 들리게 태어나거나, 팔다리를 못 쓰는 사람으로 태어나거나, 아니면 불구인 몸으로 태어나는 식으로 스스로를 처벌하고자 합니다. 또 영혼이 내적인 조화를 경험하고자 하는 경우도 있습니다.

페넬로페처럼 민감한 영혼의 경우에는 외부의 힘이나 소리, 에너지가 자신의 내적인 조화를 이루는 데 방해가 될 수 있습니다. 페넬로페의 경우는 이전 생에서 겪은 끔찍한 경험을 되살릴 만한 어떤 소리도 듣고 싶지 않다는 의지에서 청각 장애를 선택한 것이지요. 두려움을 버리는 것은 여러분이 인간으로서 맞닥뜨리는 최대의 시련이라는 점을 잊지 마세요. 페넬로페는 지금도 그 시련에 맞서고 있는 겁니다."

"스스로를 벌주고 싶어하는 영혼이 있다고 하셨는데요. 그건 더 정확히 말하면 공감 능력을 더 키우고자 하는 소망 아닌가요?"

"공감은 더 숭고한 목표입니다. 그 말도 맞습니다. 하지만 영혼이 스스로를 용서하지 못하는 한 공감은 의미가 없습니다. 우리(길잡이 영혼들)가 볼 때 영혼들이 자신이 한 일에 대해 스스로를 벌주려고 어떤 선택을 하는 경우가 가끔 있습니다. 결국 자기가 스스로를 판단하는 거지요. 영혼이 부정적인 감정이 강하게 남은 채로 강을 건너는(죽는) 일이 자주 있습니다. 그러면 사실을 분명하게 보지 못합니다. '두려움이라는 색안경을 쓰고' 혹은 '죄의식이라는 색안경을 쓰고' 세상을 보게 되지요. 그럴 때는 스스로에게 연민을 느끼지 못합니다."

나는 페넬로페가 이번 생을 계획하는 데 두려움이 역할을 했는지 물었다.

"그 전 삶에서의 두려움이 넘어왔습니다. 페넬로페는 두려움을 느끼는 상태에서 죽었고, 그 때문에 영혼은 그 이상으로 나아가지 못했습니다. 그녀는 자신이 두려움을 내려놓아야만 한다는 걸 알고 있습니다. 아직 이전 삶에서 해결하지 못한 두려움에 매여 있지요."

"여러 질문에 답해주셔서 고맙습니다."

"나도 즐거웠습니다. 여러분 덕분에 나의 본성dharma을 실현할 수 있었습니다."

연민.

영매와 나눈 많은 세션을 돌이켜보건대, 연민은 공감, 그리고 자신과 타인에 대한 조건 없는 사랑과 더불어 영들이 가장 많이 언급하는 삶의 가르침이다. 영원한 영혼으로서 우리는 우리 자신을 연민으로 깨닫기 원한다. 연민인 자신을 깨닫는 것은 사실 우리가 이미 받은 선물이자 앞으로 줄 선물인 연민의 느낌에 눈뜨는 것인데, 이는 우리가 물질계에서 연민을 표현할 때마다 더욱 깊어진다.

사회는 청각 장애를 결점으로 본다. 결점을 가진 존재로 보이는 것은 그런 결점이 없는 사람들에게는 이들—이른바 '모자란' 존재로 낙인찍힌 이들—에 대해 연민을 느낄 수 있는 고마운 기회다. 이런 식의 이분법은 비물질 영역에는 존재하지 않는다. 어떤 영혼도 모자라지 않다. '모자라다'는 개념은 그 자체로 무의미하다. 그러나 물질계에서는 이처럼 공허하고 뜻 없는 개념이 마치 무슨 의미라도 지닌 듯한 모습으로 나타난다. 하지만 바로 이 때문에 우리는 연민이라는 것이 무엇인지 이해하고 경험할 수 있다.

페넬로페는 어느 정도는 연민을 알고자 하는 마음에서 청각 장애인의 삶을 계획했다. 또 그녀는 듣는 이들의 세계와 듣지 못하는 이들의 세계가, 서로 반대되는 사람들의 무리가, 서로 충돌하는 문화들이 더욱 가깝게 이어지기를 바란다. 침묵의 나라에서 태어난 그녀의 연민은, 그녀가 두 세계 사이에 다리를 놓을 때 세상에 커다랗게 울릴 것이다.

여성, 소수 인종, 청각 장애인, 이들은 하나같이 역사적으로 권력에서 배제되어 왔다. 나는 페넬로페의 말을 들으며, 그녀의 내면에는 세상을 변화시킬 만한 커다란 힘이 있는 반면 그녀가 속한 계층에는 상대적으로 힘이 부족하다는 그 불균형이 무척 인상적이었다. 그녀는 외부적으로 권력을 갖지 못한 환경을 택해 들어감으로써 내적 힘을 키우는 원동력을 만들어낸 것이다.

지금처럼 연민을 경험하기 힘든 환경을 고르지 않았다면 그녀는 지금 자신이 사람들에게 나누어주고 있는 연민을 쌓을 기회도 그럴 동기도 갖지 못했을 것이다. 외부적인 권력에서 배제된 환경을 선택하지 않았다면 자신이 이 세상에 얼마나 강력히 영향을 미칠 수 있는지 알지 못했을 것이다.

물질계에서는 연민을 표현하기가 쉽지 않다. 자아가 자기는 다른 이들과 분리된 존재라는 감각을 만들어낼 뿐더러, 때로는 두려움에 굴복되기 때문이다. 비물질계에서는 그렇지 않다. 예를 들어 페넬로페의 전생 계획 세션에서는 전생에 페넬로페의 어머니를 죽인 영혼을 향해서 연민이 표현되었다. 분노도 미움도 복수도 없다. 다만 용서와 이해가 있을 뿐이다. 또한 전생에서 페넬로페가 자살한 것에 대해서도 연민이 있을 뿐 그 어떤 판단도 내려지지 않았음을 주목하자. 그녀는 어떤 점에 대해서도 비난받거나 책망받지 않았다. 물론 그녀는 지난 삶에서 계획했던 배움을 완수할 필요가 있다. 하지만 그녀로 하여금 자살로 생을 마감하도록 이끈 어려움과 관련해 다른 영혼들은 연민을 느낄 뿐이다.

영혼으로서 우리는 서로를 판단하지 않는다. 영혼의 영역에서 내려지는 유일한 판단은 지난 삶을 돌아보며 스스로 내리는 판단뿐이다. 우리가 삶을 돌아볼 때 더 큰 연민을 표현할 수 있었는데 그러지 못한 순간을 길잡이 영혼이 곁에서 짚어주기도 하지만, 이것 역시 판단이 아닌 사랑에서 나오는 것이다. 우리는 오직 육체로 살 때만, 겉보기에 서로 분리되어 있다고 느끼는 때에만, 판단 행위를 함으로써 우리에게 연민이 부족함을 경험한다. 그러한 판단은, 우리가 서로 분리된 존재라고 여기는 데서 나오는 어쩔 수 없는 결과물 같지만, 실은 그것이야말로 우리가 분리되었다고 느끼게 하는 원인이다. 판단을 내려놓는 것, 그리고 상대가 누구든 똑같은 연민의 마음으로 사랑하는 것, 이것이 곧 우리가 진정 누구인지를 기억해 내는 것이다.

페넬로페의 전생 계획에서는 연민뿐 아니라 남을 돕고자 하는 소망 역시나 중요한 주제였다. 영혼인 우리는 사랑이라는 동기에서 상대가 성장할 수 있도록 돕고 싶어한다. 페넬로페의 전생 계획 세션에는 이러한 방식으로 남을 돕고자 하는 영혼들로 가득하다. 페넬로페는 주로 청각 장애인 공동체에 집중하면서 인간애를 실천하는 삶을 계획했다. 그녀의 어머니는 이전 삶에서 충분히 주지 못한 사랑과 보살핌을 주는 것으로 페넬로페를 돕고자 했다. 페넬로페의 이웃은 페넬로페가 연민을 표현할 기회를 주는 것으로 그녀를 돕고자 했다. 그런 이유로 그 이웃은 장애인으로 이 세상에 태어나겠다고 약속했다. 페넬로페의 어머니를 죽인 영혼 또한 페넬로페를 돕고 싶은 마음이 강했기 때문에 이번 생에 태어나지 않겠다고 약속했다. 그렇게 하면 자신의 성장, 그리고 카르마의 균형을 맞추는 일이 늦춰지는데도 말이다. 사랑, 이 경우에는 타인을 돕고자 하는 소망으로 표현된 이 사랑이 페넬로페의 전생 계획 세션에서 강물처럼 흘러넘친다.

지난 생에서의 전생 계획도 마찬가지다. 페넬로페의 어머니는 지난 생을 계획할 때 장차 남자 친구가 될 영혼이 폭력적으로 행동하리라는 것을 알고 있었다. 하지만 그녀는 몸으로 세상에 와 있는 동안 그에게 자존감을 키울 기회를 주고 싶었다. 그가 비록 여러 차례 환생에서 깊은 분노를 표현했다고 해서, 영혼의 단계에서 그에게 도움이 되기를 염원한 그녀의 소망은 조금도 줄어들지 않았다. 이 두 영혼은 아마 또 다른 생에서 함께할 것이다. 그 생에서 그에게는 분노를 내려놓고 사랑을 선택할 기회가 주어질 것이다.

우리는 함께 삶을 계획한 영혼들을 사랑한다. 이 지구 위에 머무는 동안 그들은 문제를 더 복잡하게 만들기도 하고, 우리에게 스트레스를 주거나 걱정을 안기기도 하고, 심지어 우리의 '적'이 될 수도 있다. 이 땅 위에서는 서로 미움 속에 살아가는 부부, 학대하고 학대받는 부모와 자식, 죽일 듯이 싸우는 직장 동료일지 모르나, 기실 우리는 모두 사랑하는 친구들이다. 우리는 서로를 깊이 아끼는 사이이며, 때로 전생에서 못다 마친 배움을 끝마치게 해주려고 다시 함께 태어나는 경우가 많다.

물질계에서 도움을 주기 위해 영혼이 꼭 몸을 얻어 태어나야 하는 것은 아니다. 스테이시와의 세션에서도 보았듯이 몸을 입고 태어나지 않은 영혼들도 페넬로페의 이전 삶들에서 페넬로페를 크게 도와주었다. 비물질계에 있는 영혼들은 우리에게 사랑과 영감을 보내주는 방식으로 도움을 준다. 그들은 꿈으로 우리와 의사소통하고, 깨어 있을 때는 감정을 통해 우리와 접촉한다. 몸을 입은 모습으로 있느냐 아니냐와 상관없이 늘 우리와 함께한다. 마음으로 이어진 끈은 영원하다.

사랑과 연민을 받아들이는 법을 배우는 것, 이는 사랑과 연민을 표현하는 것만큼이나 중요하다. 사고로 몸을 다치거나, 병을 얻거나, 장애를 가지고 살기로 영혼이 생을 계획하는 것은—늘 휠체어 신세를 져야 하는 장애자를 생각해 보라—사랑을 표현하는 누군가로부터 절대로 달아날 수 없는 환경을 만들기 위한 것이다. 이러한 영혼들은 과거 삶에서 타인이 주는 따뜻한 보살핌을 잘 못 받아들인 사람들일 수도 있다. 그런 사람들은 다음 생에서 이러한 배움을 얻을 수밖에 없도록 거의 자발적으로 시련의 삶을 계획한다.

나는 이 책을 준비하면서 명상 속에서 미래의 자기, 즉 미래 생에서 환생한 모습을 만났다는 한 청년을 우연히 알게 되었다. 그 미래의 자기가 자기에게 말하기를, 미래의 사람들은 지구에서의 이 시기를 '두려움의 시대'라고 부른다고 했다. 이 말의 뜻을 곰곰이 되새겨보자. 우리 시대에 적용할 수 있는 무한한 수식어 중에서 그들은 '두려움'을 골랐다. 두려움은 우리 시대에 만연한 감정이다. 그것은 우리 일상 깊숙이 파고들어 있지만 우리는 그것을 알아채지 못하고 있다. 수백 번의 전생에서 치유되지 않고 넘어온 두려움이 개인과 집단의 의식에 깊이 새겨져 있다. 두려움을 극복하려면 우리는 그것을 경험하는 수밖에 없다.—어떤 에너지든 저항하면 더욱 강해질 뿐이다.—그리고 그런 다음에는 그것을 넘어서는 쪽을 택해서 나아가야 한다. 삶의 시련은 의식상에서든 무의식상에서든 그러한 두려움을 치유할 기회를 제공한다.

두려움 등의 '부정적인' 감정과 마찬가지로 거짓된 믿음 역시 치유의 대상이다. 예를 들어 페넬로페의 어머니를 죽인 영혼은 몸을 얻어 이 세상에 사는 동안 자기 혐오가 당연하다거나 자기가 곧 분노라는 믿음을 만들어냈다. 이제 그 영혼은 그렇지 않다는 것을 배우는 쪽으로 미래의 삶을 계획할 것이다. '모자란' 사람이라는 딱지는 다른 사람에게도 그렇지만 자기 자신한테는 더더욱 붙일 수 없는 것이다. 이러한 영혼의 상태에서 다시금 몸을 가지고 태어나는 사람들 역시 '반대를 통해 배우는' 삶, 곧 내면의 자기 혐오를 뚜렷이 직시하는 쪽으로 삶을 계획하고 올 것이다.

페넬로페는 육신의 옷을 입고 있는 지금도 청각 장애라는 경험을 통해 성장했음을 뚜렷이 느끼며, 자신의 영적 성장에 감사해하고 있다. 감사의 중요성은 아무리 강조해도 지나치지 않는다. 만약 쇠막대

두 개가 비슷한 진동수로 맞춰져 있다면 둘은 공명할 것이다. 즉 하나로 된 울림을 낼 것이다. 이와 같이 감사는 자신을 신성한 지성Divine Mind의 파동에 맞추는 것과 같다. 감사는 사랑과 용서, 기쁨, 연민과 더불어 높고 신성한 파동이다. 감사는 고통받는 것을 '즐거워함'을 의미하지 않는다. 그것은 시련의 결과가 혹은 시련의 어떤 측면이 고맙게 여길 만한 것이라는 사실을 깨달음을 의미한다.

우리는 대부분 귀로 듣는다. 페넬로페는 연민으로서의 자기 자신을 깨닫고자 했기에 마음으로 들을 수 있는 삶을 선택했다. 마음은 그 자체가 언어이고, 페넬로페는 그 언어를 통달해 가고 있다. 우리 대부분은 바깥에서 들리는 목소리를 듣는다. 즉 우리가 누구이고, 무엇을 생각해야 하고, 무슨 행동을 해야 하며, 또 어떤 사람이 되어야 하는지에 대해 사람들이 하는 말을 듣는다. 페넬로페는 자기 내면의 목소리, 즉 영혼의 목소리를 들을 수 있는 삶을 계획했다. 그녀는 그 소리를 따라갔으며, 지금도 열심히 귀 기울이고 있다.

밥의 이야기 — 시각 장애와 감정적 독립

밥 파인스타인은 독특한 경우에 속한다. 밥은 이 책에서 유일하게 시각 장애라는 시련을 계획이 아닌 '사고'로 만난 사람이기 때문이다. (뒤에서 보게 되겠지만 '사고' 또는 적어도 사고의 가능성을 태어나기 전에 계획하는 경우가 종종 있다.) 나는 영매와의 세션을 통해 밥이 전생 계획의 일차 단계에서는 시각 장애를 의도하지 않았다는 사실을 알고 무척 놀랐다. 사실 그가 애초에 계획한 삶은 지금과는 사뭇 다른 모습이었다. 밥의 삶에 시각 장애가 불쑥 끼어들었을 때 밥과 그의 길잡이 영혼은 그것을 바탕으로 새로운 삶의 청사진을 만들어야 했다.

나는 '사고'라는 말에 따옴표를 쳤는데, 그것은 진정한 의미에서 '사고'란 없다는 게 내 생각이기 때문이다. 우주는 극히 미세한 단위까지도 정교하게 질서를 세워놓았고, 우리는 어떤 차원에서는 —때로는 의식적이고 때로는 무의식적으로— 우리가 하는 모든 경험의 공동 계획자다.

밥은 1949년 12월, 예정보다 3개월 앞서 조산아로 태어났다. 태어났을 때 몸무게가 1킬로그램도 채 되지 않아 한동안 인큐베이터 안에 있어야 했다. 그런데 어느 날 그 안의 산소 농도가 너무 높아지는 바람에 망막 세포가 급속도로 증식했고, 그 결과 커다란 흉터 조직이 생기고 말았다.

"나는 인큐베이터에서 나올 때부터 앞이 보이지 않았어요. 어머니는 내가 맹인이라는 말을 절대로 하지 않으셨지요. 난 맹인이라는 단어를 들어본 적은 있었지만 그게 무슨 뜻인지 몰랐어요. 그러다가 세 살쯤이었던가, 그때야 내가 남들과 조금 다르다는 걸 알게 되었어요. '불을 좀 꺼렴'이나 '여기 어둡군' 같은 말이 무슨 뜻인지 도무지 알 수 없었거든요. 어느 날 어머니가 '저기 실비아 이모가 오는구나'라고 하시기에, 내가 '어떻게 아세요?' 하고 물었지요. 어머니는 '보이니까'라고 대답하셨어요. 내가 그게 무슨 뜻이냐고 다시 물으니까 어머니가 그러시더군요. '어떤 사람들은 눈으로 보지만, 넌 손으로 본단다.'"

밥은 학교에 들어가고 나서야 자신이 다른 아이들과 어떻게 다른지 확실히 깨달았다. 다른 아이들이 종이와 연필을 가지고 배울 때 밥은 브라유 점차책으로 읽고 타이프라이터로 글씨를 쳤다. 그는 비시각 장애인과 같이 수업을 들었고, 따라서 학기가 시작하는 첫날이면 선생님이 "모두들 밥에게 잘 해주도록 해요. 밥은 무척 특별한 친구니까요"라고 하는 소리를 자주 들었다. 밥은 앞이 보이는 친구들의 책을 만져보고 깜짝 놀랐다. 마치 아무것도 씌어 있지 않은 책 같았기 때문이다. 다른 아이들이 붙잡아주는 사람 없이도 달리거나 자전거를 탈 수 있다는 사실에도 놀랐다.

밥이 비시각 장애인 친구들과 학교를 다니기는 쉬운 일이 아니었다. 어느 날은 점자책이 있는 교실까지 늘 안내해 주던 친구가 혼자서 앞장을 서 갔다. 밥은 천천히 가달라고 부탁했지만 친구는 이렇게 투덜거렸다. "네가 더 빨리 걸으면 되잖아. 이런 건 다른 애들 시켰으면 좋겠어."

밥은 집에서도 시련을 겪었다. "아버지는 나한테 별로 관심이 없으셨어요. 맹인 아들이라는 게 몹시 실망스러우셨던가 봐요."

밥은 그래서 어머니와 이모들하고 대부분의 시간을 보냈다. 그들은 밥을 아끼고 사랑해 주었다. 가끔씩 밥은 일반 책을 들고 책장을 넘겨가면서 마치 책을 읽듯이 자기가 꾸민 이야기를 들려주기도 했다. "한번은 누가 와서 말하더군요. '너, 책 거꾸로 들었어'라고요. 하지만 어머니는 내가 그렇게 하는 것을 막으신 적이 없어요. 앞이 안 보이는 아이를 그렇게 키우는 건 정말 좋은 방법이지요. 장애를 조금이나마 가볍게 느끼게 되니까요. 어머니는 나를 어떻게 키워야 할지 본능적으로 알고 계셨어요."

함께 쇼핑을 나가면 어머니는 밥이 이것저것 만져도 말리지 않았다. 설령 그러다가 물건을 깨뜨리는 일이 있어도 어머니는 뭐라고 하지 않았다. 직접 만져보는 것이 사물을 익히는 가장 좋은 방법이라고 생각했기 때문이다.

중학교와 고등학교에서는 초등학교보다 사람들과 관계 맺기가 더욱 힘들었다. "무척이나 외로웠지요." 그의 목소리에서는 슬픔이 묻어났다. "아이들은 늘 재미있는 데 가고 신나게 논 이야기를 해댔지만, 난 단 한 번도 함께할 수 없었어요."

그러나 밥이 받아들여진 곳도 있었다. 열다섯 살이 되었을 때 참가한 음악 캠프에서였다. "내 기억 속에서 가장 멋진 여름으로 남아 있지요! 함께 걸으며 이야기 나눌 친구들이 주변에 늘 있었으니까요."

음악 캠프 선생님은 점자책 악보를 구해다주었고, 밥은 오케스트라에서 클라리넷을 연주했다. 밥은 귀가 무척이나 섬세하여 자동차 경적은 B플랫, 문이 삐거덕거리는 소리는 높은 A음이라고 말해 친구들을 놀라게 했다.

밥은 오벌린 대학을 졸업했다. "비시각 장애인 친구들과 같이 공부하는 학교를 훌륭하게 졸업해 냈다는 게 뿌듯하지요. 시력 때문에 필요한 경우를 빼고는 어떤 특혜도 받지 않았어요. 뭐 대단한 것은 아니지만, 그래도 나는 시각 장애가 절대 넘을 수 없는 장애물만은 아니라는 걸 보여주려고 무척 노력했습니다."

밥은 대학에서 동성애자로서의 자신의 성 정체성을 확인하게 되었는데, 뒤에 알게 되겠지만 이 역시 전생 계획에 포함된 일이었다. 밥의 인생에서 빼놓을 수 없는 기쁨은 8년 동안 친구처럼 지낸 래브라도 맹인 안내견 할리다. 할리는 밥이 지하철 승강장에서 발을 잘못 디뎌 떨어질 뻔한 것을 구해준 생명의 은인이기도 했다. "할리랑 같이 있으면 가끔 내가 맹인이라는 걸 잊고는 했어요. 할리와 같이 걸을 때면 정말 행복했거든요."

나는 밥에게 물었다. "물건은 어떻게 알아보나요? 손으로 만질 수 있거나 쥘 수 있는 작은 물건은 손의 느낌으로 모양을 알 수 있겠지만, 비행기처럼 큰 것은 어떻게 알지요? 비행기 같은 큰 물건들이 어떻게 생겼는지 혹시 알고 있나요?"

"사실을 말하자면, 몰라요. 물건들이 참 많지요. 그 이름들을 배울 수는 있어요. 하지만 잘 상상이 되지는 않아요. 동물만 해도 정말 많잖아요. 사실 동물들이 어떻게 생겼는지 잘 몰라요. 그것들을 손으로 다 만져볼 수는 없으니까요. 마천루라는 게 어떻게 생겼는지도 모르고, 지평선이나 달, 별 이런 게 어떤 모습인지도 모르지요. 누가 '잘생겼다'거나 '못생겼다'고 할 때도 그게 어떤 뜻인지 몰라요."

"꿈을 꿀 때는 뭔가를 보나요?"

"내 꿈에서는 온통 목소리만 나와요. 라디오 방송 같지요. 재미있는 건 꿈에서는 안내견이랑 걷거나 지팡이를 짚고 걸은 적이 한 번도 없다는 거예요. 꿈에서는 내가 어디에 가야 하면 곧바로 거기에 가 있어요.(밥의 말을 듣다보니, 영혼 상태에서 우리는 그저 원하는 장소에 의식을 집중하기만 하면 바로 그곳으로 '이동'할 수 있다고 하는 이야기가 생각났다.) 꿈에서 갖는 느낌이 그리 강하지는 않아요. 냄새도 안 나고요. 내가 아무것도 본 적이 없어서 그렇겠지만 그저 목소리뿐이에요. 맹인이라고 해도 빛이나 어둠을 전혀 볼 수 없는 경우가 그리 흔하지는 않은데, 내가 바로 그런 경우지요."

"꿈에서도 자기가 맹인이라는 것을 자각하나요?"

"아뇨…… 앞을 못 본다는 건 의식되지 않아요. 만일 꿈에서 메뉴판이 읽고 싶은 경우라면…… 아니 메뉴판이라는 게 아예 없어요. 메뉴에 있는 걸 내가 다 알고 있으니까요. 그냥 내가 모든 걸 다 알고 있어요."

"밥, 시각 장애인은 비시각 장애인과 어떻게 다른가요?"

"어떤 면에서 우리는 훨씬 더 섬세하지요. 촉각이나 후각도 그렇지만, 사람들이 친절한지 불친절한지도 귀신같이 느껴요. 일상 생활에서 살아남으려면 사람들의 친절함이 절실하니까요."

나는 그에게 만일 앞을 볼 수 있었다면 어떻게 달라졌겠느냐고 물었다.

"난 실패를 경험한 사람들에게 깊이 끌립니다."

밥의 대답에 나는 페넬로페가 떠올랐다.

"만일 앞을 볼 수 있었다면 제 잘난 맛에 살면서 돈 욕심도 내고 사람들도 겉모습으로 판단했겠지요. 그런 건 사실 아무런 의미도 없는 것들이에요. 중요한 건 그 사람의 본질이 어떤가 하는 거죠. 또 앞이 안 보여서 동물도 진정으로 사랑할 수 있게 되었다고 생각해요. 개에게 의지한다는 게 어떤 건지, 그리고 개가 자기 지능으로 나를 돕는 게 어떤 건지 알게 되었으니까요. 동물을 믿는 법을 배우게 된 거지요. 그리고 좀 이상한 방식인지는 몰라도 사람을 믿는 법도 배웠어요. 누군가 옆에서 당신을 이끌어준다면 그 사람을 믿고 따르지 않겠어요?"

스테이시 웰즈와의 세션

영매 스테이시는 밥을 위해 두 번의 리딩을 했다. 다음의 내용은 그 둘을 합친 것이다. 스테이시의 영은 어떤 부분을 특히 강조하며 그 점을 이 책에서 잘 담아달라고 여러 번 부탁했다. 나는 영이 강조하라고 요구한 부분에는 [로버트](로버트는 이 책의 저자—옮긴이)라는 표시를 집어

넣었다.

　스테이시는 다른 전생 계획 세션에서와 마찬가지로 이번에도 영혼들이 계획판을 쓰고 있다고 언급했다. 하지만 다른 세션에서와 달리 밥의 계획판은 두 개가 있다고 했다. 하나는 중간 과정의 계획판으로 밥이 특정 사건에 대응할 수 있는 여러 가지 방법을 망라해 놓은 것이고, 다른 하나는 최종적인 것으로 그의 생에 대해 아예 새로운 계획을 담은 것이었다.

　나는 첫 리딩 시작 전 스테이시에게 밥이 조산아로 태어나 한동안 인큐베이터에 있었으며, 거기서 산소 과다로 시력을 잃었다고 일러주었다. 그러자 스테이시는 분명하고 자세하게 그의 원래 삶의 계획과 새로운 삶의 계획을 읽어냈다. 우리는 이번 생에서 그가 자기를 사랑하고 받아들이는 법을 배우고 싶어했음을 알게 되었다. 이를 위해 그는 모린이라는 여자와 결혼하지만 나중에 자신의 동성애적 성 정체성을 발견하고 받아들인다는 계획을 세웠다. 하지만 시각 장애라는 새로운 변수가 나타나면서 밥과 그의 길잡이 영혼은 이것과는 전혀 다른 계획을 짜서 역시 같은 목적을 이룰 수 있게 하였다. 이렇게 즉흥적으로 계획이 변경되는 예는 스테이시도 나도 한 번도 본 적이 없다. 나는 한 영혼과 그의 길잡이 영혼이 물질계에서 예기치 않았던, 그러나 아주 중요한 사건에 부딪쳤을 때 순간적으로 어떻게 대응해 나아가는지 볼 수 있게 되었다는 사실에 기대에 부풀었다.

　"당신은 꽤 책임감이 강한 영혼이군요. 영적 성장을 앞당기고자 무척이나 힘든 삶을 여러 번 살았어요. 자기를 부정하고 겨우 연명할 수 있을 정도로만 먹고 산다든지 하면서요. 스페인에서 은둔 수사로 살았네요. 폭력과 전쟁, 인류의 부정의로부터 자신을 멀찍이 떼어놓은 거죠. 수행의 과정으로 아주 먼 길을 걸었군요. 아주 말랐네요. 음식을 구걸한다든지 다른 사람들이 베푸는 자선에 의지해서 연명하는군요.

그 삶은 이번 삶에서 당신이 한 선택의 예고편 격이로군요. 당신은 고독한 삶을 살면서 친절하고 너그러운 모습으로 사람들과 만나는 것을 좋아했어요. 섬세한 영혼이군요. 그 생과 그 전 여러 번의 생에서 자신을 세상과 멀찍이 떼어놓은 것도 그런 이유가 커요.

이번에 세상에 나오기 전 전생 계획 단계에서는 밥 자신이 되는 것과 세상 속의 일부가 되는 것을 놓고 길고 긴 의논이 있었어요. 당신은 이번에는 사람들과 더 많은 접촉을 하고 싶어했지요. 가족이 되기로 한 사람들과 함께 있는 것을 무척 편안해하네요. 가족을 사랑하고 가족과 가까이 있는 삶을 살고 싶어했군요.

또한 자존감이 부족했던 점과 관련해 뭔가 해보기로 약속했네요. 자존감이 부족했던 건 영적인 성장을 이루고자 선택한 은둔자의 삶이 너무 지나쳐서 생긴 결과였어요. 감정적인 독립성은 그 이전 여러 번의 삶에서도 많이 노력한 문제군요. 내면으로부터 자존감을 키운다는 것은 이번 생에서 당신에게 주어진 시련이에요. 당신은 감정이 극과 극을 오가고, 다른 이들을 보면서 자신이 누구인지 확인받으려 하지요.

이번 삶에서 어떤 시련을 택할지, 어떤 방법들로 당신이 이루고자 하는 목적을 이룰지 여러 가지 의논이 오갔어요. 어머니가 당신을 예정보다 일찍 낳은 것은 계획에 없던 일이었어요. 〔길잡이 영혼들이〕 임신 과정을 지켜보고 있었지만, 그래도 조산은 갑작스런 소식이었네요. 길잡이 영혼들도 놀랐지요.

길잡이 영혼들은 즉시 밥의 인큐베이터 옆으로 가, 그가 몸에서 빠져나와 영혼 혹은 유체astral body가 풀려나올 수 있는 의식 상태가 되기를 기다렸지요. 그들은 밥의 영혼이 아주 빨리 몸에서 빠져나오리란 걸 알았어요. 길잡이 영혼들이 밥의 몸에서 그를 빼내갔다고 말할 사람도 있겠지만, 사실은 그런 것이 아니에요. 길잡이 영혼들이 이 점을 당신(로버트)에게 말해주라고 하는군요."

스테이시는 계속했다.

"나의 길잡이 영혼은 체스판, 그러니까 계획판에서 시작해 보자고 하는군요. 그것은 성장과 발전의 단계들이 우리 삶 전체에서 어떻게 작용하는지 보여주는 차트예요. 눈으로 볼 수 있으니 영혼에게는 참고가 되지요. 이 판은 흐름도와 같아요. 흐름도에는 질문이 있잖아요. 답이 '그렇다'이면 이 길로, '아니다'이면 다른 길로 가게 되지요.

밥이 조산으로 인해 인큐베이터에 들어가 있을 때…… '계획판으로 돌아가라'고 하는 말이 들려오네요. 길잡이 영혼 둘과 밥이 한데 만나서 계획판이 있는 방으로 돌아왔어요. 이번 생에서 밥이 세웠던 목표를 이룰 수 있는 다른 길을 찾아보려고 말이에요.

그(밥)가 다시 영혼의 상태로 전생 계획 장소에 돌아온 모습이 보이는군요. 밥은 순식간에 일어난 커다란 변화에 넋을 잃고 자기가 왜 여기 있는지 몰라 어리둥절해하고 있어요. 그는 신생아의 몸에 무슨 일이 일어나고 있는지 아직 몰라요. 길잡이 영혼들을 알아보고는 무조건적으로 그들을 믿고 있네요. 오로지 그들이 이끄는 대로 하겠다는 게 밥의 입장이에요.

두 길잡이 영혼 중 하나가 둘을 대표하여 이렇게 말하는군요. 인큐베이터 안에 있는 동안 문제가 생겨 뇌에 산소가 너무 많이 공급되고 있다고요. 밥은 이 말을 듣고 충격에 빠지는 것 같아요. 눈을 커다랗게 뜬 채 아무런 말이 없어요. 멍한 표정이에요."

길잡이 영혼_지금 당신이 누워 있는 침대에 연결된 튜브를 간호사가 실수로 잘못 다뤘어요. 침대 안으로 산소가 너무 많이 들어갔지요. 뇌 속 산소 농도가 올라가 몸에 손상이 올 거예요.

"길잡이 영혼들이 밥에게 그의 눈을, 그러니까 아기의 눈을 보여주고 있네요. 밥의 영혼은, 몸에 붙어 있기는 하지만 몸 밖에 나와 있는 상태예요. 그들은 밥에게 텔레파시로 말하고 있고, 밥의 마음의 눈이 육체의 눈을 바라보고 있어요. 길잡이들은 그에게 다친 눈을 보여주며, 어린 시절을 지나 어른이 되면서 그의 눈이 어떻게 될지 알려주네요."

길잡이 영혼_뇌에는 손상이 없어요. 눈이 손상되었지요. 지적 능력은 더 올라갔어요. 아주 높아진 건 아니지만 그래도 도움이 될 거예요. 이제 당신에게 선택지가 있어요. 이 변화가 당신이 목적한 바에 잘 들어맞는지 아닌지 인생 계획을 다시 평가해 보도록 해요. 별로 마음에 들지 않으면 이 몸에서 영영 빠져나와서 우리에게로 돌아와요. 새로운 가족을 택하고 새로운 계획을 짤 수 있습니다.

"밥이 길잡이 영혼들에게 속사포처럼 질문을 쏟아내네요. 걸을 수는 있는 거냐고 물었어요. 애초에 생각했던 것처럼 몸의 다른 부분에는 이상이 없는지 알고 싶어하는군요. 길잡이 영혼들은 그럴 거라고 안심시켜 주네요. 그러자 밥이 이렇게 물어요."

밥_제가 이루고자 했던 일은 어떻게 되지요?

길잡이 영혼_이루어질 거예요.

밥_이 장애 때문에 이번 생에서 제 영적인 진화가 느려지진 않을까요?

길잡이 영혼_어디 한번 봅시다.

"길잡이 영혼들과 밥 사이에, 그러니까 허공중에요, 아래에는 그의 예전 삶을 위한 계획판이, 그 위에는 중간 단계의 계획판이, 더 위에는 이 변화를 마친 뒤의 삶을 위한 계획판이 있어요. 이 판들은 홀로그램 같은 거예요. 딱딱한 것이 아니라 얇은 막 같지요. 영혼들의 생각이 이 판을 만들어내고, 그 위에 선을 그려내고 있어요. 선들은 성장의 과정을 나타내지요.

다이어그램이 만들어졌어요. 큰 길을 중심으로 작은 잔가지들이 나 있군요. 그 중에는 집에 대한 것도 있어요. 예를 들어 밥이 태어날 당시에 가족이 살고 있을 집, 그 뒤에 이사할 집, 밥이 어른이 되었을 때 살 집, 대학 건물까지도 이 판 위에 나와 있군요. 이 모든 게 순식간에 그려지네요. 그들은 판 위에 있는 요소들을 생각으로 이리저리 옮겨요. 그들이 원래 계획판에서 중간 단계 계획판으로 가장 처음으로 옮긴 것은 어머니에 대한 거로군요."

길잡이 영혼_어머니부터 시작해 볼까요. 그녀는 이번 생에 당신의 어머니로 계속 당신 곁에 있을 거예요.

밥_네, 좋아요.

"밥이 안심한 것 같네요. 숨을 깊이 들이마시고 [안도의] 숨을 내쉬어요."

길잡이 영혼_ 아버지는……

"그들이 아버지를 원래 계획판에서 중간 계획판으로 옮기는군요."

길잡이 영혼_ 아버지도 역시 당신과 함께할 거예요.

"다른 요소들도 재빨리 옮겨지네요. 식구들이 기를 애완 동물, 친척들 같은 것이요. 그것들 모두가 중간 계획판으로 옮겨지네요. 길잡이 영혼들이 이 요소들을 중간 판으로 옮기자 이 요소들이 맨 꼭대기에 있던 판에도 동시에 나타나요."

길잡이 영혼_ 가족에 관련된 요소들에는 변함이 없을 거예요. 그것은 당신의 삶에서 계속해서 흔들림 없이 영향을 줄 거예요. 하지만 학교 선생님들은 변하겠군요. 이 학교[더 아래에 있는 판의 학교에 관련된 요소들을 가리키며]는 신체 조건 때문에 이제 더는 당신의 인생에 관련되지 않을 거예요. 이제는 이 학교[중간 판에 갑자기 나타난 학교를 가리키며]에 가게 될 거예요. 이 학교는 당신에게 최고의 환경을 마련해 줄 겁니다. 시각 장애인으로 세상을 살아가는 데 필요한 것들을 정성껏 가르쳐줄 테고요. 자, 이제 친구들을 봅시다.

"영혼들이 고등학교로 가는군요. 이 친구들은 원래 있던 판에서 중간 판으로 옮겨왔어요. 그 무렵 그의 삶에서 중요한 역할을 하는 친구들이 있군요. 밥은 좋다는 뜻으로 고개를 끄덕이고 있어요. 한 손으로는 팔꿈치를 받치고, 다른 한 손은 입으로 가져가네요.

 영혼들이 원래 판에서 중간 판으로 요소들을 옮기면서 아주 빠른 속도로 대화가 진행되네요. 이런 건 모두 부차적인 요소라는 말이 들리는데, 그건 이 책의 목적에는 해당되지 않는 것이라는 뜻이에요. 이제 중요한 단계로 옮겨가는군요. 길잡이 영혼에게 조금 천천히 말해 달라고 부탁해야겠어요."

길잡이 영혼_아내가 되기로 약속한 여자가 이 약속을 물리겠다고 하는군요. 자신을 받아들이는 문제는 당신에게 계속 시련으로 남아 있겠지만, 그녀는 당신 인생에서 사라지네요. 당신을 지지해 주는 동반자가 없어졌기 때문에 당신은 더욱 혹독하게 시련을 겪게 될 거예요.

"밥은 아무 말도 하지 않네요. 잠자코 듣기만 하면서 이런저런 생각을 하고 있어. 이제 여자에 관해 묻네요. 그녀를 모린이라고 부르는군요."

밥_모린과 적어도 친구로라도 지낼 수는 없을까요?
길잡이 영혼_그건 그녀의 선택이지요. 그녀를 불러봅시다.

"생각의 속도로 그녀가 나타났어요. 그녀는 아직 태어나지 않았어요. 가슴 윗부분부터는 물리적인 형체가 보이는군요. 딱딱한 고체가 아니에요. 투명해요. 하지만 여성의 몸과 같은 모양이에요. 그녀가 앞으로 살게 될 생에 얻을 몸이지요. 나이는 25세에서 45세 사이로 보이는군요. 그 아래로는 빛몸, 즉 영체spirit body예요. 내 길잡이 영혼은 그것을 '몸의 겉옷'이라고 부르지요. 그녀는 겉옷을 일부만 입고 있는 셈이에요. 그녀는 순식간에 자기 인생 계획을 가져오더니 밥의 인생과 만날 수 있는지 확인해 보고 있어요. 그녀가 지금 일부분만 몸의 옷을 입고 있는 것은 이미 밥의 인생에 참여하는 것에 대해 마음을 바꾸었기 때문이라고 하네요. 그녀가 밥의 인생의 새로운 다이어그램을 보고 있어요. 오랫동안 아무 말이 없네요. 드디어 입을 열었어요."

모린_그러지 않는 게 좋겠어요.

"그녀가 왼손을 올리네요. 오른손으로 왼손 손가락을 하나씩 꼽아 내리며 이유를 말하네요."

모린_우리가 원래 만나기로 되어 있던 학교가 서로 관련이 없게 되었어요. 밥이 날 만나려고 이 학교에 올 수는 없어요.
길잡이 영혼_그것 말고라도 만나도록 계획을 짤 수는 있어요.
모린_아뇨. 그러고 싶지는 않아요.
길잡이 영혼_전에 계획했던 바로 그 나이에 밥을 만나게 해줄 수도 있어요.
모린_아뇨. 그 학교에서 함께 시간을 보내는 것이 아주 중요해요. 그렇게 해야 제가 편하기 때문이 아니에요. 이건 밥을 위한 선택이에요. 밥한테는 저와 같은 학교에서 시간을 보내는 게 아주 중요해요.

"그들은 밥에게 돌아서서 의견을 묻는군요. 밥은 알겠다고, 그녀의 말에 따르겠다고 대답해요. 하지만 실망한 기색이 역력하군요."

밥_그렇게 생각한다면 당신의 생각에 따를게요. 우리가 다시 만나서 부부로 살 수 있는 시간과 공간이 또 있겠지요.

"그녀가 그의 손을 잡네요."

모린_고마워요. 그럼요, 있을 거예요. 이번 생으로부터 세 번의 생 뒤에 우리는 다시 만날 거예요.

"밥이 알겠다는 뜻으로 고개를 끄덕이고, 둘이 서로를 껴안았어요. 그녀의 영혼은 이 방에서 걸어 나가는 게 아니라 사라져버리는군요. 밥이 그녀를, 그리고 그녀와 함께할 것을 기대했던 마음을 놓으면서 커다랗게 한숨을 쉬는 소리가 들리네요. 당신[로버트]에게 이렇게 말해 주라는군요. 영혼의 단계에서도 기대감이라는 것을 가지고 힘들어하는 경우가 있기 때문에 일찌감치 기대를 놓아버린 거라고 말이에요. 영혼들은 사람들보다는 기대감을 더 능숙하게 다루지만, 그래도 자기에게 중요한 다른 영혼들에게 뭔가를 기대하거나 바라지 않기란 많은 영혼들에게도 숙제예요.

모린은 앞으로 밥이 살게 될 삶의 방향이 자신의 목적과 부합하지 않으리라는 것을 잘 알고 있었어요. 그녀의 결정은 자신의 목적을 이루려는 마음에서 나온 것이기도 하고, 밥을 향한 조건 없는 사랑에서 나온 것이기도 해요. 즉 그녀는 자신이 더 이상 삶의 동반자로서 적절한 선택지가 아니라는 것을 알기 때문에 애초에 밥과 한 약속을 취소

하기로 한 거예요."

우리는 밥의 원래 인생 계획에서 바뀐 요소들도 있지만, 변하지 않고 그대로인 부분도 있음을 알게 되었다. 이 즉흥적인 계획의 결과―시각 장애인으로 살기로 한 밥의 결정―가 무엇인지는 이미 살펴본 대로였다.

스테이시의 길잡이 영혼은 전생 계획 대화, 실은 생후 계획 대화라고 해야 옳겠지만, 그 대화의 다른 부분으로 우리를 데려갔다.

"밥은 모든 변화를 수용했어요."

밥_시각 장애를 선택해 장애를 지닌 몸으로 살 때 어떤 것들에 의존하게 될지 잘 알았어요. 내가 원래 세운 목표에 도달하는 데 이 장애가 도움이 될지 방해가 될지 알려주세요.

"마치 두 길잡이 영혼이 한 목소리로 말하듯 대답을 하는군요."

길잡이 영혼들_훨씬 더 이른 나이에 자기 자신을 알게 될 거예요. 당신이 누구인지, 어떤 사람이 되기를 선택했는지, 당신이 원래 어떤 존재인지 보지 못하도록 주의를 흩뜨리는 시각 자극이 없기 때문에 거의 20년의 성장 과정을 뛰어넘게 돼요.

밥_참 반가운 말이군요. 시간 낭비도 없고 불필요한 시련도 겪지 않고서 20년의 성장 과정을 뛰어넘을 수 있다는 말 같네요.

길잡이 영혼들_맞아요. 바로 그거예요. 하지만 시각 장애인만이 갖는 어려움을 새로이 얻게 될 거예요.

밥_그렇겠지요.

길잡이 영혼들_자신을 사랑하는 일은 여전히 넘기 어려운 시련일 테지만, 더 이른 나이에 자기 자신을 더 깊이 알게 될 것이고, 이것으로 자기를 사랑하는 문제에 훌쩍 가까이 다가서게 될 거예요. 원래의 삶이었다면 고등학교에서나 알게 되었을 인식의 진화를 초등학교에 입학할 즈음에 이루게 되지요.

밥_원래 계획한 삶에서라면 내면적으로 많은 갈등을 경험했을 텐데 그 과정이 없어지는군요.

길잡이 영혼들_맞아요. 그래도 자기 자신에게 의문을 던질 때가 또 올 거예요. 당신이 충분히 좋은 사람인지, 자신에게 뭔가 잘못된 게 있지는 않은지 의심하게 되는 때가 말이지요. 하지만 당신의 인식 능력은 높아져 있을 것이고, 이성 능력은 강화되어 있을 거예요. 삶의 현絃이라는 것을 더 깊이 더 이른 시기에 이해하게 될 것이고, 그 덕분에 당신을 사랑하는 사람들에게 상처를 덜 주게 될 거예요.

"방금 현이라는 말을 했는데요." 스테이시가 설명했다. "내 길잡이 영혼들은 그 말을 하며 더 높은 자기〔영혼〕와 더 낮은 자기〔인격체〕의 모습을 보여주었어요. 현들은 높은 자기와 낮은 자기 사이를 오가며 진동해요. 밥은 남들보다 훨씬 이른 나이에 그 두 종류의 현을 모두 이해하게 될 거예요. 분명한 게 하나 있어요. 만일 결혼을 하더라도 결혼을 통해 밥은 자신이 동성애자라는 걸 깨닫게 되어 있었어요. 밥이 이성애자로서 살기 위해 노력한다는 데에는 의문의 여지가 없어요. 그런데 이 삶의 계획에서는 그 단계를 뛰어넘게 되네요. 그의 성장은 더욱 직접적으로 동성애적 정체성, 그리고 동성애자로서의 삶의 방식으로 연결될 거예요. 밥이 고개를 끄덕이고는 있지만 아직 완전히 이해한 것은 아니에요."

밥_내가 동성애자라는 것을 어떻게 알게 되나요?

길잡이 영혼들_당신이 자신을 알게 되는 과정은 이 사고가 일어나지 않고 신체적인 시련이 동반되지 않을 때와는 완전히 다를 거예요. 시각적으로 주의를 흩뜨리는 것이 없으므로 자기 자신을 깨어 있는 눈으로 꿰뚫어보게 되지요. 그리고 내면의 존재와 끊임없이 접촉할 거예요.

"내면의 존재란 영혼과 살아있는〔물질적〕존재 사이의 경계면에 있는 지적인 영역을 가리키는 말이에요. 바로 이 때문에 밥은 특별한 창의력을 지니게 되지요. 자신의 창조적인 에너지와 깊은 접촉이 있을 때는 의식상으로든 무의식상으로든 늘 그만큼씩 영적인 성장이 이루어지거든요."

길잡이 영혼들_전에는 몰랐던 친절함—사람의 성품이 주는 선물이지요—의 소중함을 알게 될 거예요. 친절함을 경험하면서 스스로가 좋고 가치 있는 사람이라는 걸, 사람의 차원에서도 사랑으로 가득차고 능력 있는 존재이며 사랑받고 사랑을 줄 가치가 있는 사람이라는 걸 기억해 내게 될 거예요. 이 역시 노력 없이 이루어지는 것은 아니지만, 눈에 보이는 것들로 방해받기 쉬웠을 삶에서보다 훨씬 쉽게 알게 될 겁니다.

"영혼들이 그가 다니게 될 새로운 학교를 가리키네요."

길잡이 영혼_당신은 그 학교에 있는 동안 자신이 남들과 다르다는 걸 알게 될 거예요. 남자의 소리와 냄새 같은, 남자에게만 있는 특징에 끌린다는 걸 말이에요.

밥_알겠어요.

"그건 사실이에요." 밥이 나중에 말했다. "꽤 어렸을 때부터 느꼈어요. 여덟 살인가 아홉 살 때도 여자보다 남자들이 안아주는 걸 더 좋아했어요. 열서너 살 즈음에는 남자아이들과 있을 때 훨씬 신이 났죠. 특히 목소리가 좋았어요. 냄새에도 끌렸고요."

스테이시와 길잡이 영혼은 그것으로 이 흥미진진한 전생 리딩을 마쳤다. 이제 질문 시간이었다. "스테이시, 밥이 시각 장애로 커다란 고립감을 느끼리라는 것을 알면서도 왜 그런 시련을 받아들였는지 길잡이 영혼에게 물어봐 주세요."

스테이시의 길잡이 영혼이 직접 그녀를 통해 말하기 시작하자 그녀의 말이 느려졌다. "여러분의 시간 구조로 셈할 때 이 영혼은 시각 장애라는 새로운 시련을 태어나기 이틀 전에 통보받았습니다. 시각 장애가 완전하게 자리를 잡은 것은 아니고, 진행중에 있었지요. 조건이 갖추어져 가고 있었다고나 할까요? 다른 영혼들과 마찬가지로 이 영혼도 생의 첫 2~3주 동안은 몸을 여러 번 들락날락했습니다. 이 영혼은 이 시련이 어떤 식으로 진행될지 지켜보면서도 꽤 높은 차원의 평안함을 잃지 않았습니다. (나는 이 '평안함'이라는 말을 고립된 삶에 익숙했던 밥의 전생들과 관련이 있는 말이라고 받아들였다.) 이번 생의 목적은 감정적인 독립을 배우는 겁니다."

"영은 감정적인 독립을 무엇이라고 정의하나요?" 내가 물었다.

"자기 자신의 행복과 안녕을 만들어내는 것은 자신의 책임임을 깨닫고 아는 것이지요."

"밥은 스페인에서 수사로 살았던 삶에서 자신의 행복과 안녕을 이루지 못했다고 느꼈나요?"

"우리는 그런 식으로 말하지 않습니다. 그보다는 그가 아직도 날카로운 감정적 예민함 때문에 고통받고 있다고 말하지요. 그는 자신을 세상과 차단시키는 방식으로, 다른 이들과의 접촉을 줄이고 그 대신 하루하루의 삶에 몰두하는 방식으로 세상과 관계 맺는 것이 더 쉽다고 생각합니다."

"왜 시각 장애가 감정적인 독립이라는 목적을 이루는 데 도움이 된다고 생각하지요?"

"영혼에게는 그것이 훨씬 크고 강력한 시련이기 때문입니다. 이 영혼이 이번 생에서 사람으로 사는 유일한 방법—즉 가장 행복하고 가장 나은 방식으로 사는 유일한 방법—은 행복의 원천이 자기 안에 있다는 걸 깨닫고 배우는 것이었습니다. 그 가르침을 얻을 때 자기 존중감이 생기지 않을 수 없지요. 이 영혼은 이 삶을 그냥 건너뛰는 쪽으로 선택할 수도 있었습니다. 하지만 이번 삶을 살기로 택했지요. 이 영혼은 거친 시련을 좋아합니다."

"동성애자로 살기로 한 것은 어떤 까닭에서죠?"

"이 영혼의 신체적 조건이 변하기 전에, 함께 결혼 생활을 하기로 약속한 여자가 있었습니다. 하지만 그 결혼은 오래가게 되어 있지는 않았습니다. 이 영혼 안에는 숨겨진 동성애 성향을 발견하고 그것을 직면하며 받아들이기까지의 내적 투쟁이 계획되어 있었으니까요. 삶의 후반부에 일어날 일이었습니다. 동성애 정체성을 발견하는 일은 그의 목표를 이루는 데 밑거름과도 같은 역할을 합니다. 그것은 시련이면서 동시에 자기 가치라는 문제에 집중하도록 도와주지요. 시각 장애와 동성애는 서구 문화에서 잘 받아들여지지도 인정되지도 않을 뿐더러 제대로 다루어지지도 않지요. 두 가지가 다 시련입니다. 동성애자로서 자기 정체성을 받아들이는 것은 자기 가치를 배우는 과정의 일부입니다. 때로 배움을 얻기 위해서 커다란 시련이 필요한 법이지요. 이 영혼은 늘 최선을 다하고자 하는 영혼입니다."

다음으로 나는 시각 장애인으로 살아가는 이들이 자신들의 장애가 태어나기 전에 계획된 것인지, 아니면 기대치 않게 생긴 것인지 어떻게 구분할 수 있느냐고 물었다. 길잡이 영혼은 만일 태어날 때부터 시각 장애가 있었거나 시각 장애가 되기 쉬운 유전적 소질을 가지고 태어났다면 그것은 전생에 계획한 경우라고 했다. 영혼이 그러한 계획을 세우는 데 달리 또 동기가 있냐고 묻자, 길잡이 영혼은 작곡가들이 다시 태어날 때 시각 장애인으로 태어나는 경우가 많은데 그것은 음악에 계속해서 집중하기 위해서라고 했다. 과거 삶에서 꼭 작곡가가 아니었다 하더라도 소리에 대한 감각을 키우거나 여타 감각을 예민하게 하려고 시각 장애를 선택한다고도 했다. 또 예술적인 성향을 지닌 영혼들은 앞이 안 보이는 육체로 태어나기로 선택하는 일이 잦다고도 했다.

"그 밖에 시각 장애라는 시련에 대해 사람들에게 말하고 싶은 점이 있나요?" 내가 마지막으로 물었다.

"앞이 안 보이는 사람들은 앞이 보였다면 보지 못했을 것들을 보는 일이 많습니다."

밥은 용기가 무엇인지 몸으로 보여주었다. 원래 그는 자기를 발견하고 받아들이며 궁극적으로 자기를 사랑하게 되는 긴 여정을 계획하고 있었다. 그 계획이 더는 가능하지 않게 되었다는 것을 알고 그는 동성애라는 원래 계획한 시련에 시각 장애라는 새로운 시련까지 더해 다른 계획을 만들어냈다. 참된 관용이 무엇인지 아직 모르는 세상에서 '대안적인' 성 정체성을 지니고 살기로 선택한다는 것은 더없이 용감한 행동이다. 게다가 계획에 없던 시각 장애라는 시련까지 더했으니 놀라울 뿐이다. 밥은 영혼의 세계로 되돌아가 한 발 비켜서기보다는—이 역시 충분히 이해할 수 있고 또 존중해야 하는 선택이다—새로운 시련을 과감히 껴안기로 선택했다.

밥은 첫 번째 삶의 청사진에서 함께 많은 사랑을 나눈 영혼과 결혼해서 사는 삶을 계획했다. 그 결혼은 오래 지속되지 않기로 되어 있었다. 나는 이 책을 준비하면서 결혼 생활이 끝까지 갈지 아닐지를 태어나기 전에 대부분 알고 있다는 사실을 발견했다. 이혼은 실패가 아니다. 그것은 우리가 세운 삶의 계획의 일부이다. 우리가 결혼을 하고자 하는 것은 서로 가르쳐주기도 하고 배우기도 하면서 카르마의 균형을 맞추기 위함이다. 이러한 성장이 완수되는 순간 결혼은 그 신성한 목표를 이룬 것이다. 나는 이혼이나 해로가 이미 예정되어 있다고 말하는 것이 아니다. 우리에게는 늘 자유 의지라는 것이 있다. 우리한테는 평생 함께하기로 계획했던 사람이라도 언제든 떠날 수 있는 선택권이 있다. 또 잠시 동안만 결혼해서 살 작정이었더라도 남은 생을 계속 함께 살아가기로 마음을 바꿀 수도 있다. 선택은 우리의 몫이다.

맨 처음 밥은 결혼한 다음에 자신의 동성애 정체성을 깨닫고 받아들이는 삶을 구상했다. 그 계획을 실행하자면 분명 매우 깊은 자기 사랑이 필요했을 것이다. 처음에는 혼자서만 자신의 동성애 정체성을 알고 있을 것이다. 그 다음에는 용기를 내어 아내에게 말하는 일이 필요할 것이다. 마침내는, 자기 자신을 그리고 아내를 진정으로 사랑하기에, 자기 자신을 기만하는 결혼 생활에 종지부를 찍기로 할 것이다. 그가 그만한 자기 사랑을 쌓았는지 아닌지는 내가 알 수 없다. 이는 밥의 자유 의지에 따라 결정될 일이요, 그가 스스로 만들어 낸 시련에 대응하는 방법들 속에서 결정될 일이다. 하지만 분명한 것 한 가지는 이러한 일들이 일어날 수 있는 삶을 그가 애당초 계획했다는 것이다.

밥은 시각 장애라는 예기치 않은 시련이 삶의 밑그림 속으로 들어오자 애초에 바라던 것과 똑같은 꽃을 피워낼 수 있도록 새로 계획을 짰다. 스테이시의 길잡이 영혼이 말했듯이 시각 장애도 동성애도 서구 사회에서는 관대하게 받아들여지지 않는다. 밥은 현 시기의 서구 국가에서 태어나기로 선택하면서 자신이 외면당하리라는 것을 알고 있었고, 고립과 외로움을 느끼게 되리라는 것, 또 자기가 동성애자임을 밝혔을 때 그것을 받아들이지 못하는 아내의 태도에 역시 같은 감정을 느끼게 되리라는 것을 알고 있었다.

밥 역시 반대를 통해 배우는 삶의 계획을 세웠다. 그는 시각 장애와 동성애에 사회가 어떻게 반응할지 알고 있었지만, 그래도 자기를 받아들이고 사랑하는 가운데 성장하기로 결심하고, 바깥에서 제공하지 않는 것을 안에서 발견해 나아갈 수 있도록 환경을 만들기로 계획했다. 시각 장애는 그가 애초에 구했던 것보다 더 큰 시련이었지만 어떤 면에서는 밥이 목적한 바를 더 잘 이루도록 해주었다. 그의 길잡이 영혼이 지적했듯이 그 장애 덕분에 주의를 분산시키는 외부적인 것들에서 자유로울 수 있었기 때문이다. 길잡이 영혼들은 밥이 시각 장애 덕분에 내면의 지혜를 듣고 새기기가 더 쉬우리라는 것을 알고 있었다.

밥은 목적한 바에 상당히 가까이 왔다. 그는 높은 수준의 공감 능력을 키웠다. 그의 말을 빌리자면 특히 '약자'에게 크게 공감하게 되었으며, 사람의 본질을 느낄 수 있는 날카로운 직관을 얻었다. 그는 앞이 보이지는 않지만 무엇이 중요한지를, 즉 사람과의 관계나 친절함, 연민이 중요하다는 것을 알고 있다. 그는 자기를 인도해 주는 동물과 사람을 신뢰하는 법을 배웠다. 때로 시각 장애인이라는 이유로 외면당하기도 하지만 그는 계속해서 다른 사람을 향해 손을 내밀 것이다. 그는 친절하고 따뜻하며 무척이나 섬세한 영혼이다. 그가 이번 생에서 다시 깨닫고 싶어하던 내적 아름다움이 바로 그것이다.

밥이 그 자신 안에서 혹은 다른 사람에게서 친절함 같은 특성을 볼 때 그는 머리가 아니라 마음으로 그것을 보고 있는 것이다. 밥이 '친절함의 바로미터'일 수 있었던 것은 머리가 아니라 마음으로 얻은 앎 덕분이다. 어떤 형태의 아름다움이든 사랑이든 오직 마음으로만 진실로 이해될 수 있다. 우리는 활짝 핀 꽃을 보며 색깔이 매력적이어서, 꽃잎 모양이 아름다워서, 향기가 좋아서, 그래서 이 꽃이 음미할 가치가 있다고 추론하지는 않는다. 갓 태어난 아기를 볼 때 아기의 생김새나 몸의 모양을 보고서 이 아기가 사랑받을 만하다고 결론을 내리지 않는다. 이러한 경험은 친절함과 마찬가지로 마음으로 곧장 전달된다. 머리는 우회한다. 그러나 마음에는 그 어떤 해석도 필요하지 않다. 즉각적으로 자연스럽게 이해된다.

우리가 영혼의 세계, 곧 태초의 집에 있을 때, 따라서 대상을 흐릿하게 하고 그 모습을 왜곡시키는 뇌라는 필터의 방해를 받지 않을 때에는, 이와 같은 마음으로의 앎이 바로 우리의 본성을 이룬다. 지금 이 시대—비물질적 존재들이 이 시대를 때로 이성의 시대라고 부르기도 하는데, 그 이유는 이 시대가 정신적 과정을 강조하기 때문이다—에 태어나기로 선택한 우리는 지적 영역에만 골몰함으로써 마음과의 접촉을 일시적으로 잃을 수 있다. 간단히 말해 진정한 자신이 아닌 모습으로 사는 것이다. 삶의 고통스러운 시련들은 마음으로만 진정 이해되고 치유될 수 있으며, 따라서 그러한 시련들을 통해 우리는 분석하기보다는 느끼는 쪽으로 옮겨가게 된다. 머리는 더 이상 군림하기를 그치고 한때는 그를 섬겼던 가슴을 위해 일한다. 마음 중심의 존재로 돌아갈 때 우리는 우리가 진정으로 누구인지를 깨닫는다. 물질계가 주는 대조가 없다면 우리는 이런 경험을 하지 못했을 것이다.

밥의 길잡이 영혼들은 그가 시각 장애 덕분에 '친절함—사람의 성품이 줄 수 있는 선물—의 소중함'을 깨닫게 되리라고 알고 있었고, 이처럼 마음으로 그 소중함을 느낌으로 해서 그 자신이 "좋고 가치 있는 사람이라는 걸, 사람의 차원에서도 사랑으로 가득차고 능력 있는 존재이며 사랑받고 사랑을 줄 가치가 있는 사람이라는 걸" 기억해 내리라고 알고 있었다. 또한 그가 이전에 계획했던 삶에는 그가 "누구인지, 어떤 사람이 되기를 선택했는지, 원래 어떤 존재인지 보지 못하도록 주의를 흩뜨리는 시각 자극"이 들어 있다는 것도 알고 있었다.

영혼계에 있을 때 우리는 다른 이에 대한 사랑만큼이나 자기에 대한 사랑을 쉽게 그리고 자연스럽게 안다. 또 타인에 대한 사랑과 자기에 대한 사랑이 하나이며 같다는 것도 안다. 우리는 오직 물질계에서

만 대담하게도 자기 사랑이라는 감정을 잊어버리고, 나중에야 기억해 낸다. 삶의 시련은 우리를 그 사랑에 데려다준다. 그 사랑이 우리 안에서 살아 숨 쉬고 있다는 것을 보여주며, 우리 자체가 우리 삶의 위대한 사랑이라는 것을 알려준다.

5. 중독 또는 중독자 돌보기를 계획하다

이 장에서는 약물과 알코올 중독이라는 시련을 두 가지 관점에서 살펴보려 한다. 하나는 중독에 빠진 아이를 둔 부모의 관점이고, 다른 하나는 중독을 직접 경험하는 이의 관점이다. 첫 번째 경우에 해당하는 이는 샤론 뎀빈스키로, 그녀의 아들 토니는 헤로인 중독으로 시련을 겪었다.

샤론처럼 이 세상의 많은 부모들이 왜 아이들이 약을 하는지 이해하려 애를 쓴다. 자신들이 아이를 제대로 키우지 못해서라는 죄책감과 자괴감을 느끼기도 한다. 많은 이들이 중독은 아이에게나 가족에게나 의미 없는 고통이라고 여긴다.

샤론의 아들 토니는 십대 이후에 헤로인에 중독되었다. 이들 두 사람은, 특히 부모인 샤론은 무슨 까닭으로 사랑하는 자녀가 약물에 중독되는 삶을 계획했을까? 이 시련은 부모에게 또 아이에게 어떤 영적인 목적을 이루게 하려는 것일까? 부모와 아이는 어떤 방식으로 힘을 합쳐 각자 바라는 성장을 경험해 낼까?

샤론의 이야기 — 약물 중독 아들과 돌봄

소아과 신생아 전문 간호사로 일하는 샤론은 근무중에 딸 사라의 전화를 받았다. 토니가 욕실 바닥에 의식을 잃고 쓰러져 있는 것을 남편 존과 사라가 발견했다는 것이다. 옆에는 피범벅이 된 주사기가 놓여 있고, 팔에는 벨트가 매여 있었으며, 살가죽은 푸르게 멍이 들어 있었다.

"전 미친 사람처럼 울었어요. 병원 문을 박차고 나와 차로 달려갔어요. 같이 일하는 의사가 따라 나오더군요. '진정해요, 샤론! 이런 상태로는 운전 못해요.' 그녀는 자동차 문을 붙들고 놔주지 않았어요. 전 고래고래 고함을 질렀지요. '제발 그 손 좀 놔요!' 그녀가 물러나고 저는 전속력으로 차를 몰았어요. 집으로 가면서 계속 기도했지요. 제발 아이가 살아있게 해주세요! 제발 죽지 않게 해주세요!"

샤론이 사라와 존을 본 것은 병원이었다. 토니는 헤로인 과다 복용으로 반혼수 상태에 빠져 있었다. 의사들은 심장마비로 이어질 수도 있다며 더 큰 병원으로 옮기라고 했다. 앰뷸런스가 도착하고 샤론이 뒤따라 올라탔다. 큰 병원에 도착하자 토니는 폐 집중 치료실로 옮겨졌다. 의사들은 토니가 어쩌면 오늘 밤을 넘기지 못할지도 모른다고 했다.

"전 하느님께 아이를 구해주시기만 한다면 제가 아이를 도울 수 있는 건 뭐든지 하겠다고, 우리 아이만이 아니라 다른 사람들에게도 도움되는 일이라면 뭐든지 하겠다고 약속했어요. 약속이라기보다는 애걸복걸한 거죠." 샤론의 목소리는 차분해져 있었다.

"침대에 누워 있는 아들이 어찌나 예쁘던지요. 곱슬곱슬한 옅은 갈

색 머리칼을 헝클어뜨리고 누워 있는 게 영락없이 아기 때 모습이었어요. 전 그렇게 아이의 머리를 쓰다듬어주기도 하고, 손가락으로 아이 머리칼을 가지고 장난도 치면서 오래 앉아 있었어요.

이 아이가 얼마나 예뻤던가, 아이가 자라온 모습을 떠올리다보니 제가 이 아이를 얼마나 사랑하는지 새삼 느껴지더군요. 사라를 낳고 토니가 태어나기까지 아기가 셋이나 죽었어요. 토니가 태어나기를 얼마나 간절히 바랐는지 몰라요. 아들이 있었으면 하고 간절히 바랐지요. 저는 딸만 여섯인 집안에서 자랐어요. 제가 가까이 지낸 남자라고는 아버지와 남편이 다였지요. 오빠도 없고 친한 이성 친구도 하나 없었거든요. 그래서 아들을 정말 바랐어요. 병실에 들어오는 사람들도, 간호사나 의사 할 것 없이 다들 아이가 정말 예쁘게 생겼다면서 한마디씩 하더군요."

날이 밝고, 토니는 아직 숨을 쉬고 있었다. 하지만 의사들은 아들이 죽을 고비를 넘기기는 했지만 뇌손상을 입었을 가능성이 있다고 했다. 검사 결과 토니는 의식을 잃은 채로 욕실 바닥에 한 시간 반 정도 누워 있었을 것으로 추정되었다.

토니는 닷새 동안 의식을 회복하지 못했고, 샤론은 내내 토니 곁을 지켰다. 마침내 "토니가 눈을 뜨고 저를 바라보았어요. 아이의 뇌에 이상이 없다는 걸 알 수 있었지요." 말을 하는 샤론의 눈에 눈물이 고여 있었다.

"아이가 말하더군요. '엄마, 미안해.' 그리고 울었어요. 제가 그랬지요. '토니, 그런 말 마라. 이제 다 괜찮아. 괜찮아질 거야.' 토니를 꼭 껴안아준 뒤에 죽으려고 그랬던 거냐고 물었어요. 아니라고 하더군요. 얼마나 마음이 놓이던지! 그 말은 아이가 헤로인 중독을 이겨내겠구나, 그런 희망이 있다는 뜻이니까요." 어느새 샤론은 흐느끼고 있었다. "내가 이 아이를 키우면서 무얼 잘못했는지 늘 그게 궁금할 것 같아요." 목소리에 슬픔이 묻어났다.

토니는 병원에서 퇴원한 뒤 재활 프로그램을 받고 갱생 시설로 들어갔다. 하지만 거기에서 다시 다른 환자에게 헤로인을 받아 복용했다. 한 차례 더 치료를 받게 한 뒤 샤론은 아이를 집으로 데려왔다.

"그때 제가 희망적이었는지 아니면 두려워하고 있었는지 잘 모르겠어요. 일 분 간격으로 기분이 바뀌었으니까요. 방금 전까지 절망했다가도 바로 모든 게 다 잘될 거라고 생각하고는 했어요."

이런 감정적 격랑을 겪는 와중이긴 했어도 샤론은 토니와 대화할 때만큼은 긍정적인 데 초점을 맞추었다. 재활 프로그램을 받을 당시 토니가 하루하루 얼마나 잘 견뎌왔는지 자주 상기시켜 주곤 했다. "참 아내겠다고 결심한 날들이 얼마나 많니?" 샤론은 아이를 격려하기를 잊지 않았다.

샤론은 아들을 도울 참으로 인터넷 동호회에도 참여했다. 그 과정에서 메타돈(헤로인 중독 치료약—옮긴이) 옹호론자들을 만났다. 메타돈은 헤로인과 화학 성분은 비슷하지만 중독성이 덜해서 헤로인 중독 치료에 자주 쓰이는 물질이었다. "제가 만난 사람들—일부는 중독 경험이 있는 사람들이고, 일부는 옹호론에 동의하는 사람들이었는데—은 다정하고 따뜻하며 열려 있는 사람들이었어요."

샤론은 과거 헤로인에 중독되었으나 이제는 극복하고 나왔다는 에디라는 남자와 특히 가까운 사이가 되었다. 샤론은 토니의 감정 상태가 어떨지 에디에게 조언을 구했다. 토니는 자기 방에 처박혀 식사 때 빼고는 나오지 않고 있었다. 에디는 토니만 그런 것이 아니라며, 토니가 세상을 피하는 것은 회복하고 싶긴 하지만 행여라도 어떤 자극을 받고 예전으로 다시 돌아갈까봐 두려워서 그러는 것이라고 샤론을 안심시켰다.

"에디의 사려 깊은 조언 덕분에 제 눈이 좀 뜨였어요." 에디의 조언 가운데는 종이에 써서 토니의 욕실 거울에 붙여놓을 정도로 큰 감동을 준 것도 있었다. 결국 토니도 샤론만큼이나 에디를 좋아하게 되었다. 에디는 토니가 재활 프로그램을 마치고 석 달쯤 되었을 무렵 약물 남용으로 세상을 떠났다. 샤론은 인터넷 게시판을 통해 그 소식을 들었다.

"토니가 제 방으로 와서 침대 끝에 걸터앉더군요. 제가 말했지요. '에디가 죽었대.' 아이가 놀라 묻더군요. '뭐라고요?' '에디가 죽었다고. 약물 과다로.' 아이는 그만 침대에서 굴러 떨어지고 말았어요. 전 자리에서 일어나 아이에게 다가갔어요. 아이가 저를 껴안더군요. 우리는 아무 말도 못하고 그냥 울기만 했어요."

에디는 내가 샤론과 인터뷰하기 15개월 전에 죽었다. 토니는 그 후로 새 여자 친구도 생기고 일자리도 찾고 있다. 나는 샤론에게 그 열다섯 달 동안 자신이 얼마나 바뀐 것 같으냐고 물었다.

"연민의 감정이 더 커진 것 같아요. 이해심도 많아졌고요. 지금은 뭐든 여러 관점에서 볼 수 있게 되었어요. 무엇보다 크게 배운 것 하나는 제가 토니의 행동을 통제할 수 없다는 거예요. 긍정적인 방식으로 도와줄 수는 있지요. 하지만 아이로 하여금 무엇을 하게 만들 수는 없어요. 아이를 이렇게 저렇게 할 수 있는 권한이 제게 없는 거죠. 다만 제가 아이에게 어떻게 반응할지 제 자신을 조절할 수 있을 뿐이지요."

샤론의 직장 생활에도 변화가 생겼다. 토니를 살려달라고 기도할 때 하느님께 한 약속과 에디의 죽음이 동기가 되어 자신이 일하는 병원에 갱생 프로그램을 운영하는 그룹 'MOM'을 만들었다. '메타돈을 경험한 어머니들Mothers on Methadone'이라는 뜻의 이 그룹은 메타돈 치료를 받는 임산부들과 그 자녀들에게 의료 치료 및 정서적으로도 지원하는 일을 한다. 워낙 아기를 좋아하는 성격에 헤로인에 중독된 적이 있는 사람들을 돕겠다는 새로운 열정이 더해져 샤론은 MOM 그룹을 성공적으로 이끌고 있다.

"우리는 아기 엄마들과 관계를 맺을 때 그들이 받아들여지고 있다는 느낌, 신뢰받고 있다는 느낌을 갖게 하려고 애쓰지요." 샤론의 얼굴에 행복감이 퍼졌다. "지지받지 못한다고 느끼면 다시 예전으로 돌아갈 것이고, 그러면 아이들은 엄마를 잃게 돼요. 아이들은 보호소로 보내질 테고요. 그러면 아이의 인생 전체가 판이하게 바뀌겠지요. 물론 더 나쁜 쪽으로요. 그게 어떤 결과를 낳을지 생각해 보세요. 엄마들이 다시 중독에 빠지지 않고 아이를 안아줄 수 있게 된다면 그게 바로 대단한 일이 아니고 무엇이겠어요?"

MOM을 시작하기 전에 샤론은 그런 여성들을 비난하고는 했다. "전 이렇게 생각했지요. '어떻게 저럴 수가 있지?' 하지만 이제 바뀌었어요."

샤론은 병원 동료들 역시 변화되었음을 본다. "우리 가족이 이 일을 헤쳐 나오는 모습을 보며 마음에 깊이 와 닿은 게 있었던 모양이에요. 제 아이에게 일어난 일이기는 하지만 그들 아이에게도 언제든 일어날 수 있는 일이잖아요. 그러다 보니 환자를 대하는 태도들이 크게 바뀌더군요."

"샤론, 약물 중독으로 고통받는 아이의 부모들에게 하고 싶은 말이 있나요?"

"비밀에 부쳐두지 마세요. 무슨 일이 일어났는지 사람들에게 이야기하고 나누면 그만큼 도움을 받을 수 있을 겁니다."

글레나 디트리히와의 세션

나는 샤론이 토니를 잘못 키웠다는 생각을 하지 않기를 바랐다. 나는 사람들이 어떤 시련을 자신이 원래 계획했다고 알고 나면 그 시련 속에서 느끼던 후회와 슬픔을 버리고 완전히 새로운 관점을 갖게 되는 경우를 많이 보았다. 샤론이 글레나와의 만남으로 그러한 마음의 평화를 얻을 수 있기를 바랐다.

글레나는 영에게서 받은 정보를 말해주는 것으로 세션을 시작했다. "토니에 대해서 몇 가지 사실이 들려오네요. 토니는 여러 생에 걸쳐 꼭 무슨 마술처럼 찾아온 직업을 갖고 살았군요. 마치 자신을 위해 어떤 상황이 벌어지는 듯한 경험들을 했어요. 어쩌면 마술사나 무당이었는지도 모르겠네요. 토니는 그런 종류의 마술을 다시 체험하고 싶었군요. 약에 손을 대게 된 데는 그런 까닭도 있어요. 약을 먹으면 몸 안에서 일어나는 화학 작용이 마술적인 느낌 비슷하니까요.

토니의 삶은 평범하지 않은 것들을 만들어내는 일로 가득하군요. 재능을 아주 많이 갖고 태어났어요. 소질이 무척 많은 아이예요. 아인슈타인처럼 놀라운 사실을 발견했다든지 놀라운 음악적 재능이 있다든지 창조적인 일을 해냈다든지 하는 사람들을 보면 십대 시절에 참 문제가 많았지요. 그러한 파동이 몸 안에 가득 들어차 있다는 것은 무척 힘겨운 일이거든요. 하지만 일단 어른이 되고 나면 그 파동이 밖으로 퍼져나가는 것을 보게 될 거예요."

"약에 손을 대기 전에는 예술적인 재능이 정말 놀라웠어요." 샤론이 수긍했다. "지금은 더는 그런 재능을 보이지 않지만요. 그런 지 몇 년 됐어요. 하지만 여전히 그런 재능을 지니고는 있어요. 아이큐는 140이고요."

글레나는 초점을 옮겼다. "토니에게 주파수를 맞추어보니 두려움이 보이는군요. 분명 그런 게 느껴져요."

"저도 그런 걸 느껴요." 샤론이 인정했다.

"쓸 수 있는 재능이 엄청난데 그것을 배출할 출구가 없을 때 몸 안에는 에너지의 담이 쌓여요. 막힌 에너지는 병을 만들어내지요. 그러니 아이가 다시 창조성을 표현할 수 있도록 이끌어주세요. 그리고 사랑해 주세요. 사랑해 주고, 또 사랑해 주세요. 아이는 지금 자기가 뭔가 잘못했다는 기분으로 지내고 있어요. 그리고 더는 샤론 당신의 눈 속에서 자기가 존중받는다거나 가치 있다고 여겨지지 않는다고 느끼고 있지요."

글레나의 목소리에 연민의 감정이 손에 만져질 듯 뚜렷이 묻어났다.

"더 좋은 것을 위해 우리가 이걸 계획했나요?" 샤론이 물었다.

"더 좋은 것을 위해서지요. 또 그것이 당신 영혼이 경험하고자 했던 것이기 때문이기도 해요. 우리는 갖가지 경험을 하러 이 세상에 오지요. 우리는 누구나 전에 살인자였던 적도 있고, 강간범이었던 적도 있고, 성자였던 적도 있어요. 그 모든 것을 경험했거나, 앞으로 하게 될 거예요. 이번 생에서 배우고자 하는 것이 무엇이든 우리는 그 배움에 맞는 완벽한 시나리오를 위해 모든 것을 미리 계획하지요.

당신 경우만 보자면 다시 이 세계로 돌아올 필요가 없었어요. 배움의 원을 다 돌았지요. 하지만 토니를 도우려고 다시 온 거예요. 당신이 이 세상에 온 목적이 그것 하나라고 하지는 않겠어요. 다만 당신을 다시 이 세상으로 불러들인 주요한 이유라고는 할 수 있겠지요. 토니도 이것을 어느 정도는 알고 있어요. 토니한테는 이 사실이 무척 기쁜 일이면서도 한편으론 굉장히 힘든 일이기도 하지요. 죄책감을 느끼게 하니까요."

나는 이 말을 듣고 놀라지 않을 수 없었다. 영혼이 더는 환생할 필요가 없을 수도 있다는 말은 처음 들었기 때문이다. 그때 샤론의 MOM 프로그램이 머릿속에 스치듯이 지나갔다. 그것은 샤론이 자신의 고통을 받아들이고 나서 이를 다른 이들을 위해 활용하는 방식이었다. 그러자 글레나와 내가 지금 무척 높은 단계까지 진화한 영혼과 함께 있다는 생각이 들었다.

"토니는 자신을 어떻게 돌봐야 하는지 몰라요." 글레나가 샤론에게 말했다. "토니가 이번 생에서 배워야 할 게 바로 그거예요. 당신은 사람을 돌보는 데 탁월한 능력이 있지요. 그게 바로 당신의 타고난 재능이에요. 아이는 당신에게 보살핌을 받을 뿐 아니라 당신을 지켜보기도 해요. 나중에는 당신이 한 것을 따라할 거예요."

"토니가 요 며칠 전에 정말이지 저를 깜짝 놀래주는 말을 했어요. '엄마, 엄마가 날마다 남들을 위해 하는 그 일들이 저에게 감동을 줘요.'" 샤론의 대답이었다.

샤론과 글레나, 나는 잠시 잡담을 나누었다. 그러고 나서 몇 분 동안 침묵이 이어지더니 글레나에게 다른 의식이 들어왔다.

"우리는 당신들의 초대를 받아 무척 기쁩니다." 글레나의 몸으로 들어온 존재들의 따뜻한 인사말이었다. 우리의 대화에 분명 하나 이상의 존재가 참여하고 있었지만, 그들은 한 목소리로 말하고 있었다.

목소리에는 정말로 기쁜 기색이 뚜렷했다. 그들은 부드럽고 차분한 목소리로 이야기했다.

"우리 세계와 여러분 세계의 이 경계 영역에 온 것을 사랑으로 환영합니다. 우리가 살고 있는 세계와 여러분이 살고 있는 세계는 머리카락 한 올만큼밖에 떨어져 있지 않습니다. 우리는 둘이고 여러분의 길을 안내합니다. 우리 중 하나는 당신, 샤론이 어머니 뱃속에 있었을 때부터, 아니 당신 영혼이 이 인생을 통해 당신이 알았으면 하는 것들을 계획하기 전부터 당신과 함께하고 있었습니다. 우리는 천사의 영역에 삽니다. 그래서 여러분은 우리를 수호천사라고 부르지요. 물어보고 싶은 게 있나요?"

나는 채널된 존재에게 이름을 물었다.

"우리 이름은 파동입니다. 영매의 입을 통해 어떻게 소리를 내야 할지 잘 모르겠군요." 그들이 대답했다.

"오늘 우리와 이렇게 이야기를 해주어 고맙습니다. 샤론과 샤론의 아들 토니가 약물 중독을 경험하기로 전생에 계획했나요? 했다면 그 이유는 뭔가요?"

"계획했느냐는 질문에 대한 답은 '그렇다' 입니다. 정확한 시간과 상황, 다른 이들에게 나누어줄 수 있는 에너지 등 모든 것이 완벽하게 계획되었지요. 여러분의 영혼이 이번 생에서 얻을 수 있는 지혜와 깨달음을 모두 경험할 수 있게 하려고 말입니다."

"샤론은 약물 중독 아이의 부모로 살면서 어떤 배움을 얻기를 원했나요?"

"겸손의 차원에서 이런 일을 겪을 필요가 있었습니다. 그녀의 영혼과 인격체는 이번 생에서 넘치는 능력과 에너지를 받았고 또 그것을 아주 다양한 방식으로 나누어줄 수 있는 자질을 받았지요. 그래서 제한을 둘 필요가 생겼습니다. 여러분의 세계에서 영혼은 성장에 한계를 둡니다. 한계를 경험함으로써 좌절감을 극복하고 현실을 자각하며 에너지를 집중할 필요를 느끼지요. 그 에너지는 여러분이 살고 있는 비좁은 영역을 뚫고 나가 빛의 공간을 만들고 더 높은 파동을 만들어냅니다."

천사들은 방금 영원하고 비물질적인 영혼들에게 물질계가 왜 그토록 매력적인 곳인지 그 까닭을 간결하게 설명해 준 셈이었다. 반대를 경험할 때에야 비로소 더 깊이 자기를 알 수 있기 때문에 영혼들은 한계를 지각할 수 있는 물질계로 와서 환생한다. 한계에 대한 인식은, 비록 그 자체가 착각이기는 하지만, 우리가 영혼계에서 갖고 있다고 알고 있는 무한한 힘과는 극적으로 대비된다. 물질계에 살면서 우리는 한계라는 착각 속에서 시련을 헤쳐 나간다.—그리고 인류 진화의 시간대에서 우리는 지금 그 착각을 뛰어넘고 있다.

나는 샤론의 수호천사에게 한계라는 것에 대해 더 물어봐야겠다는 생각이 들었다. "샤론은 구체적으로 어떤 한계를 경험하고 있나요?"

"샤론은 아들과 함께 이런저런 경험들을 해나가는 과정에서 자신이 완벽해야만 한다는 믿음을 갖고 있었습니다. 하지만 아이의 행동들을 포함해 자기를 둘러싸고 벌어지는 일들을 일일이 통제하기에는 자신의 능력과 지혜가 역부족인 상황도 때로 있다는 것을 경험했지요. 또 자기의 방식과 사뭇 다르다 할지라도 주변 사람들의 방식을 존중하고 존경하게 되었습니다. 샤론은 이것을 아주 잘 배워가고 있어요. 자신이 갖고 있는 연민의 크기를 시험해 보기도 하면서 이를 점점 더 키워가고 있지요. 사람 안에 들어 있는 선한 본성에 대한 믿음도 더 커졌고요. 결코 작은 성과가 아니에요."

천사들은 샤론의 삶의 청사진을 아름답게 요약해 주었다. 샤론은 약을 하는 사람들이 '나쁘다' 는 ─ 만일 그녀가 이런 거짓된 믿음을 갖게 되었다면 이는 다음 생에서 치유의 대상이 되었을 것이다 ─ 믿음을 갖지 않고, 그 경험을 활용해 의지할 이들을 찾았으며 그들이 좋은 사람들이라는 것을 알게 되었다. 그녀는 다른 이들이 주는 사랑을 기꺼이 받아들였고, 그렇게 함으로써 그들에게 사랑을 표현할 수 있는 기회라는 커다란 선물을 안겨주었다. 영혼인 우리의 진정한 본성이 사랑이니만큼 우리는 우리의 육체적 삶을 사랑을 주고 또 받는 데 잘 써야 할 것이다.

"방금 말씀하신 점은 다른 시련들로 성취될 수도 있잖아요. 그런데 왜 하필 약물 중독에 빠진 아들의 어머니가 되는 시련을 선택한 거죠?"

"아들의 부탁이었습니다." 그들이 간결하게 대답했다.

나는 샤론과 대화를 나누던 때 그녀가 토니의 행동을 조절하는 데 능력의 한계를 느끼고 무척이나 좌절했다는 말을 들은 기억이 났다. 나는 또 그녀가 그 좌절을 딛고 일어서 자신에게는 아들을 이렇게 저렇게 통제할 권한이 없다는 사실을 받아들이기로 했다는 말도 들었다.

"약물 중독 아이의 부모가 되는 일이 샤론에게 좌절을 극복하는 데 어떻게 도움이 되었나요?"

"샤론은 그런 경험을 하고 나서야 주변 사람들에게 손을 내밀 수 있었습니다. 또 그런 경험이 있었기에 자기 안의 깊은 본질과 힘에 가닿을 수 있었고요. 만약 그런 경험이 없었고 아들에 대한 사랑이 그렇게 크지 않았다면 자신의 본질과 힘을 알지 못했을 겁니다. 그녀는 이

제 어두운 면(사랑하는 아들의 목숨을 잃을까 두려워했던 것)과 밝은 면(연민과 보살핌으로 세상에 사랑을 표현하는 것)이 따로 떨어져 있지 않고 서로 이어져 있음을 알게 되었습니다."

"영혼일 때 우리는 아무런 걸림돌 없이 원하는 것을 할 수도 있고 만들어낼 수도 있다고 알고 있어요. 저항이 없다면 좌절도 없겠지요. 그것이 사실이라면 영혼이 왜 좌절을 극복하는 법을 배우고자 하지요?"

"중요한 것은 감정입니다. 여러분의 세계에서 성장은 감정을 통해 옵니다."

"아까 샤론이 현실을 자각하는 법을 배워야 한다고 하셨지요. 그게 정확히 무슨 뜻인가요? 그리고 이런 경험이 어떻게 그런 것을 가르쳐 줄 수 있나요?"

"그녀의 영혼은 여러 번 윤회를 거치며 많은 경험을 했습니다. 그녀는 그 모든 경험 속에서 참으로 완벽하고 온전한 영혼이 되었습니다. 그리고 그렇게 얻은 지혜와 이해를 간직한 채 몸을 입고 태어난 만큼 이미 상당한 수준의 앎과 의식을 지니고 있습니다. 스스로 주변 사람들과 같지 않다는 자각, 일종의 오만함도 있습니다. 겸손함이 필요하지요. 절망을 맛보기 전까지는, 결과를 스스로 통제할 수 없다고 느끼기 전까지는, 인간에게는 이해도 연민도 있을 수 없습니다. 연민은 타인들의 경험을 관찰해서 얻는 것이 아닙니다. 책을 읽는다고 되는 것도 아니고, 누구에게 어떤 말을 듣는다고 알 수 있는 것도 아니지요. 연민은 오직 경험함으로써만 느낄 수 있습니다."

앞서 천사들은 토니가 약물 중독에 빠진 또 다른 목적으로 샤론이 자기 에너지에 집중하도록 돕는 것이 있었다고 말했다. 나는 그것이 무슨 뜻이냐고 물어보았다.

"샤론은 이제 연민과 사랑을 느끼고 표현하는 법을 알게 되었습니다. 이 경험을 통해 그 방법을 분명히 알게 되었고 그 에너지를 고도로 집중된 방식으로 쓸 수 있게 되었습니다. 그녀는 이제 마음속에 아주 명확한 목적과 목표를 품게 되었습니다. 그렇게 분명한 목적을 갖게 된 것은 더 이상 자기한테 맞지 않는 것들을 제거하는 과정을 통해 가능했지요."

"샤론이 다른 이들의 방식도 존중하고자 했다고 하셨는데 그것에는 어떻게 도움이 되었나요?"

"샤론은 자기와 다른 방식의 삶을 살기로 선택한 이들을 이해하고 연민할 수 있는 마음의 공간을 자기 안에 마련하게 되었습니다. 타인들의 선택은 존중받아야 합니다. 이제 그녀는 모든 방식에는 각각의 깨달음이 있다는 것을 알고 인정하게 되었습니다. 중요한 것은 그러한 가르침을 배우는 것이지, 거기에 도달하고자 선택한 방식이 아닙니다. 이것이 바로 큰 지혜입니다."

"이 경험으로 사람들의 선한 본성에 대한 샤론의 믿음이 더욱 강해졌다고 했지요? 어떻게 그것이 가능한가요?" 샤론의 경험은 괴로움과 분노, 자기 연민, 그리고 패배감을 낳을 수도 있었다. 하지만 샤론은 그 경험들을 활용해 사람들 속에서 더 큰 선을 보았다. 나는 샤론의 예에서 배움을 얻고 싶었다.

"샤론한테는 자기 힘으로 어찌해 볼 수 없다고 느낀 크고 작은 일들이 있었습니다. 절망스러운 일들이었지만, 그녀의 간절한 마음은 아들의 생명을 살렸고, 삶을 위협하는 것처럼 보이는 망상으로부터 아들을 구해냈지요. 그때마다 그녀는 다른 사람들에게 손을 뻗었고, 다른 사람들은 친절함과 도움으로 응답했습니다. 이 일로 샤론의 내면에는 단단한 믿음이 생겼습니다. 그만큼 샤론 자신의 힘이 강해졌을 뿐 아니라 주변 사람들이—심지어 일면식조차 없던 사람들도—기꺼이 그녀를 지지해 주고 알아주며 필요한 정보와 조언을 준다는 것도 알게 되었습니다. 그리하여 이제는 자신도 그런 사람이 되겠다고 결심을 하게 됐지요." 나는 비밀에 부쳐두지 말고 다른 사람들에게 도움을 청하라던 샤론의 말이 떠올랐다.

　이 경험은 샤론에게 많은 사랑을 경험하게 해주기는 했지만, 그래도 역시 고통스러운 경험임에는 틀림없었다. 이러한 경험을 계획한 데는 또 다른 동기가 있지 않았을까? 전에 배운 가르침들을 더 깊게 하는 것이라든가 토니의 삶의 계획에 도움을 주고 싶다는 소망 같은 것 말이다. 나는 천사들에게 이런 점들을 더 설명해 달라고 부탁했다.

　"영혼이 사람의 몸을 입고 세상에 올 때 관련 기억들은 지워집니다. 그래서 그런 것들[배움]은 어렴풋하게 기억이 있을지는 모르지만 의식 속에 저장되지는 않습니다. 이러한 것들[경험]이 그 잃어버린 기억을 되살려내는 역할을 합니다. 시련을 경험하면서 느끼는 한계가 그녀가 이미 갖고 있던 지혜나 이해를 더욱 단단하게 해줄 거라고 그녀의 영혼은 믿었습니다."

　"하지만 그녀의 주된 동기는 아들을 돕는 것이었죠?"

　"그녀가 이 길을 택한 것은 아들에 대한 사랑 때문입니다."

　"이 경험을 통해 세상에 더 좋은 일을 하겠다는 것도 이 시련을 계획한 이유였겠지요?"

　"[이 지구 위의] 개인들이 각자 얻은 지혜, 감정, 배움은 여러분 세계에 살고 있는 다른 이들에게 전달되며 다른 차원에까지도 퍼져나갑니다. 아무리 작은 행동이나 말, 생각이라도 감정이라는 파동을 통해 모든 차원으로 물결처럼 퍼집니다. 이는 인간의 뇌로는 좀처럼 이해되지 않을 것이고, 어느 정도 이상은 받아들여지지도 않을 것입니다. 하지만 우리는 여러분에게 이 이야기를 해주는 쪽을 선택했습니다."

비물질적인 존재들은 모든 세션에서 매우 중요한 말을 들려준다. 그 중에서도 특히 더 본질적인 지혜를 나누어주는 순간들이 있다. 바로 지금이 그런 순간이었다. 천사들은 모든 사람 하나하나에게 주어진 엄청난 책임감―동시에 기회―에 대해 말했다. 우리는 우리가 하는 행동과 말과 생각 모두에 책임이 있다. 우리의 모든 행동과 말과 생각이 다른 존재들―이 지구 위의 존재뿐 아니라 우주 전체의 존재들―에게 영향을 미친다는 것을 깨달을 때 그 책임감은 한정 없이 깊어질 것이다. 우리는 얼마나 자주 자기가 중요하지 않다거나 무력하다고 느끼는가? 만일 이 진리를 이해한다면 다시는 그런 식으로 느끼지 못할 것이다. 그리고 언제나, 심지어 '혼자만의' 생각에서라도 사랑을, 오직 사랑만을 표현하려 노력하게 될 것이다.

샤론은 어느 정도는 이 지혜를 이미 알고 있는 듯했다. 나는 MOM 프로그램이 사람들에게 어떤 영향을 미칠 수 있을지 열정적으로 이야기하던 샤론을 떠올렸다. "샤론은 시련을 경험하고 나서 병원에서 새로운 프로그램을 시작했어요. 헤로인에 중독된 임산부들을 돕는 프로그램이지요. 그 일을 하는 것도 토니와의 경험을 계획한 이유 중 하나인가요?"

"그렇습니다." 천사들의 간결한 대답이 돌아왔다.

이제 샤론의 삶의 계획 구석구석에 숨어 있던 아름다움이 뚜렷하게 드러났다. 전생 계획의 광범위함을 생각하니, 에디 역시 그녀의 삶의 청사진 속에 포함되어 있던 것일지 궁금했다. "샤론에게 아주 큰 도움을 주었던 에디는 샤론의 영혼 그룹의 일원인가요, 아니면 토니와 함께 삶을 계획한 사람인가요?"

"그는 토니의 영혼 그룹에 속해 있습니다. 네, 그 역시 전생 계획에 참여했습니다."

"전생 계획을 짤 때 샤론과 에디는 결국 서로 만나게 되리라는 것을 알았나요?"

"계획된 일입니다. 모든 일은 동시에 일어납니다."

천사들은 세상에는 그 어떤 우연도 없다는 진리를 언급하고 있었다. 샤론이나 에디처럼 인터넷상에서 '생각지도 않게' 만난 사람들은 유유상종이라는 말도 있듯이 실은 비슷한 파장에 의해 서로 끌린 사람들이다. 인터넷상에서 만나지 않았더라도 다른 식으로라도 그들은 만났을 것이다.

나는 토니가 약물 과다 복용으로 죽음 직전까지 갔던 일도 계획된 것이었냐고 물었다.

"그렇습니다."

"왜 샤론과 토니는 약물 중독에 더해 과다 복용까지 계획했나요?"

"그것은 에너지를 극한까지, 감정의 절정에까지 끌어올렸지요. 그럼으로써 그 에너지를 변형시켜 새로운 결심을 하도록 도운 겁니다."

"토니가 약물을 과다 복용한 것은 이것 말고도 두 번이나 더 있어요. 그것도 계획된 것인가요?"

"그렇습니다."

"영혼들은 약물 과다 복용을 세 번이나 경험하는 게 어떤 식으로 도움이 된다고 생각한 건가요?"

"각각의 경우는 서로 다른 감정적 에너지의 폭발로 이어졌습니다. 이를 통해 그와 같은 에너지의 변형이 일어났고요." 나는 천사들이 한 말을 정확히 이해할 수는 없었지만, 그것이 샤론의 MOM 프로그램에 관련된 것이리라고 짐작했다.

"샤론이 이번 생을 계획할 때 굳이 약물 중독자 아들을 두는 경험을 넣지 않고 MOM 프로그램을 시작하기로 할 수도 있었잖아요. 샤론이 시작한 프로그램과 토니의 경험 사이에는 어떤 관계가 있나요? 샤론은 왜 둘 다를 계획했지요?" 내가 물었다.

"아들의 약물 중독과 관련된 일, 그리고 그로 인해 샤론이 느낀 무력감과 절망감 때문에 얼마간의 열정—변형된 감정 에너지—이 생겼습니다. 이는 다시 MOM 프로그램을 만드는 일로 바뀌었고요. 그러한 열정이 있었기에 그 프로그램에 관련된 이들을 더 잘 알 수 있습니다. 이 프로그램에 참여하는 이들은 스스로 자신의 회복 방식을 선택하고 또 실천하는 사람들입니다. 그렇게 함으로써 샤론과 같은 이들이 세상에 연민과 신뢰를 나누어줄 수 있게 해주는 것입니다. 그들은 샤론이 아주 다양한 방식으로 계속해서 연민을 경험할 수 있도록 해줍니다. 또한 샤론이 그 여성들의 과거를 분노와 동정이 아니라 존중과 존경의 마음으로 바라볼 수 있는 기회도 주지요. 여러분의 세계에서는 슬픔과 관련해서, 또 동정심의 표현과 관련해서 배워야 할 것이 많습니다. 동정심은 적절치 않은 감정입니다. 여러분의 세계에 깨달음과 높은 지혜를 가져다주려고 이러한 배움의 기회가 주어지는 것입니다."

나는 샤론이 아버지가 아니라 어머니가 되기로 선택한 데에도 까닭이 있는지 물었다.

"여러분의 세계에서는 아이와 어머니 사이의 생물학적인 연결이 훨씬 강합니다. 여러분의 문화에서 남자들은 아이와 감정적으로 긴밀하게 연결되어야 한다고 요구되지도 않고 특별히 칭송받지도 않습니다. 토니의 경우에는 자식에게 필요한 도움을 주기 위하여 부모 자식 간에 아주 끈끈한 연결이 필요했습니다. 이러한 수준의 보살핌은 여성을 통해 훨씬 더 분명하고 뚜렷하게 이루어집니다. 우리는 이런 양상이 균형을 맞추는 쪽으로 바뀌어야 한다고 보지만, 여러분의 세계에서는 아직 온전하게 실현되지 않고 있지요."

"샤론이 약물 중독을 경험하는 자녀로 딸보다 아들을 택한 데도 이유가 있나요?"

"성별의 선택은 중요하지 않습니다."

"샤론과 토니는 약물 중독을 계획할 당시 헤로인이라는 약물을 명확히 지정해서 골랐나요?"

"그렇습니다. 화학적인 성분 때문이에요. 매우 강하게 중독될 필요가 있었거든요. 헤로인이 거기에 딱 맞았지요."

전생 계획이 꽤 세밀한 부분까지 관여한다는 것은 알고 있었지만 이토록 자세하다는 사실에는 놀라움을 금할 수 없었다. 그들은 중독을 계획했을 뿐 아니라 특정 약물까지 정해놓았던 것이다.

"영혼은 정신이나 몸이 약물 중독을 겪는 데에 영향을 끼치기도 하나요?" 나는 샤론과 토니가 약물 중독으로 실제로 어떤 일이 일어나는지를 어떻게 알았을지 궁금했다.

"다방면에서 영향을 주지요. 그러한 영향 중 여러분 세계의 과학자나 과거 조상들에게 잘 알려진 것도 많습니다. 그 중 하나가 점성학입니다. 점성학에서는 한 사람의 성격과 소질, 신체적 특성을 별자리를 보고 파악하지요. 또 하나는 한 사람에게서 다음 세대로 이어지는 세포 정보, DNA의 전달입니다."

"샤론은 자기 삶을 계획할 때 또 다른 자녀가 약물에 중독되는 것도 고려했나요?"

"아닙니다. 샤론의 지식과 앎의 수준, 그리고 가려는 방향으로 그녀를 이끌어주고 자극을 주기에 이 정도의 경험이 적절했습니다."

"영혼들은 토니가 약물 과다 복용으로 정말 죽을 수 있다는 것도 생각했나요?"

"그렇습니다."

"그렇다면 왜 그것을 택하지는 않았지요?"

"둘이 이번 생에 함께 사는 동안 치유가 이루어지고 서로를 더 깊이 알게 될 기회들이 아주 많이 있기 때문입니다."

"샤론과 토니는 왜 지금 이 시대에 태어나기로 했지요?"

"여러분에게는 자기 자신이나 주변 사람들을 위해서 앎을 늘릴 기회만큼이나 스스로의 한계를 경험할 기회도 많습니다. 여러분의 세상에서 지금은 활발한 성장의 시대입니다. 이 시대에 태어나기로 선택한 영혼들 가운데는 윤회의 원을 끝내고 다른 영역으로 넘어가려고 준비하는 영혼들이 많습니다."

"왜 과거나 미래보다 지금, 한계를 경험할 기회가 더 많은 거지요?"

"지구별은 체계의 붕괴를 경험하는 중입니다. 낡은 체계가 무너질 때에는 혼돈이 생기게 마련이지요. 혼돈은 한계와 성장에 매우 필수적인 구성 요소입니다. 배움을 얻기에는 가장 비옥한 토양이 아닐까 합니다."

"아직 약물 중독에 빠져 있지만 그 경험에 담긴 더 깊은 영적인 목적을 이해하려 애쓰는 독자들에게 어떤 말을 해주고 싶으세요?"

"지금껏 살아온 자기 삶을 존중하고, 자기를 보살피고, 자신이 진정으로 누구인지 알며, 자신을 사랑하는 것이 꼭 필요합니다."

"약물에 중독된 아이를 둔 부모에게는 뭐라고 하시겠어요?"

"똑같습니다."

"제가 묻지 않은 것 중에 독자들에게 도움이 될 만한 중요한 말이 있다면요?"

"인식이 확장될 수 있다는 가능성에 자신을 열어둔다면 도움이 될 것입니다. 몸을 해치거나 파괴하지 않고도 인식이 확장될 수 있습니다. 그런 방법은 여러분 세계 모두에게 열려 있습니다. 지금은 여러분 이전에 존재했던 문화와 사람들을 다시 돌아볼 때이며, 가능하다면 고대인들이 소중하게 여겼던 능력을 이해하고 되살려야 할 때입니다."

나는 약물에 중독되어 있다거나 부모를 실망시켰다고 느낀다거나 여타 죄책감이나 자기 비판에 시달리는 청소년들에게 해주고 싶은 말이 있는지도 물었다.

"그들은 마음속의 진실한 목적을 가지고 자신의 길을 선택했습니다. 여러분이 살고 있는 세상에서는 주변 사람들이 들이대는 잣대와 판단 때문에 진짜 목적이 가려지는 일이 잦습니다. 문화나 가족의 압력 같은 것이 그런 것이죠. 지금 젊은이들의 삶에서는 과거 세대의 가치관을 넘어서려 하거나, 체계가 낡은 종교와 교육, 과학, 정치―바로 여러분의 세계를 지배하는 것들이지요―를 확장시키거나 아예 무너뜨리고 새로 지으려는 움직임이 있습니다."

"지금은 약물 중독자를 비판적으로 보지만 어쩌면 그런 시각을 접을 수도 있는 독자들에게 도움될 만한 말은 없나요?"

"주변 사람들의 비판은 대부분 약물 중독자들에게 도움이 됩니다. 이 길을 선택한 결과 느낄 수밖에 없는 감정을 밑바닥까지 모조리 경험하게 해주니까요. 어느 것도 쓸모없는 것은 없어요. 여러분 세계에서 무가치하게 만들어진 것은 하나도 없습니다. 모든 것이 존중받아야 합니다. 약물 중독자를 비판하는 이들과 뜻이 같든 다르든 그들 비판자들 역시 존중받아야 합니다."

"주변 사람들에게 비판받는 것이 어떻게 약물 중독자에게 성장의 밑거름이 되나요?"

"중독자들이 극복하지 않으면 안 될 한계를 이들 비판자들이 제공해 주기 때문입니다. 자신의 행동을 비판하는 사람들이 있음에도 자신이 스스로에게 또 다른 사람들에게 사랑받을 만한 가치가 있는 존재임을 굳게 믿을 때 극복이 이루어지니까요."

이제 샤론이 질문할 차례였다. "제가 병원에서 시작한 프로그램이 성공할지 말씀해 주실 수 있나요?"

"진심을 다해 말합니다. 주변 사람들을 돕고자 조직을 만드는 것이라면 그 노력은 어떤 것이건 다 커다란 성공으로 이어질 것입니다. 생각과 경험, 에너지, 바로 이런 것만이 여러분의 세계에서 중요한 영향력을 지닙니다. 그리고 누가 비판적인 말을 하든 상관없이 당신의 프로그램과 노력을 성공적인 것으로 보라고 말해주고 싶습니다. 이 모든 것을 마음속 영광의 자리에 잘 간직하세요."

"고맙습니다." 샤론이 말했다.

"우리와 이야기해 주셔서 정말 고맙습니다." 나도 덧붙였다.

"커다란 축복을 빕니다. 늘 그렇듯 여러분에게 초대받아 진정으로 즐거웠습니다." 천사들이 말했다.

샤론과 내가 세션에서 나눈 대화들을 곱씹는 사이 잠시 침묵의 시간이 흘렀다. 나는 천사들에게서 받은 온기와 사랑을 음미하며 말없이 앉아 있었다.

"두 번이나 울었네요." 샤론이 침묵을 깨고 말했다. 나는 어떤 부분이 마음에 와 닿더냐고 물었다.

"아주 감동적인 순간이 두 번 있었어요. 우선 제가 한계에 부딪치고 통제력을 잃게 되는 경험으로 어떻게 겸손해졌는지 이야기했을 때가 그랬어요. 제가 얼마나 극적으로 바뀌었는지, 어떻게 연민이 가득한 사람이 되었는지 말한 적이 있을 거예요. 한 5년 전에 누가 저더러 연민을 느끼는 사람이냐고 물었다면 저는 '당연히 그렇지요!' 라고 대답했을 거예요. 이런 경험을 하기 전까지는 진정한 연민이라는 게 뭔지 몰랐으니까요. 그리고 다른 한 번은 더는 이 세상에서 볼 수 없는 친구, 에디에 대해 말했을 때예요. 그저 이름만 들었을 뿐인데도 감정이 복받쳐 오르더군요. 하지만 그가 토니의 영혼 그룹의 일원이라는 것을 알고 나서는 많이 편해졌어요."

토니는 헤로인 중독자가 아니다. 정확히 말하면 자신을 양육하는 법을 배우기 위해 약물 중독이라는 시련을 감수한 용감한 영혼이다. 샤론은 좌절에 빠진 어머니도, 약물 중독 임산부를 보고 '저들은 어떻게 저럴 수 있지?' 라며 답답해하는 간호사도 아니다. 그녀는 존중과 관용, 연민을 직접 경험하고 마침내 그것이 그녀 자신임을 깨닫기 위하여 좌절과 판단의 순간을 일부러 계획한 애정 깊은 영혼이다.

샤론과 토니가 약물 중독을 계획한 것은 그들이 개인적으로 추구한 경험, 얻고자 한 지혜를 위해서이기도 하지만, 나아가 인류 전체에 봉사하기 위한 것이기도 했다. 이런 것이 바로 빛의 일꾼들이 세우는 삶의 계획이다. 그들의 삶의 청사진에는 내면의 빛을 널리 퍼뜨려 나누는 일이 포함되어 있다. 샤론은 태어나기 전에 아들의 약물 중독에 맞춰 약물 중독 임산부 지원 프로그램을 시작하기로 계획했다. 그녀는 이 세상에 태어난 뒤 자유 의지에 따라 마음을 닫고 다른 이에게 손을 내밀지 않을 수도 있었다. 하지만 그녀는 여러 전생을 통해 연민이 가장 적합한 반응이라는 것을 알고 있는 진화된 영혼이었다. 토니가 약물 중독이라는 시련을 택하자, 샤론이 "내가 이 일을 통해 너를 사랑하는 엄마가 되어줄게. 그리고 나는 이 경험으로 다른 이들을 도울 거야"라고 말하는 장면을 상상해 본다.

샤론과 토니의 이야기를 들으니 물질계란 하나의 착각으로서 눈에 보이는 그대로가 곧 진실이 아니라는 사실이 떠오른다. 봉사라고 하면 큰 규모의 공공 프로그램 형태를 띠는 경우가 잦다. 하지만 우리가 훨씬 쉽게 실천할 수 있는 봉사란 판단을 내려놓는 것이다. 판단은 우리가 판단 내리는 대상과 우리를 분리시킨다. 분리는 두려움을 낳으며, 우리가 태어나기 전에 알고 있던 진실, 곧 우리 모두가 하나라는 사실을 깨닫지 못하게 만든다. 우리 각자는 더 큰, 통합된 절대 의식의 불꽃이고 하나이신 신성한 존재의 심장을 이루는 세포들이다. 판단 내리는 것은 스스로를 자신의 신성에서 떼어놓는 것이다. 판단을 내려놓을 때 우리는 자신의 신성을 기억할 수 있다.

우리가 판단을 할 때 자아의 어떤 면이 나타나는지 아는 것이 중요하다. 예를 들어 우리가 약물 중독자를 나약하다고 판단할 때, 그 안에는 스스로 나약하다고 판단하는 자신의 일부가 들어 있다. 우리가 어느 시점에든 또 어떤 상황에서든 스스로를 나약하다고 보지 않았다면 다른 사람을 그렇게 판단하는 것 역시 불가능할 것이다. 스스로 자신을 나약하다고 판단해 본 적이 없다면 우리가 나약함이라고 보는 특성이나 행동을 인식하지 못할 것이요, 그러한 행동이나 특징을 나약함으로 보지도 않을 것이다. 타인에 대한 모든 판단은 실은 자기에 대한 판단에 가면을 씌운 것이다. 필연적으로 그렇게 되어 있다. 용감하게 그 가면을 벗어던지고 스스로 자신에 대하여 어떻게 느끼는지 인정할 때 영혼은 깊이 성장한다. 이 과정은 어려운데다 굽히지 않는 솔직함을 요구하기까지 하지만, 그 보상은 실로 크다.

이제 샤론은 다른 이들을 판단하지 않고 바라보는 데 전문가가 되었다. 동정하지도 않는다. 글레나가 나중에 샤론과 내게 말했듯이 "동정은 우리를 분리시키고 연민은 우리를 하나되게 한다." 누군가를 동정하는 것은 그 사람을 희생자로 보는 것이며, 따라서 계획된 시련을 실천하고 있는 그들의 엄청난 용기를 간과하는 것이다.

사실 샤론이 지금까지도 판단하고 있는 유일한 사람은 바로 자기 자신이다. 자신이 완전하지 못하다는 믿음이 그와 같이 자기 판단을 내리는 이유의 하나이다. 믿음, 특히 자신에 대해 갖고 있는 믿음은 천사들이 말했던 그런 한계를 만들어내는 주요한 원인이다. 자기를 사랑하고 받아들이는 여정을 마치려면 스스로 그러한 믿음에 매여 있음을 알아차리고 그것들을 깨부수고 나아가는 과정이 필요하다. 나는 천사들과의 세션으로 샤론이—또 약물 중독 자녀를 둔 다른 부모들이—자신을 탓할 이유가 없음을 알게 되었기를 진실로 바란다.

판단은 생각이고, 생각은 살아 움직이는 에너지다. 에너지는 비슷한 에너지를 부르는 만큼 판단은 판단하기를 좋아하는 사람을 부른다. 세상은 우리 자신을 비추는 거울이다. 주변에 판단을 내리는 사람이 많다면, 그것은 삶이 우리에게, 혹 자신한테 판단하려는 경향이나 의지가 있지 않은지 살펴보기를 바라는 것일지 모른다.

약물 중독자들과 알코올 중독자들은 우리에게 판단하기를 넘어설 기회만이 아니라 연민을 나누어줄 기회까지도 선물한다. 천사들이 말했듯이 샤론의 프로그램에 참여하는 헤로인 중독 임산부들은 샤론에게 자신을 연민의 존재로 거듭 경험할 수 있는 기회를 주고 있다. 누가 누구를 돕고 있는 것일까? 만일 약물에 의존하고 있는 사람을 보살피면서 왜 저 사람이 내 인생에 이런 고통을 주는가 묻는 사람이 있다면, 그 사람은 그 일이 이번 생에서 스스로가 연민의 존재임을 깨닫고 또 보여줄 기회가 아닐까 생각해 보면 좋겠다. 사실 우리가 사랑하는 그들은 우리가 바라던 경험을 하게 해주는 방식으로 사랑을 표현한다. 우리는 화내고 상처받고 괴로워하는 쪽을 택할 수도 있지만, 비록 고통스럽더라도 그 경험이 자기를 더욱 깊이 이해하게 하는 멋진 기회라고 여기고 받아들일 수도 있다.

샤론이 아들과 한 경험은 또 다른 방식으로도 선물이 되었다. 사람의 선한 본성에 대한 믿음을 깊게 한 점이 그것이다. 샤론이 어떤 선택을 했는지 잘 살펴보라. 삶이란 한갓 고통스러운 투쟁일 뿐이라고 믿고 말 수도 있었다. 사람들이 자신에게 상처를 줄 거라고 믿어버릴 수도 있었다. 하지만 그녀는 다른 사람들에게 자신의 힘든 심정을 털어놓고 그들이 주는 사랑을 받아들이는 쪽을 택했다. 그녀는 상처받지 않으려 하기보다는 마음을 굳게 먹고 상처에 대면함으로써, 원망하거나 냉소하지 않음으로써 더 큰 사랑을 손에 넣었다. 토니가 약물 중독을 겪지 않았다면 가능하지 않았을 일이다. 천사들이 말했듯 우리의 세계에서 "성장은 감정을 통해 온다." 샤론은, 반대가 존재하기 때문에 선택이라는 것이 가능한 이 물질계에서 사랑을 선택함으로써 자기 안에 사랑을 더 깊이 각인시켰다.

샤론이 이번 생에서 주고받는 사랑은 샤론이 살아가는 현재의 차원 너머로까지 영향을 미친다. "아무리 작은 행동이나 말, 생각이라도 다른 차원으로까지 물결처럼 퍼진다." 한 사람이 자신의 어떤 면을 치유할 때마다 모든 인간이 그만큼 더 높아진 파동을 통해 치유받는다. 우리가 가진 힘은 그 정도로 크다. 때로는 그 효과가 즉각적이고 측정 가능한 반면, 때로는 똑같이 심오한 효과를 지니지만 간접적이고 알아보기 어렵다. 우리가 에너지적으로 얼마나 각성했느냐에 따라 세계가 좌우된다.

태어나기 전에 우리는 우리에게 있는 그 힘을 잘 안다. 샤론과 토니는 그들에게 있는 힘을 충분히 인지하고서 사랑이 무엇인지를 세상에 보여주고자 약물 중독을 계획했다. 그 힘은 진실로 그들 안에 있다.

팻의 이야기 — 알코올 중독과 영적 성장

약물 중독이라는 전생 계획을 부모의 관점에서 살펴보았고, 이제는 약물 중독을 직접 경험한 영혼의 관점에서 살펴볼까 한다. 40년 넘게 알코올 중독자로 산 팻이라는 남성과 이야기를 나누어보았다.

짧은 기간의 알코올 중독은 개인의 자유 의지에 따른 결정일 수 있지만—다시 말해 예기치 않은 일일 수 있지만—팻의 경우는 반평생을 좌우한 일이었기에 전생에 미리 계획되지 않았다고 보기 어려웠다.

"저는 먼 옛날에 태어났습니다." 팻은 시작부터 나를 웃게 만들었다. 대화의 주제는 자못 심각했지만 팻은 아랑곳 않고 줄곧 유머 감각을 보여주었다. "1933년 6월 7일이었지요." 팻은 텍사스 주 아마릴로에서 자랐다. 그의 느릿한 말투를 이해하게 해주는 대목이었다. 목소리에서는 따뜻함과 친근함이 묻어났다. 팻이 술을 끊은 건 쉰여덟이 되어서였고, 처음 술을 입에 댄 것은 열네 살, 아마릴로에 새로 문을 연 십대 댄스장에 친구와 함께 갔을 때였다.

"친구 녀석이나 나나 숫기라고는 하나도 없는 숙맥이었지요. 그래서 맥주를 좀 마셨어요. 맛은 아주 씁쓸하고 이상했지만, 그 즉시 자신감이 생기지 뭡니까. '이야, 이제 춤을 좀 출 수 있겠네. 저기 저 여자들은 벌써 나한테 반했군!' 그러고는 맙소사, 곧장 무대로 나가서 춤을 추고 실컷 놀았지요. 술을 먹으니까 내가 프레드 아스테어(미국의 뮤지컬 배우—옮긴이)가 된 것 같았어요. 얼굴도 끝내주게 잘생기고, 머리는 또 얼마나 똑똑해! 뭐 이런 식이었지요. 물론 내가 그렇지 않다는 걸 잘 알았지만, 술을 먹으니까 마치 그게 사실인 것 같은 착각이 들더군요."

당시 팻의 마음속에는 아마릴로를 떠나고 싶다는 강한 바람이 있었다. 열여섯이 되자 고등학교를 자퇴하고 어머니의 허락을 받아 해군에 입대했다. "일본과 홍콩에 나가니까 나보다 더 큰 형들이랑, 그러니까 열일고여덟 되는 형들이랑 술을 마시고 놀 수가 있더군요. 제대할 무렵에는 이미 알코올에서 헤어나올 수 없는 상태가 되어 있었어요."

해군 제대 후에는 거의 날마다 술을 마셨다. 술에 취한 채로 직장에 갔다가 일을 하면서 술을 깨는 일도 잦았다. 하지만 집으로 돌아오면 다시 술을 마셨다. 술이 없는 식당에는 아예 가지 않았고, 술병을 몰래 숨겨갈 수 없다면 극장도 재미 없어했다. "마치 술이라는 놈에게 조종당하는 꼭두각시 같았지요."

팻은 그렇게 몇 년을 보내며 여러 가지 일을 했다. 인명 구조원, 교사, 교회 캠프 운영자, 그리고 가장 뿌듯했던 것으로 도시 빈민가 아이들을 위한 야외 교육 센터의 총책임자로 일했다. "나는 무슨 일을 하든지 초고속 승진을 했습니다. 매번 그렇게 빠르게 승진을 했기 때문에 더 자유롭게 술을 마실 수가 있었어요. 그리고 어느 정도 위치에 올라가면 도망 나오는 거지요. 지금 생각해 보면 내 능력 이상으로 인정받는 게 두려웠어요."

팻은 지금 두 번째 아내 셜리와 결혼해 살고 있다. 첫 번째 아내 캐롤과의 사이에 캐시, 도나, 앤드류라는 세 자녀가 있다. 팻은 셜리와 살기 위해 캐롤과 세 아이들, 그리고 교육 센터에서의 일자리를 버렸다. 그 뒤에는 자동차 교류 발전기 고치는 일을 했다. 아내 셜리도 결혼 후 알코올 중독으로 괴로움을 겪게 되었다.

"술은 마시면 마실수록 더 먹고 싶어져요. 그리고 술을 마시다보면 이런 생각이 들지요. '술을 끊으려고 애쓸 필요 없어. 모든 게 다 좋잖아.' 내가 알코올 중독자구나 하고 깨닫던 그날 밤에도 나는 알코올 중독자가 아니라면서 자축하고 있었어요."

"그날 밤 무슨 일이 일어났는데요?"

"쉰여덟 살 때 일이었어요. 일을 마치고 집에 왔는데 맥주 한 병이 있더군요. 그래서 마셨지요." 팻의 목소리에서 긴장감이 손에 잡힐 듯 느껴져 왔다. "술을 마시면서 혼잣말을 시작했죠. 마룻바닥 한가운데에 앉아서 말이죠. '너도 알겠지만, 팻, 아무리 생각해도 네가 알코올 중독자일 리 없어. 어젯밤에도 그저 딱 한 병 마셨고, 오늘도 딱 한 병

마시고 있잖아.' 거기 그렇게 앉아서 지껄이는데 내 목소리가 귀에 들려오더군요. '보드카도 있고 와인도 있어. 이 집에는 술이 종류별로 다 있지. 그런데 손도 대지 않았잖아. 네가 알코올 중독자가 아니라는 증거 아니면 뭐겠어?' 그래서 나는 자축하면서 혼자서 파티를 열었어요."

팻이 울기 시작했다. "집에 있는 술이란 술을 전부 마셨어요. 손에 닿는 것은 모조리 다요. 정신은 말짱한 것 같은데, 몸이 아예 말을 듣지 않더군요. 술 때문에 완전히 마비가 된 거죠. 급기야 하느님께 도와달라고 부르짖었어요."

팻은 흐느낌을 참으려 애썼다. "사실 오랫동안 하느님을 모욕하며 살았습니다. 애들한테는 하느님이 있을 수도 있겠지만 만일 있다면 안됐지만 '개자식'이라고 했지요. 살아계신, 사랑이시고 인격적인 하느님이 있다고는 생각 못했지요. 그런 건 불가능한 일이었어요. '하느님, 도와주세요!' 소리를 막 질렀습니다. 온 마음과 영혼을 다해서요. 난 패배자였어요. 망가질 대로 망가진 패배자요. 더 이상 가망이 없었어요. 바로 그때 기적이 일어났지요. 번쩍거리는 불빛이나 불타는 떨기나무 같은 건 없었지만, 알 수 있겠더군요. 거기 하느님이 계시다는 걸 말입니다."

팻의 목소리에서 굳은 확신이 느껴졌다. 팻의 삶이 그 즉시로 변화하지는 않았다. 그러고도 그는 석 주 동안 계속 술을 마셨다. 하지만 그 사이에도 그날 밤의 강렬한 체험을 잊지 않았고, 결국 치료 센터에 들어가기로 결심했다. 그로부터 나흘 뒤 "술을 마시고 싶은 마음이 씻은 듯이 사라졌다." 팻은 덧붙였다. "그 전에는 술을 마시지 않을 수 있다고는 상상도 하지 못했어요."

팻이 거의 평생 술에 대한 충동을 떨치지 못한 것이 유전적 소질과 관련이 있는지 궁금했다. 만일 팻이 이번 생에서 알코올 중독을 경험하기 원했다면 그는 알코올 중독자인 부모를 택했을 수도 있었다. "부모님도 술을 많이 마셨나요?"

"아버지가 아마 알코올 중독자였던 것 같아요. 하지만 몰래 숨어서 드셨지요. 늘 술병을 지니고 다니셨어요. 어머니는 입에도 안 대셨고요."

"술 마시는 게 첫 결혼과 아이들에게는 어떤 영향을 주었나요?"

"난 내가 결혼했다는 사실을 까맣게 잊어버릴 때까지 마셨어요. 결국 아이들을 버리고 도망쳤지요. 집을 떠날 때 마지막 인사도 하지 않았어요. 정말 고약한 아버지죠." 그 당시 세 아이들은 힘겨운 시절을 보냈다. 나이가 어린 앤드류는 학교에서 자주 말썽을 일으켰다. 나중에는 술과 약에 손을 댔다. 캐시 역시 약을 하기 시작했다. 팻은 이제는 아이들이 모두 바른 길로 돌아왔지만 그가 아이들 마음에 준 상처가 아직도 후회로 남는다고 말했다.

"그처럼 민감한 시기에 아이들을 버리다니……" 팻이 말끝을 흐리더니 울기 시작했다. 마음을 추스르는 것인지 잠시 말이 없었다. "아이들한테는 아빠가 필요했어요. 아버지라는 상이 필요했다고요. 그런데 그런 건 나에게도 없었지요."

나는 알코올 중독이 셜리와의 관계에는 어떤 영향을 주었는지 물었다. 셜리는 술을 마신다는 이유로 그를 비난하지도 않았고, 그 일로 싸운 적도 없었다고 했다. 하지만 "내가 셜리를 비난했지요. 다 내 문제면서 말예요. 알코올 중독자들의 전형적인 특징이에요. 난 셜리가 내 인생을 망쳐놨다고 생각했어요. 셜리 때문에 내가 그 좋은 교육 센터 책임자 자리를 버리고 교류 발전기 수리나 하며 먹고살고 있다고 생각했지요. 실은 내가 스스로 관두었으면서."

팻이 잠시 머뭇거렸다. 나는 그가 무언가를 말할지 말지 망설이고 있다는 느낌이 들어 조용히 기다렸다.

"자살을 하려고도 했어요. 몇 번 됩니다. 나는 밴을 몰고 다녔어요. [교류 발전기 수리를 위해서 만든] 조그만 이동식 가게인 셈이죠. 차 안에 부비트랩을 만들었어요. 운전석 바로 뒤에 커다란 공구 상자를 놓고, 무거운 교류 발전기를 그 공구함 꼭대기에 올려놓았지요. 바로 내 머리 위로 떨어지게 딱 맞춰서 말이에요. 그러고는 아주 꾸불꾸불한 미주리 도로로 갔어요. 거기서 어마어마하게 큰 사사프라스 나무를 봐뒀는데, 그 나무로 돌진할 계획이었죠. 그런 상황에서는 살아날 확률이 없지요. 그 짓을 두세 번 해봤습니다. 그런데 그럴 때마다 뭔가 일이 터지더군요. 한번은 맞은편에서 차 불빛이 나타나더군요. 다른 사람까지 다치게 할까봐 기회를 놓쳤지요. 한번은 토끼가 튀어나옵디다."

"토끼요?"

"내 밴 바로 앞에 나타났지요." 팻이 웃었다. "난 토끼를 치고 싶지는 않았어요. 아니 그럴 수 없었죠. 그래서 그대로 질주해서 그냥 고속도로를 타고 달렸습니다."

"그 토끼가 단순한 우연이 아닐 수도 있다고 생각하세요?"

"아, 물론이지요. 먼저 나타난 헤드라이트 불빛도 우연이 아니라고 생각해요." 팻은 내가 이 책을 쓰면서 배운 것, 곧 우연이란 없다는 것을 직감적으로 느끼고 있었다. 천사나 길잡이 영혼이 종종 마련해 놓기도 하는 그런 동시적 사건들은 우리가 계획한 길 위에서 벗어나지 않도록 우리를 지켜준다. 그들은 우리가 영적 성장을 하는 데 필요한 일들이 일어나도록 해주며, 우리의 목숨을 보호해 그런 경험을 할 수 있도록 해준다.

"팻, 술을 마시는 것과 분노라는 감정이 관련이 있나요?"

"술이란 놈은 화를 아주 돋우어놓지요. 나는 아주 사소한 것에도 빵 하고 폭발하는 성격이에요. 소금통 하나 떨어뜨리고도 분통을 터뜨리는 게 나예요. 하지만 이제는 달라졌지요. 술독에 빠져 살던 내가 아니죠. 언제라도 의식 속에서 내 안의 하느님과 만날 수 있어요."

"팻, 사랑이며 인격적인 하느님이 있을 수 없다고 오랫동안 생각했다고 했지요. 지금은 하느님이 사랑이라는 것을 깨닫게 되었고요. 과거의 자신에서 어떻게 지금에까지 올 수 있었나요?"

팻은 마룻바닥에 앉아 있던 그날 밤, 즉 하느님이 자신과 함께 있음을 알게 된 그날 밤을 다시 언급했다. 또 자신이 하느님을 알게 된 데에는 알코올중독방지회Alcoholics Anonymous의 사랑과 관용도 크게 작용했다고 했다.

"이제는 삶이 정말 너무 두려울 때면, 아주 가끔 있는 일이지만, 거기에 내 어떤 인간적 결점이 연관되어 있는지 살펴보고, 그것을 하느님께 그냥 맡겨요. 그러면 평화가 찾아오지요. 나는 우리 모두가 하느님의 자녀라는 것을 알게 되었습니다. 그분은 결코 고약한 분이 아니에요. 절대로 우리를 쳐서 쓰러뜨리지 않아요. 사실 하느님이 하시는 일은 단 하나, 우리를 들어 올려주는 것뿐이지요."

팻은 자기가 사랑하는 모든 이에게 용서를 구했고, 그 답례로 그들에게 용서를 받았다고 했다. "딸[캐시]이 이러더군요. '아빠가 술 마시는 동안 한 그 모든 일에 감사드려요. 아빠로 인해서 경험한 모든 것은 지금의 내가 되기 위해 꼭 거쳐야 하는 터널이었어요.' 그 편지를 받고 놀라서 입이 다물어지지 않더군요!" 첫 번째 아내 캐롤에게 보내는 편지 끝에 그는 사랑한다고 썼다. "나도 사랑해요." 캐롤이 그렇게 답장을 보내왔다. "난 무릎을 꿇고 말았지요. 자기를 버린 못난 아빠를 사랑할 수 있다니, 믿을 수가 없더군요."

"팻, 알코올 중독자 가족에게 무슨 말을 해주고 싶으세요?"

"우리는 우리가 아프다는 것을 몰라요." 대답하던 팻이 갑자기 다시 울음을 터뜨렸다.

"우리 스스로는 절대로 알 수 없어요. 누군가가 말해주지 않으면 우리는 자기는 물론이고 다른 사람까지 죽음으로 몰고 갈지도 몰라요."

"알코올 중독과 싸우고 있는 분들에게는 어떤 말을 하고 싶은가요?"

"기적이 일어날 때까지 매달리시라고, 그날이 반드시 온다고. 정말이에요."

스테이시 웰즈와의 세션

스테이시는 계획된 리딩을 마친 후 보충 리딩을 한 번 더 했고, 나는 둘을 합해 글로 엮었다. 팻의 전생 계획 세션에 등장하는 가족들에게도 스테이시의 리딩에 대한 동의를 얻었다. 나는 여느 때처럼 스테이시의 길잡이 영혼이 아카식 레코드에 접근할 수 있도록 그들의 이름과 생년월일을 말해주었다.

"팻, 지금 당신의 영혼에 연결되었어요. 당신한테는 이번 생에서 관계 문제가 아주 큰 시련임이 보이네요. 또 관계를 통해 카르마에 따른 배움을 경험하겠다고 선택한 것도 보여요. 또 다른 카르마적 주제는 영적인 진화이군요. '그런 건 누구나 다 하지 않나?'라고 말할 수도 있겠지요. 물론 삶에서 성장에 가장 큰 초점을 맞추기로 선택—영혼의 차원에서 말 그대로 선택하는 거예요—하는 사람들이 있지요. 하지만 성장에 전혀 관심을 두지 않기로 선택하는 이들도 있어요. 영적으로 진화하려는 충분한 동기를 느낄 때까지 기나긴 시련의 통로를 지나야 한다고 생각하는 사람들이 의외로 많이 있지요. 그런데 영혼의 차원에서 알코올 중독을 선택한 이유에 집중해 보니 그게 아버지와 연결되어 있다는 느낌이 계속 드는군요. 혹시 그게 뭔지 아시나요?"

"전혀요. 아버지는 내가 아홉 살 때 돌아가셨어요. 아버지를 잘 알지도 못한데다 몹시 무서워하기까지 했으니까요."

"이 점에 대해서는 더 깊이 들어가면서 찾아보지요. 짚고 넘어가고 싶은 카르마적 시련이 하나 더 있군요. 가족에 대한 책임감이에요. 당신이 태어난 가족과 당신이 만든 가족, 그리고 당신이 가족으로 생각하는 모든 사람들에 대해서 말이에요. 두 번째 아내인 셜리의 삶에서 가장 큰 시련은 아주 충동적인 성격을 이겨내는 거예요. 아기가 아주 많은 삶이 여러 번 보이네요. 셜리에게는 성적으로 충동적인 면이 있어요. 그 문제를 계속 다루고 있군요. 비록 이번 삶에서는 영성을 키우는 것이 카르마적 주제에 들어 있지 않지만, 그녀는 영혼의 차원에서 이것(알코올 중독)이 자신의 충동성을 이겨내는 데 도움이 되리라는 것을 알고 있었어요."

우리는 이제 영혼이 알코올 중독을 태어나기 전에 계획하는 이유 하나를 알게 되었다. 그러나 알코올 중독이 어떻게 영혼의 충동성을 극복하도록 하는지는 잘 이해되지 않았다. "셜리가 술을 지나치게 마시기 때문에 충동적으로 행동하게 되고 그로 인한 부정적인 결과로 고통 속에서 배우게 된다는 건가요, 아니면 술 덕분에 충동적으로 행동하는 걸 방지하게 된다는 건가요?" 내가 물었다.

"전자가 맞아요. 셜리가 술에 손을 댄 것은 충동성 때문이었어요. 저는 이런 종류의 카르마적 가르침을 얻게 되어 있는 사람들이 기분 전환용 물질이나 약물을 오용하는 경우를 자주 봤어요. 제 길잡이 영혼이 말하길, 셜리는 전생 계획에서 이미 알코올 중독을 선택했다고 하네요. 이제 눈을 감고 팻 당신에게 마음을 더 집중해 볼게요. 팻의 전생 계획 세션에서 어떤 것들이 느껴지는지 보도록 하지요."

스테이시가 트랜스 상태에 들어가면서 짧은 침묵이 이어졌다.

"처음으로 보이는 것은 팻이 바닥에 앉아 있는 모습이군요. 당신을 둘러싸고 사람들이 있는데 지금은 그들 모습이 분명하게 보이지 않아요. 체스판 같은 것을 들고 앉아 있는 것 같네요. 물론 아주 커다란 체스판이에요. 길이가 10센티미터는 될 네모 칸들이 흰색, 검은색 번갈아가며 그려져 있군요. 그것은 당신이 특정 주제들을 다루게 될 시대들을 나타낸다고 하네요.

당신은 어떤 남자 길잡이 영혼과 같이 바닥에 앉아 있어요. 삼촌이라는 남자도 있네요. 그렇게 셋이 당신 삶의 다이어그램을 짜고 있어요. 둘 중에 무엇을 택하겠느냐는 선택지가 당신에게 주어지네요. 이 나이 대에는—처음 것은 열 살로 보이는군요—이것을 할 수도 있고 저것을 할 수도 있다, 만일 저것을 한다면 이런 일이 펼쳐지게 된다는 식의 이야기가 오가고 있어요.

길잡이 영혼이 하나 더 보이네요. 어떤 세션을 하든 길잡이 영혼이 하나 이상 나오는데 그 중에도 더 큰 임무를 맡고 최고 감독 역할을 하는 영혼이 있어요. 팻, 바닥에 같이 앉아 있는 이는 당신의 최고 길잡이 영혼이에요. 평생 동안, 특히 당신이 알코올 중독과 싸우고 있을 때 곁을 지키는 영혼이라고 하는군요.

알코올 중독의 유전적 소질이 있는 집안을 고를지 의논이 이어지는군요. 선조들이 보이네요. 농사를 지으셨어요. 집에서 만든 술을 즐겼고요. 특별히 알코올 중독인 사람은 보이지 않아요. 일을 열심히 하고 또 잘하는 사람들이에요. 하지만 날마다 술을 마시는군요. 그것은 분명 술에 의존하고 있다는 뜻이지요. 그렇게 알코올 중독이 유전적 소질로 이어지게 하자는 이야기가 나왔고, 당신은 받아들이겠다고 하네요.

당신과 셜리가 이 여정을 함께하기로 약속한 것은 분명하군요. 영혼의 단계에서 둘 사이에는 아주 커다란 사랑이 있는 것 같네요. 우정이 깊고 마음이 잘 맞아요. 각 삶과 삶 사이에서도 친구였고, 전생에서도 여러 번 친구였네요. 둘 모두가 같은 문제를 다루게 될 텐데 이번에도 함께하는 게 어떤지 의논이 이어지고 있어요."

"그들이 알코올 중독을 함께 경험하기로 정확하게 계획한 건가요?" 내가 물었다.

"네, 그래요."

"아, 그것 참 맞는 말 같아요." 팻이 입을 열었다. 팻이 직감적으로 기억을 떠올렸다는 것이 인상적이었다. 나는 전생 및 각 삶과 삶의 사이에 있었던 일이 우리의 DNA에 모두 저장되어 있다는 것을 알고 있다. 그가 "맞는 말 같다"라고 한 것은 그의 유전자에 들어 있는 정보가 공명했기 때문이라고 생각되었다.

"둘이 손을 잡고 이야기하는 게 보이네요. 태어나기 전에 마지막으로 나눈 대화인 것 같군요."

셜리_당신들과 함께할게요.
(팻의) 삼촌_둘 모두 정말 이런 삶을 원해?
팻_네, 이게 두려워하지 않는 법을 배우는 유일한 길이에요.

"팻, 당신은 분노와 두려움을 외면하려 술을 마셨군요. 아버지를 무서워하게 되면서 이번 생에 두려움을 버리기로 했다는 것을 기억해낸 거예요. 이 두려움은 [이전 생에서] 군인이었던 데서 비롯된 듯해요. 꽤 젊은 나이, 그러니까 열아홉 살 정도에 전쟁터에서 죽었어요. 쓰러진 병사들이 즐비한 전쟁터를 혼자 걷는 당신이 보여요. 당신은 결국―이런 말을 들려주고 싶지는 않지만―죽는군요. 지독한 두려움 속에서요. 당신이 마지막 생존자였군요.

두려움은 다른 생에서도 주요한 주제였던 것 같아요. 미국의 초기 정착자들 무리에 당신이 있는 게 보여요. 지붕 있는 마차 안에 있네요. 당신이 탄 마차가 습격당해 모두가 죽었어요. 거기서도 두려움이 남았군요. [지금 삶에서의] 두려움은 죽음에 대한 두려움은 아니에요. 혼자 있는 것에 대한 두려움, 자기 혼자서 삶을 꾸려나갈 수 있을지에 대한 두려움이에요."

팻은 분명 이번 삶에서 두려움이라는 에너지를 안고 살았다. 영혼들은 이전 삶에서 치유되지 않고 남은 성격의 면면들을 그 다음 생에서 치유하고자 한다. 팻은 자신이 두려움에 대처하기 위해 술을 마시리라는 것을 태어나기 전에 알고 있었다. 그가 술에 최종적으로 어떻게 대처하느냐에 따라 두려움은 다른 것으로 변형될 수도 있다. 두려움은 알코올 중독을 부를 것이요, 알코올 중독은 다시 두려움을 치유하는 길로 이끌리라는 그의 계획은 대담하고 독창적인 것이었다.

"셜리가 이 여정을 당신과 함께하기로 한 까닭도 이것과 연관이 있어요. 셜리는 그 길을 걷는 내내 당신을 위로하고 사랑을 주려고 여기 있는 거예요. 그녀의 의도는 늘 당신 곁에 있어주는 것이죠."

나는 팻이 알코올 중독이라는 경험을 혼자서만 하지 않고 동반자와도 함께하기로 계획한 데 또 다른 이유가 있는지 물었다.

"알코올 중독을 비판하기보다 그것을 이해해 주는 사람이 필요했어요. 그에게 변화하라고 강요하기보다는 발전의 자연스러운 과정을 따라갈 수 있게 해주는 사람 말이에요."

따라서 전생 계획의 관점에서 셜리를 동반자로 택한 것은 현명한 선택이었다. 팻은 바뀌라는 강요를 받았다면 자신의 전생 계획에서 벗어나 자기가 맛보고 싶어하던 치유의 경험을 그만두겠다고 했을지도 모른다.

"팻, 셜리와 정말 그런 관계로 함께 길을 가고 있다고 생각하나요?" 내가 물었다.

"그렇고말고요." 그가 확신 있게 대답했다.

"술을 끊으라고 한 번도 요구한 적이 없나요?" 스테이시가 물었다.

"없어요. 술 안 끊으면 떠나겠다는 식으로 으름장을 놓은 적도 없고요."

팻의 말을 듣고 있노라니 하필 배우자가 알코올 중독자라느니 그런 사람을 늘 보면서 살아야 한다느니 하면서 친구나 가족에게 비난받고 있을 많은 사람들이 생각났다. 알코올 중독자로 살겠다는 결정은 흔히 현명하지 못한 선택이나 자기 존중감이 결여된 선택, 심지어 자기 처벌과도 같은 선택이라고 간주되곤 한다. 그러나 셜리는 팻에 대한 사랑—태어나기 전부터 존재했던 사랑—때문에, 그와 자신이 영적으로 성장하는 데 필요한 경험을 하기로 했다. 이 두 영혼 사이에서 실제 일어나고 있는 일은 세상 사람들의 상상을 넘어서는, 정말이지 아름다운 어떤 것이다.

나는 스테이시에게 어떻게 알코올 중독이 팻의 목적에 부합했는지 더 자세하게 알 수 있느냐고 물었다. 그녀가 전생 대화에 귀를 기울이는 동안 긴 침묵이 흘렀다.

"얼마나 고통스러운 삶이 될지, 특히 아이 시절이 그렇다고 하는데, 그런 점을 주의시키고 있어요. 팻, 당신은 어렸을 때 '아버지라는 나무'에 매달려 응석을 부릴 기회를 갖지 못했군요. 소년들이 보통 거치는 일반적인 성장 단계를 거치지 못했어요. 당신 경우에는 나무가 당신에게서 멀어지는 바람에 당신이 땅속에 뿌리내리지 못하고 그저 나뭇가지로 남은 셈이에요.

이것이 바로 마음속 공허를 술로 채우게 하는 원인이 되었어요. 아버지의 아들로 사는 것에서 한 남자로 되기까지의 변화의 과정에 아무도 손을 내밀거나 끌어주지 않았네요. 당신은 그 과정을 어떻게 거쳐 가야 하는지 몰라서 일찌감치 술을 마셨군요. 사춘기 때 분노가 있었네요. 분노가 두려움보다 더 커졌어요. 술을 마시니 그런 분노가 누그러지는 것 같고, 두려움도 완전히 사라진 듯한 기분이 들었지요. 다 당신을 위해 미리 짜여 있던 각본이에요. 그 모든 단계를 당신도 동의했고요."

나는 팻의 아버지가 일찍 세상을 떠난 것이 팻의 삶의 계획을 순조롭게 진행하기 위해 계획된 것인지 궁금했다.

"그런 약속은 따로 없었다고 하는군요. 아버지는 이 전생 계획 세션이 일어나고 있을 때 벌써 이 세상에서 살고 있었어요. 아버지의 죽음은 이미 계획되어 있었고요. 팻이 그를 아버지로 삼기로 선택한 것은—내 길잡이 영혼에게 들은 말을 그대로 옮기자면—'알코올 중독을 극복하기 위해 팻이 겪어야 할 것들을 경험하게 해주려는 일종의 협동 작업'이었다고 하네요."

이것은 중요한 사실이었다. 팻이 알코올 중독뿐 아니라 그 중독의 극복까지 계획했다는 뜻이니 말이다.

"그럼 그가 일찍 죽으리라는 것을 알았기 때문에 그 영혼을 아버지로 택한 거예요?" 내가 물었다.

"그래요. 그리고 유전적 소질 말고도 아버지의 이른 죽음이 그를 알코올 중독자로 만드는 배경이 되리라는 것을 알고 있었어요."

"그는 왜 알코올 중독자로 살기로 한 건가요?"

두려움을 치유한다는 것도 한 가지 동기가 될 수는 있지만, 나는 팻의 전생 계획에 대해 더 자세히 알고 싶었다.

"그건 그가 만유의 주재와 신, 자신의 신성한 본성, 영적인 것과의 연결을 잃었기 때문이에요. 이 삶은 그것을 재발견하는 여정이지요. 그렇지 않으면 되찾을 수 없을 거예요. 우리가 어떻게 어려움을 통해 배우는지 알고 있지요? 이건 그런 어려움을 통해 배우는 한 가지 예에요."

앞서 스테이시는 팻이 이번 생에서 영성에 집중하고 싶어한다고 말했다. 이제 그 까닭이 밝혀진 것이다. 분명 그는 여러 전생에서 신에 대한 인식을 잃어버렸다. 그렇게 영성을 잃어버리고 나서야 그는 다시 영성을 갖추기를 원했던 것이다. 게다가 그가 바란 것은 단순히 영성을 경험하는 것 이상이었다. 그것이 유일한 바람이었다면 팻은 삶 전체를 영적인 것을 추구하는 것으로 계획할 수도 있었다. 하지만 팻은 깊은 단절을 느껴보고 싶었다. 그래야 신과의 연결을 바로 세우는—그리하여 더욱 깊이 신을 아는—경험을 할 수 있을 테니까.

팻은 반대를 통해 배우는 삶의 계획을 아주 정통으로 계획한 것이다. 그는 전생에서 풀지 못한 두려움을 해소하고 싶었고—몸을 지니고 있는 동안—신과의 강력한 연결을 경험하기 원했다. 그는 태어나기 전 그로 하여금 이러한 목적을 향해 달려 나아가게 할 촉매제로 알코올 중독이 유효하리라는 것을 알아본 것이다.

하지만 만일 팻이 술로 "바닥까지 내려갔다"가 재기하지 못하고 그대로 주저앉았다면 어떻게 되었을까? 이 계획에는 위험이 따랐다. 나는 스테이시에게 팻이 태어나기 전 삶의 방향을 스스로 바꿀 수 있음을 확신했는지 물었다.

"그의 시간의 원과 관련이 있다고 하네요." 스테이시는 길잡이 영혼에게 귀를 기울이며 대답했다. "그는 어떤 나이가 되면—삶의 원의 끝에서—알코올 중독을 극복하고 목적을 이루리라는 것을 알았어요."

스테이시는 세션을 시작할 때 팻이 관계를 통해 카르마의 균형을 맞추려고 한다는—물질계의 삶에서 이런 목적을 세우는 경우는 흔하다—말을 했다.

"알코올 중독이 관계의 측면에서는 무엇을 이루게 했나요?"

"다른 이들과 맺는 감정적인 관계에서 술은 아주 중요한 역할을 했어요. 하지만 수십 년을 그렇게 지내고 나서야 술이 진실한 사랑, 조건 없는 사랑을 가져다주지 않는다는 걸 알았죠. 조건 없는 사랑을 받고 싶은 열망이 술에 취해 모든 걸 잊고 싶은 갈망보다 더 커지는 거지요. 그리고 오래 마시다보니 모든 걸 잊게 해주던 술의 효과도 점점 줄어들고요. 내게 들려오는 말을 정리하자면 이렇군요. 알코올 중독 때문에 관계의 결핍을 경험하고, 그래서 더 관계를 원하게 된다고요."

"정말 맞는 말이에요." 팻이 말했다. 하지만 팻에게 관계의 필요성을 느끼게 해줄 시련은 다른 것들도 많이 있었다. 나는 예를 들어 그가 장애 아동의 부모가 된다든지 하는 다른 시련에 대해 생각해 보았는지 궁금했다.

"장애 아동의 부모가 되는 것은 그의 머릿속에는 들어 있지 않았다는군요. 바로 이전 생애에서 그가 본 것은, 단지 상처 때문이 아니라 마음이 공허해서 술을 마시는 동료 병사들 모습뿐이었으니까요. 그에게 익숙한 소재였다고나 할까요."

스테이시의 대답은 다른 사람들의 전생 계획에서도 보았던 사실, 즉 영혼들은 이전 삶에서 보고 들은 것과 비슷한 시련을 고르는 경우가 많다는 사실을 다시 한 번 확인해 주었다.

"스테이시, 아다시피 우리에게는 자유 의지가 있어요. 만일 그가 술을 입에도 대지 않기로 했다면 팻의 삶의 목적에는 어떤 일이 일어났을까요?"

스테이시가 길잡이 영혼에게 귀를 기울이는 동안 긴 침묵이 흘렀다. "그랬다면 이처럼 강렬한 경험을 할 수 없었을 거예요. 이 시련을 제대로 경험하기 위해 같은 주제로 한두 번의 삶을 더 살아야 했을지도 몰라요. 그는 결혼했을 거예요. 아이도 몇 두고요. 하지만 늘 분노에서 벗어나지 못했을 거예요. 게다가 감정적으로 잘 소통하지 못하는 부모가 되었을 거예요. 아마 술 대신 일에 중독되었겠죠. 감정적으로 친밀하고 자상하게 보살펴주는 아버지가 되는 것은 여전히 노력해야 할 숙제였을 터인데, 그랬다면 아마 사는 동안 그것을 배우지 못했을 거예요. 지금은 배우고 있잖아요."

스테이시의 날카로운 지적을 들으니 팻이 알코올 중독 대신 일 중독에 빠져 지낸 전생이 필시 여러 번 되리라는 생각이 들었다. 그처럼 시련의 내용을 맞바꾼 삶은 고통은 덜할지 모르나 그만큼 성장도 더 뎠을 것이다.

이제는 팻의 삶에서 다른 중요한 사람들―전처와 아이들―이 알코올 중독자인 남편과 아버지를 두기로 전생에 계획했는지 알고 싶었다.

"눈을 감고 있으니 어떤 방이 보이네요. 내가 전생 계획 세션을 들여다볼 때 늘 보는 방이에요. 팻의 딸 캐시가 빛몸의 형태로 있는 게 보여요. 두 발을 딛고 선 사람의 모습이 아니라요. 아, 캐시가 빛을 내뿜고 있군요! 그녀 둘레로 온통 불꽃처럼 빛이 진동하고 있어요. 그녀가 떠다니다가 땅 위로 내려앉는 게 보이네요. 그녀가 팻에게 이렇게 묻는 게 들립니다. '내가 어떻게 도와줄 수 있을까요?' '나'라는 말을 강조하는군요. 이 영혼은 내면의 힘이 무척 강하고, 보살피고 품어주며 공감하는 능력이 큰 영혼이에요. 내 길잡이 영혼에 따르면 캐시는 교사예요. 이전 생에서 팻의 선생님으로 산 적이 있군요. 어떤 역할을 맡게 될지는 아직 정하지 않았지만 이미 팻의 삶에서 역할을 맡기로 동의했어요. 이제 캐시가 팻 옆에 앉아 있네요. 그에게 필요한 것이 무엇인지 함께 살펴보고 있어요. 팻은 그의 삶이 때로 지표를 잃고 떠돌 거라고 설명하고 있어요. '지표를 잃고'라는 말을 특히 강조하네요."

팻 나는 당신이 내게 방향을 보여주고 이따금씩 힘을 주었으면 좋겠어요. 당신은 내 딸이 될 테지만 그래도 늘 당신이 누구인지 잊지 않을게요. 나는 아버지로서 책임감을 느끼면서도 내가 되찾아야 할 빛이 당신 안에 있음을 볼 것이고, 당신이 이끌어주는 방향으로 따라

가야 함을 마음속으로는 알고 있을 거예요.

"캐시가 알겠다는 뜻으로 웃으며 고개를 끄덕이네요."

캐시_하지만 나도 당신이 필요할 거예요. 당신의 딸이 될 테니까 내게 길을 보여주세요. 난 자기 존중감이라는 문제를 다루게 될 거예요. 그래서 자주 외로울 테고 위안이 필요할 거예요. 나도 당신에게 도와달라고 손을 내밀 거예요.

"팻이 두 손을 그녀의 빛몸 위에 얹네요."

팻_알아요. 당신과 함께하겠다고 약속할게요.

"캐시는 앞으로 다가올 생의 목적에 대해 설명하고 있어요. 그 중에는 자신과 타인 사이에 경계를 짓는 개체성의 문제도 들어 있다는군요. 그녀는 다른 사람의 고통에 책임감을 느끼거나 다른 사람의 문제를 자기 문제처럼 느끼는 성향이 강할 거라고 해요."

캐시_이 목적을 이루는 데 당신이 필요해요. 내 자신, 내 환경, 내 감정과 다른 이들의 그것을 구분하는 법을 배우기 위해서, 그러니까 타인과 나 사이의 균형을 찾기 위해서요. 난 당신의 딸로 태어나 당신을 깊이 사랑할 거예요. 그래서 비록 이해하지 못한다 할지라도 당신의 고통을 함께 지고 당신의 감정을 같이 느끼려고 할 거예요.

팻_그렇군요. 잘 알겠어요.

캐시_난 당신이 날 이끌어주길 기대할 거예요. 또 당신을 거울삼아 나를 비추어보며 진짜 나를 기억해 낼 거예요. 하지만 그런 배움을 얻느냐 못 얻느냐는 내게 달린 문제예요. 내가 그 배움을 꼭 얻을 수 있도록 당신이 책임을 떠맡기는 말라고 말해두고 싶어요. 이것은 내 일이고, 오직 나만이 할 수 있는 일이에요. 당신은 당신만의 방식으로 나를 이끌어주면 돼요. 나는 당신에게서 그 이상은 아무것도 기대하지 않겠어요.

팻(안심하며)_당신을 사랑해요. 그리고 세상에서 만나면 나의 딸인 당신을 환영할 겁니다.

캐시_그때가 될 때까지 난 여기 있겠어요. 내가 필요하다면 잠 속에서 나를 불러요. 그러면 당신이 꾸는 수많은 꿈 중 하나로 나타날게요.

"대화가 끝났어요. 그 다음은 누구인지, 혹은 무엇인지 봅시다."
스테이시가 전생 계획 세션의 다른 부분에 의식을 집중하는 동안 짧은 침묵이 감돌았다.

"팻의 다른 딸 도나군요. 도나는 완벽한 사람의 모습을 하고 있네요. 길게 땋아 내린 머리를 하고 있는데, 아마 아홉이나 열 살 정도 된 어린 소녀예요."

왜 도나는 어린 소녀의 모습으로 나타났을까?

"그것은 그녀가 이번 생에서 취하려는 태도를 예고하는 거예요. 바로 막내 같은 태도지요." 스테이시가 길잡이 영혼의 말을 받아 대답했다.

"팻이 그 대화에서도 도나를 그렇게 보나요?"

"네. 내 길잡이 영혼이 하는 말에 따르면, 그 영혼은 인격체의 옷을 입은 영혼이에요. 그것은 또 앞으로의 생에서 입게 될 몸의 옷이기도 하지요. 전생 계획 과정에는 이 세상에서 만날 때 서로 알아볼 수 있는 표지들을 익히는 일도 들어 있어요. 대부분 삶에서 만나는 영혼의 짝을 알아볼 수 있도록 돕는 표지들이 무의식 속에 각인되어 있다고 하네요."

나는 스테이시와 길잡이 영혼이 말하는 영혼의 짝이라는 것이 단지 연인 관계가 아니라 삶에서 중요한 사람을 의미한다는 것을 알고 있었다.

"도나가 그에게로 가까이 가네요. 도나는 매우 행복해 보여요. 팻 바로 앞에 앉는군요."

팻 내 딸로 태어나준다면 좋겠구나. 널 안아주고 이끌어줄 수 있도록 말이다. 너 또한 내게 내가 가야 할 길을 보여주고, 날 올바른 곳으로 이끌어다오.

도나 아빠, 아빠는 나를 위해 가끔 형편없는 사람이 되어야 해요. 그러면 그런 아빠를 보면서, 그리고 나를 거부하는 것 같은 아빠의 모습을 보면서 억지로라도 내 안을 들여다보게 될 거예요. 그 모든 게 술 때문이라는 것을 알면서도 상심하여 내 내면으로 들어갈 것이고, 내 자신만의 감정, 현실 감각 따위를 곱씹어볼 거예요. 내게는 그런 경험이 필요해요. 그게 내가 누구인지를 기억해 낼 수 있는 아주 효과적인 방법이니까요. 처음에는 내가 너무 자의식이 강하고 의심에 가득 찬 아이로 보이겠지만, 그것은 내 성장 과정의 일부예요. 이것은 내가 이번 생에서 걸어가야만 하는 길이에요. 날 위해서 아빠가 해줄 필요가 있는 일이고요.

"팻이 미래의 딸의 머리를 쓰다듬고는 그러겠다고 약속하네요."

팻 앞으로 일어날 일에 마음이 아프구나. 널 사랑한단다. 이 일이 필요하다는 건 알지만, 네게 고통을 주어야 한다니 마음이 아프구나.

"도나가 팻의 손을 끌어 자기 심장에 갖다 대네요."

도나 아니에요, 아빠가 고통을 주는 게 아니에요. 내가 선택한 거예요. 그 책임은 나한테 있어요.

"그러고서 도나는 떠났어요. 내 길잡이 영혼에게 다른 가족을 더 보여달라고 청하는 중이에요. 팻의 전 부인 캐롤이 오고 있군요. 그녀의 옷차림은 뭐랄까, 초원 복장이라고 할까요? 전생을 아마 1800년대 초반에서 중반 정도, 미국 중부 평원 지대에서 여성으로 살았던 것 같네요. 수수한 칼리코 면천으로 만든 치마를 입고, 머리는 간단하게 뒤로 넘겼군요. 길잡이 영혼이 말하길, 그 옷을 보니 그녀가 아직도 전생에 매여 있음을 알 수 있대요. 또 무척 실용적인 성격이라는 것도 알 수 있고요.

캐롤과 팻이 이전 삶에 대해 이야기하고 있네요. 미주리 주 평원에서의 삶이 보여요. (이것은 팻이 지금 생에서 자살을 하려고 계획했던 것과 비슷한 상황이었다.) 그들에게는 아이가 하나 있어요. 그들과 다른 두 가족이 함께 인디언들에게 공격을 받았군요. 보통 머리 가죽을 벗긴다고 하는데, 내가 보기에는 그저 목이 잘린 것 같아요. 캐롤은 전생에서 못 이룬 계획을 이루려고 이번 생도 팻과 함께하기로 했어요. 힘든 삶도 그 중 하나군요. 아이들은 다른 부분이에요."

"스테이시, 캐롤이 왜 알코올 중독자와 결혼하고자 했나요?"

"길잡이 영혼에게 물어볼게요."

팻_술이 문제가 될 것 같아. 감정적으로 소통하지 못하는 문제도 그렇고.

캐롤_내가 말한 대로 하면 그런 문제가 없을 텐데 말이야. 〔그에게 손가락질을 한다.〕

"처음에 그는 자기가 그녀를 실망이라도 시킨 양 슬퍼하네요. 하지만 곧 자리에서 벌떡 일어나 말하는군요."

팻_그러니까 내 삶에 함께해 줘. 삶에 단지 하나의 방식만 있지 않다는 걸, 삶이 단순히 흑백으로 만들어져 있지 않다는 걸 당신에게 보여주고 싶어. 회색의 음영도 있다는 걸 보여주려면 내가 당신 옆에 있어야겠어."

"그녀는 이 말을 별로 달가워하지 않네요. 언짢은 표정으로 얼굴을 일그러뜨렸어요. 하지만 그 저항감을 곧 내려놓는군요."

캐롤_당신이 맞는 것 같아. 그럼 당신에게 날 열어놓을게. 당신이 내 마음의 벽을 무너뜨리고 장막을 걷어내 주길 바라면서 당신을 내 마음속에 들여놓을게. 아이들만 받아들이려 했어. 그런데 당신도 받아들일게. 이 일로 내가 상처를 받게 될까봐 두렵지만 받아들일게. 당신이 날 사랑한다는 걸 아니까. 그리고 나도 당신을 좋아하고 사랑하니까.

"팻이 캐롤의 손을 잡고 잠시 가만히 있네요. 그녀는 고개를 끄덕이고는 일어서서 사라졌어요. 팻의 아들 앤드류가 오는 게 보여요. 팻을 '아빠'라고 부르네요. 에너지에 대한 이야기를 하는군요. 활동 과다에 대한 이야기, 완벽주의에 관한 이야기도 하네요."

앤드류_ 난 늘 내가 가진 것보다 더 많은 걸 원하게 될 거예요. 내 자신과 내 삶에서 늘 뭔가를 갈구할 거예요.
팻_ 그래, 그래.
앤드류_ 때로는 균형을 잃을 것이고, 내게 의지하고 날 사랑하는 주변 사람들도 잊어버릴 거예요. 아빠가 내게 해주었음 하고 바라는 것을 내가 아빠한테 해주는 것처럼, 아빠도 내가 내 에너지를 주체하지 못해 가족도 깡그리 잊고 발 딛고 있는 현실도 잊을 때마다 날 이끌어주어야만 해요. 아빠가 내 인생에서 중심점이 되어주세요. 아빠 스스로 중심을 잃었을 때라도 말이에요. 아빠가 내게 좋은 본보기가 될 거예요. 나를 놓아버리지 않는 것이 얼마나 중요한지, 삶에 집중하는 것이 얼마나 중요한지 아빠의 삶을 보고 배울게요.

"그들은 앤드류의 극도로 뛰어난 지적 능력에 대해서도 이야기하네요. 앤드류는 발명, 기계와 관련된 일을 하며 여러 생을 살았어요. 아인슈타인의 실험실 조교이기도 했군요. 하지만 한 프로젝트를 처음부터 끝까지 맡을 만한 능력은 한 번도 발휘하지 못했네요. 늘 집중에 실패했고, 그래서 다른 일로 관심을 옮겨다니다가 결국 생산적인 결과를 내지 못하고 말았어요. 앤드류는 삶에 좀더 집중하기 위해 이번 생에서는 과학과 관련된 연구에서는 벗어나 살기로 했어요. 하지만 뭔가를 이루어내려고 하는 것은 여전한 본성이에요. 무엇인가 하고자 하고 어떤 것이 되고자 하는 이 부단한 충동은 이번 생에도 그대로 남아 있을 거예요. 그는 아버지에게 자신이 삶에 집중하며 현실을 망각하지 않게 일깨워달라고 부탁하는 거예요."

팻의 사랑하는 가족은 분명 그가 계획한 시련에서 각자 맡은 역할이 있었다. 게다가 그의 계획에 마지못해 동의해 준 것이 아니라, 그것을 자신의 개인적 성장을 앞당길 수 있는 방법으로 삼았다.

"스테이시, 영혼들이 또 다른 어떤 이유로 알코올 중독을 계획하는지 길잡이 영혼에게 물어봐 주세요."

"많아요." 그녀가 길잡이 영혼의 말을 그대로 옮겼다. "어떤 영혼들은 육체라는 틀 안에 사는 것이 불편해서 알코올 중독을 선택하기도 하네요. 알코올은 두 세계 사이에서 살 수 있게 해주는 수단이 되니까요. 또 이전 삶에서 다른 이들을 학대하는 삶을 선택한 이들은 그 균형을 맞추려 자기 몸을 학대하는 행동을 택하기도 해요. 길잡이 영혼이 아주 길게 늘어진 이유의 목록을 아코디언처럼 펼쳐 보여주는군요."

스테이시의 길잡이 영혼이 '선택'이라고 한 것은, 태어나기 전에 다른 영혼들과 함께 짠 대본 위의 역할을 선택했다는 말이 아니라, 태어난 후 인격체의 자유 의지에 따른 결정이었다는 말이다. 만일 관련된 모든 이들이, 태어나기 전 그러한 학대를 받기로 동의했다면 카르마의 균형을 잡으려는 노력은 필요하지 않을 것이다. 나는 영혼이 육체 안에서 불편을 느낄 수 있다는 말이 흥미로웠다. 나는 스테이시에게 왜 그런 일이 일어나는지 물었다.

"진화의 새로운 단계에 있을 때 그렇게 될 수 있다는군요. 그들은 그 새로운 단계에서 몸 안에 산다는 게 아직은 불편하게 느껴지는 거예요. 심한 신체 장애를 갖고 태어나는 이들은 진화의 새로운 단계에 있는 경우가 종종 있어요. 그렇게 해서 참여자라기보다는 관찰자의 입장에서 삶을 살 수 있으니까요."

나는 제니퍼(3장)가 떠올랐다. 두 아들 라이언과 브래들리는 관찰자의 입장에 있고 싶어 장애를 선택했는지도 몰랐다.

"'진화의 새로운 단계'란 처음으로 이 세상에 태어난 영혼들을 가리키나요, 아니면 그들이 새로운 단계의 가르침을 받아들이고 있다는 뜻인가요?"

"대개는 진화의 새로운 단계에 들어와 거기서 처음으로 몸을 얻어 태어나는 경우지요. 생전 처음으로 몸을 얻어 태어나는 경우가 아니라요." 스테이시가 길잡이 영혼에게 들은 말을 전했다. "하지만 처음으로 육체를 얻어 태어나는 경우에는, 특히 다른 행성에 있다가 이 지구별로 처음 온 영혼의 경우에는 그것도 사실이에요."

"다른 약물도 아니고 술을 택하는 데는 어떤 이유가 있나요?"

"〔앞으로 살게 될 생에서〕 술이 구하기 쉽기 때문이기도 하고, 그 물질이 몸의 반응을 가장 잘 이끌어내기 때문이기도 해요. 많은 경우는 그저 술이 가장 익숙하기 때문이지요."

"제가 알기로 인간은 원래 술을 받아들이게끔 만들어진 체질이 아니라고 하던데요. 이에 대해서는 길잡이 영혼은 뭐라고 할까요?"

"내 길잡이 영혼도 전적으로 동감한대요. 발효된 과일이 땅에 떨어진 경우를 빼고는 말이지요. 동물들이 그런 과일을 먹는 걸 쉽게 볼 수 있을 거예요. 알코올은 뇌세포를 죽이지요."

알쏭달쏭한 대답이었다. 만일 모든 것을 아는 신이라면 인간이 결국 포도나 다른 열매를 이용해 술을 만들리라는 것을 알았을 것이다. 나는 인간의 몸이 애초에 술을 마시도록 만들어지지 않았다면 왜 술이라는 것이 지구 위에 생겼는지 궁금했다.

"길잡이 영혼이 말하는군요. 포도와 포도즙을 건강을 위해 일부러 발효시키게 된 것은 아니라고요. 또 와인도 처음에는 취하게 하는 물질로 쓰인 것이 아니라고 해요. 또 다른 것은 유혹인데요, 그건 지구라는 학교가 우리에게 다루어보라고 주는 기회 가운데 하나지요."

"스테이시, 길잡이 영혼이 말하길, 어떤 영혼은 이전 생에서 다른 이의 몸을 학대했기 때문에 이번에는 자기 몸을 학대하려고 알코올 중독을 계획한다고 했는데요. 설명을 좀더 듣고 싶어요. 카르마는 배움의 통로이지 처벌이 아니라고 알고 있는데요."

스테이시의 길잡이 영혼은 영혼들이 한때 자신이 타인을 대하던 그대로 자신도 대접받아 보는 삶을 계획하는 경우가 있다고 말했다. 그는 계속해서 말하길, 모든 영혼은 육체가 죽은 뒤 자기를 용서하는 일로 상담을 받는다고 했다. 어떤 영혼들은 그런 식의 삶을 계획하지 않고도 자기를 용서하는 데 성공하지만, 그렇지 않은 영혼들도 있다. 어떤 영혼들은 삶과 삶 사이에서 배운 것을 다음 생에서 다른 이들을 돕는 데 활용하고자 한다. 이러한 영혼들은 알코올 중독자를 상담하는 상담가의 삶을 계획하기도 한다. 한편 이후의 삶에서 더 좋은 상담가가 되기 위해 일부러 알코올 중독을 계획하는 영혼도 있다.

"다른 사람의 몸을 학대한 자신을 용서하는 영혼과 그렇지 못하는 영혼 사이에는 어떠한 차이가 있나요?" 내가 물었다.

스테이시의 말이 갑자기 느려졌다. 그녀는 이제 길잡이 영혼에 채널링하여 영혼이 직접 말하게 하고 있었다.

"분별력, 양심의 가책, 진화." 그가 대답했다. 그는 학대했던 일에서 벗어나지 못하는 영혼들은 분별력을 잃어버린다고(따라서 자기 처벌을 결심하게 된다고) 설명했다. 그리고 자기를 용서하는 것은 조건 없는 사랑에서 나오는 것이므로 진화의 길에서 커다랗게 한 발짝을 내딛는 것이라고 했다.

"지구는 주로 여러분이 두려움을 버리고 조건 없이 사랑하는 법을 배우도록 돕는 곳입니다."

그가 덧붙였다. 두려움이라는 단어를 들으니 팻이 이전 생에서 해결하지 못한 두려움을 치유하고자 했다는 말이 생각났다.

"스테이시, 제가 이해하기로, 영혼은 이번 생의 인격체들이 갖고 있던 에너지를 다음 생으로 가져가 그 에너지들이 치유되도록 한다는데요. 그것이 정확한 설명인가요?"

"길잡이 영혼이 그렇다고 말하네요."

"두려움과 같은 부정적인 감정이 비물질계의 더 높은 진동에서는 존재하지 않을 텐데, 그 점에 대해 길잡이 영혼이 뭐라고 하나요?"

"그것은 맞는 말이에요. 하지만 그것이 모든 영혼이 늘 그런 차원에 있다는 뜻은 아니에요."

"그러면 이런 부정적인 감정을 가진 영혼은 비물질계에서 더 낮은 진동으로 존재하나요?"

"내 길잡이 영혼이 말하길, 그런 말은 아주 조심해서 해야 한다고 하는군요. '더 낮은 진동'이란 사실 정확한 말이 아니에요. '더 높은 차원의' 길잡이 영혼으로 활동하는 영혼들—더는 육체의 옷을 입을 필요가 없는 영혼들—은 분명 높은 진동 속에 있습니다. 하지만 그렇다고 해서 나머지는 그보다 덜 가치 있는가 하면 그렇지 않아요. 길잡이 영혼들은 이것이 자칫 계급 체계인 듯 잘못 해석되는 것을 원하지 않아요. 그것은 사실이 아니니까요."

"두려움과 같은 감정은 어떻게 몸이 죽은 후에도 지속되나요?"

"그것은 영혼이 그 생을 떠날 때 두려움을 경험하거나 느꼈는지 여부에 달려 있어요."

그녀의 말을 들으니 팻이 그 전 생애에서 깊은 두려움을 느끼며 죽은 적이 적어도 두 번—한 번은 미국 중부의 평원에서 인디언들에게 습격당했을 때, 또 한 번은 전쟁에서 군인으로 죽었을 때—이나 있다는 말이 떠올랐다. 또한 이전 생에서 죽는 순간 느꼈던 두려움을 이번 생에서 치유하고 싶어하던 페넬로페(4장)가 떠올랐다.

"그러면 사람이 죽는 순간에 어떠한 감정을 느끼느냐가 결정적이군요?"

"그래요. 죽을 때 사람들은 자기 삶에 대해, 그리고 해결되지 않고 남아 있는 문제들에 대해 생각하지요. 몸을 떠난 후에는 보통 그 삶에 대해 돌아보고 다음 생에서 어떤 경험을 다시 하고 싶고 어떤 경험은 하고 싶지 않은지를 결정하지요."

"그러면 죽는 순간에 행복과 사랑이 가장 가득한 상태인 것이 좋겠군요."

"그래요. 내 경험으로는, 사랑하는 사람들에게 둘러싸여 저 세계로 건너가는 것이 가장 좋아요. 그게 강을 건너가는 가장 평화로운 방법이지요."

팻은 술이 그를 새 사람으로 만들어주었다고 생각했다. 재치가 넘치고 춤도 잘 추며 여자들의 인기를 한 몸에 받는 남자로 만들어주었다고 생각했다. 하지만 실제로 그가 된 사람은 아이, 바로 하느님의 아이였다.

술은 말 그대로 그를 굴복시켰다. 그는 생애 가장 어두운 순간, 평탄한 삶을 살았다면 결코 느끼지 못했을 절망감 속에서 영적인 자신을 만났다. 시간이 가며 절망감은 열정으로 바뀌었다. 그 열정이 이제는 그로 하여금 하느님을 껴안게 하고, 또 그 결과 자기 자신을 껴안게 했다.

우리는 세상에 태어날 때—다시 말해 의식의 일부를 몸에 두고 지각을 물질계에 집중할 때—우리가 서로와 분리되어 있으며 만유의 주재와 분리되어 있다는 착각을 만들어낸다. 어떤 생에서는 이러한 착각이 다른 생에서보다 더욱 사실인 것처럼 느껴진다. 팻은 이전 여러 번의 생애에서 그 착각이 사실이라고 굳게 믿었고, 그렇게 함으로써 하느님과의 그리고 자신의 신성한 본성과의 연결을 잃어버렸다.

팻이 마룻바닥에 주저앉아 하느님을 향해 부르짖던 날 밤의 그 처절한 외로움과 손에 만져질 듯 확연하던 고립감은 정확히 그가 추구했던 경험이었다. 팻은 그 고통의 심연에서 영혼에 다시 불을 붙여줄 불꽃을 찾고 싶었다. 스테이시와 길잡이 영혼이 지적했듯이 "영적인 연결을 회복하고 싶은 마음은 그런 연결이 완전히 끊어졌을 때" 생긴다.

팻에게서 볼 수 있듯이 물질계에서의 경험은 보이는 것이 다가 아니다. 사람들이 나약함이나 퇴행이라고 낙인찍은 것이 실제로는 미리 계획한 큰 시련을 용기 있게 받아들이는 영혼의 모습일 수 있다. 사회의 비난은 그 계획을 실천하는 이들의 위대함을 가려서 보지 못하게 하지만, 그들은 겉으로 보이는 것보다 훨씬 큰 영혼들이다. 그들이 맡기로 한 역할에 알코올 중독이 포함되어 있는지 모르지만, 그 역할을 맡는 배우들은 용기의 화신이다.

이 세상에서는 착각이 켜켜이 쌓여 진실과는 정반대되는 풍경이 연출되기도 한다. 겉으로 보면, 세상이 팻에게서 두려움을 본 것과 똑같이 팻 역시 자기 안에서 두려움을 보았다. 사회적 상황에 대한 두려움, 여자에 대한 두려움, 직장에서 능력 이상으로 승진하는 것에 대한 두려움, 혼자되는 것에 대한 두려움, 그 스스로 삶을 헤쳐 나갈 수 없을 것 같은 두려움이 그것이다. 이 모든 것은 지난 삶에서 해결되지 못하고 이생으로 넘어온 두려움이 밖으로 나타난 모습이다. 이처럼 두텁게 쌓인 착각의 벽이 그의 진정한 모습을 가려버린다.

그는 몸을 입고 사는 동안 두려워하지 않는 법을 배우기를 원한 용감한 영혼이고, 잠재 의식에 쌓인 더 깊은 두려움을 기억해 내고자 두려움을 가진 아버지를 택한 씩씩한 영혼이며, 그런 아버지를 어린 시절에 잃음으로써 알코올 중독에 빠지게 되고 그 경험을 통해 결국에는 두려움을 극복하기로 계획한 대담한 영혼이다. 오직 용기 있는 영혼만이 두려움을 계획한다.

두려움은 진정한 자기를 보지 못하게 만든다. 그렇기에 우리는 두려움을 피할 것이 아니라 추구해야 한다. 두려움을 살아내야만 우리가 누구인지를 기억해 내기 때문이다. 팻은 혼자 남겨지는 것에 대한 두려움에 매여 있었다. 그러나 철저히 혼자라고 절감하고 나서야 자기가 결코 혼자가 아니었다는 것, 한 번도 혼자인 적이 없었다는 것을 깨달았다. 혼자 버려진 것 같았던 그 순간 하느님과의 연결을 발견했고, 굴복하는 순간 그 안에서 주권을 발견했다.

팻은 사랑이다. 팻은 전생 계획 세션에서 다른 영혼들에게 그토록 자유롭게 또 기꺼이 표현하던 바로 그 사랑이다. 사랑인 팻은 알코올 중독이라는 시련을 비단 자신의 성장뿐 아니라 사랑하는 이들의 성장을 위해서도 계획했다. 이렇게 볼 때 팻의 알코올 중독은 그의 삶에 함께하기로 동의한 사람들을 섬기는 그만의 방식이라고도 할 수 있다.

캐시는 그를 통해 자기 정체성과 타인과의 경계, 균형에 대해 배웠다. 균형을 이해하는 데 부모의 알코올 중독으로 생긴 불균형을 경험하는 것보다 더 좋은 방법이 있을까? 도나는 팻과의 관계 덕분에 내면에서 자기 사랑을 찾는다는, 반대를 통해 배우는 삶을 계획할 수 있었다. 칼 융이 말했듯 "밖을 보는 자는 꿈꾸고, 안을 보는 자는 깨어난다." 도나는 형편없는 아버지가 되어달라고 스스로 요구했고, 그러한 아버지와의 관계를 통해 사랑이 넘치는 영혼인 자신의 진정한 본성에 눈떴다. 앤드류는 현실을 떠나지 않으며 삶에 집중하는 법을 배웠다. 캐롤은 흑과 백 사이, 회색의 음영을 이해하게 되었고, 셜리는 사랑과 연민인 자신을 알 기회를 얻었다. 팻의 도움으로 이 영혼들이 모두 성장했고, 마찬가지로 그들 각자가 팻의 영혼을 성장시켜 주었다.

전생 계획에서 장차 팻과 식구가 될 영혼들은, 팻의 알코올 중독을 통해 각자 얻기로 정한 가르침은 전적으로 각자의 책임에 달린 문제임을 분명히 했다. 하지만 물질계에서 살면서 우리는 태어나기 전의 선택을 잊고 종종 다른 사람들 때문에 고통스러운 경험을 한다고 생각하고는 한다. 우리는 그런 고통스런 경험 앞에서 두려움과 화, 증오, 자기 혐오, 원망, 희생양이 되었다는 느낌, 그 밖에 영혼인 우리의 진정한 본성을 반영하지 않는 다른 감정들로 반응할 수도 있다.

하지만 내면으로 시선을 돌려 의식의 눈을 뜨면 우리가 그런 경험을 요구했다는 것을 기억해 낼 수 있다. 그것을 기억해 낸다면 그들에게 다르게 반응할 수 있다. 예를 들어 성장을 가능하게 해준 그들에게 감사의 마음을 전할 수 있다. 한때 원망했던 사람들에게 이제는 고맙다고 말할 수도 있다. 오랜 세월 내게서 분노의 맹공격을 받아내는 역할을 기꺼이 맡을 만큼 나를 생각해 주어서, 태어나기 전 한 약속을 지키고 존중해 주어서, 캐시가 팻에게 한 말처럼, 지금의 내가 되기 위해 꼭 거쳐야 했던 터널을 마련해 주어서 고맙다고 말할 수 있다.

6. 사랑하는 이와의 사별을 계획하다

　우리가 이 지구별에서 겪는 시련 가운데 사랑하는 이의 죽음만큼이나 많은 사람을 아프게 하는 시련도 없을 것이다. 누가 됐든, 어려서 죽지 않는 한, 사랑하는 사람을 잃게 마련이다. 사실 우리 모두가 예외 없이 이런 경험을 한다는 사실은 그것이 성장을 위한 소중한 기회일 수 있음을 뜻한다. 만일 그렇지 않다면 영혼으로서 우리가 이 물질계에서의 삶을 그토록 바랄 것 같지 않다.
　그러나 어떤 이들은 보통의 경우와는 조금 다른 죽음을 경험한다. 영혼이 태어나기 전에, 사랑하는 이와의 사별을 계획하는 이유에 대해 알아보기 위해 나는 발러리 빌라스라는 여성과 이야기를 나누었다. 나와 대화를 나눌 당시 마흔두 살이던 발러리는 무척이나 사랑하던 이를 둘이나 잃은 상태였다. 그 중 하나는 나와 이야기 나누기 석 달 전에 죽은 외아들 더스틴이었다. 발러리는 그 경험을 이야기하는 과정에서 치유가 되었다면서 다른 이들도 그런 치유를 경험하기를 소망했다.

발러리의 이야기 — 사별과 공감

"그 아이와는 뭐든지 함께했지요." 발러리는 전 남편과의 사이에서 난 아들 더스틴에 대해 이렇게 말을 시작했다. 그녀는 이혼한 뒤 재혼했다.

"인디언 가이드 캠프에도 함께 가고 야구랑 농구도 같이했어요. 한번은 아이가 아직 어렸을 때였는데 야구를 해보고 싶다는 거예요. 들판으로 차를 몰고 갔지요. 차에서 내리니 온통 꼬마 미키 맨틀(미국의 유명 야구 선수—옮긴이)들이 방망이를 휘두르며 공을 치고 있더군요. 더스틴은 야구 장갑을 껴본 적이 한 번도 없었어요. 그런데 이러더군요. '괜찮아요, 엄마. 한번 해보고 싶어요.' 아이는 뭘 어떻게 할지 하나도 모르면서 아이들이 북적대는 들판으로 뛰어갔어요. 어찌나 대견하든지! 배짱이 있는 아이였지요. 제게는 그것이 전형적인 더스틴의 모습으로 남아 있어요."

발러리가 보기에 더스틴의 또 다른 특징은 지적인 능력과 반항적인 성격이었다. 아이의 지적 능력은 컴퓨터와 차를 다루는 데서 빛났다. 언젠가는 혼자서 자동차 엔진을 통째로 조립하기까지 했다. 아이의 반항적인 성격은 세상에 쉼 없이 물음을 던지는 방식으로 드러났다. "더스틴은 어떤 것에든지 더 나은 방법을 알고 있는 것 같았어요. 사회에 적응하는 데 어려움을 느낀 적이 많았어요. 세상 일에 대한 통념을 잘 몰랐으니까요."

발러리는 더스틴에게 얼마나 많은 친구들이 있었는지 전혀 몰랐다. 장례식 전날 밤, 250명이 넘는 친구들이 왔다. "주다라는 아이가 와서 그러더군요. '아드님은 제가 만난 친구 중 가장 똑똑한 애였어요.' 친구들이 끊임없이 찾아왔고 다들 비슷한 말을 했어요. 또래 친구들은 다 더스틴을 대단하게 생각했던 거 같아요."

더스틴이 죽기 한 주 전 어느 저녁, 발러리는 불을 모두 끄고 거실 창가에 말없이 앉아 있었다. 밖에서는 조용히 비가 내리고 있었다. 곧 더스틴도 집에 들어와 그녀 옆에 앉았다. 더스틴이 팔을 뻗어 불을 켜려고 했을 때 발러리가 말했다. "아니, 더스틴. 자연광이 좋구나. 멋있잖니." 둘은 함께 말없이 유리창으로 떨어져 내리는 빗방울을 바라보았다.

더스틴은 열아홉에 세상을 떠났다. 죽기 전날 금요일 밤, 집에 돌아온 그는 발러리의 침실로 들어와 짧게 이야기를 나누었다. 둘은 잘 자라며 서로를 껴안아주었다. "사랑한다." 발러리가 더스틴에게 말했다. "저도요, 엄마." 발러리는 자신이 입을 맞추는데도 더스틴이 가만히 있어서 깜짝 놀랐다. 평소에 더스틴이 스킨십을 좋아하지 않았기 때문이다.

다음날 아침, 발러리는 차를 몰고 폰차트레인 호수를 가로질러 뉴올리언스로 갔다. 그녀는 그날 저녁 집으로 돌아오는 길에 호수 위의 수상가교를 달렸다. "그때 왼쪽을 보았어요. 분홍빛으로 물든 석양이 정말 아름다웠지요. 가끔 이런 생각이 들어요. 바로 그 순간에 더스틴이 죽은 게 아닐까 하는."

발러리가 집에 돌아오자 늘 그렇듯 기르던 개 테시가 달려 나와 그녀를 반겼다. 집 안은 조용했다. 발러리는 더스틴이 나갔나보다고 생각했다. "더스틴 방으로 가서 방문을 열었어요. 아이가 침대 위에 누워 있더군요. 발은 바닥에 댄 채로요. 마치 쓰러진 것 같더군요. 두 손을 양 옆으로 축 늘어뜨리고 고개는 오른쪽으로 돌리고 있었지요. 부모들은 아이가 아주 아기일 때부터—아무리 커도 마찬가지예요—아이 방에 들어가서 아이가 숨을 쉬고 있는지 확인하는 버릇이 있어요. 어머니란 원래 그런 법이지요. 아이에게 다가갔는데, 아이가 숨을 쉬고 있지 않았어요! '얘, 더스틴.' 대답이 없었어요. 전 더 크게 소리쳤죠. '얘야, 더스틴!' 그래도 대답이 없었지요. 전 더 크게 계속 외쳤지만 방 안에는 제 목소리만 메아리칠 뿐이었어요. 전 옆에 있던 테시를 더스틴 위에 올려놓았어요. 개가 어떻게 하나 보려고요. 아이를 보고 눈도 깜짝하지 않더군요. 개에게는 아이가 없는 셈이나 마찬가지였던 거예요. 전 '오, 제발, 안 돼! 이런 일이 일어나다니! 이건 악몽이야! 사실이 아니야!' 라고 외치며 거실로 달려갔어요. 생각했지요. 내가 이걸 사실로 받아들이면 진짜 사실이 되는 거다……"

바로 그때 발러리의 남편 차가 헤드라이트를 비추며 집 앞에 멈추어 섰다.

"더스틴이 숨을 안 쉬어!" 그녀가 현관에서 소리치자 남편은 집 안으로 뛰어 들어와 인공심폐소생술을 시도했다. "제발, 더스틴! 정신 차려봐!" 그는 더스틴의 가슴을 누르며 소리쳤다. 그동안 발러리는 911을 불렀다. 도착한 응급 구조 요원들은 얼마 지나지 않아 더스틴이 죽었다는 말을 전했다. 그들에 따르면 사인은 우발적인 약물 과다 복용이었다.

"더스틴은 막 대학 입학 시험에 붙고 행복에 겨워 있었지요. 점수도 좋았어요. 축하하느라고 친구들과 어울려 나갔다 오곤 했고요. 어머니의 날에는 제게 아름다운 편지를 써주었어요. 저를 무척 사랑한다고 했지요. 그런 편지를 써준 적이 한 번도 없는 아이였어요. 그러던 아이가 어느 날 갑자기 죽어버렸으니 제 심정이 어땠을지 아무도 모를 거예요."

더스틴의 장례식 전날, 발러리의 여동생 비키가 집에 와서 중요한 이야기를 해주었다. "언니, 더스틴이 어젯밤에 우리 집에 왔었어. 내가 살면서 그처럼 행복하고 기쁜 순간이 없었던 것 같아. 아이는 눈부시게 빛이 났어. 빛이었어. 그리고 내게 말했어. '비키 이모, 엄마에게 나는 자연광이었다고 말해주세요.' 미안해, 언니. 그게 무슨 뜻인지 모르겠어."

"전 가슴이 벅차올라 어찌할 줄 몰랐어요! 더스틴은 내가 이 세상에서 누구보다 신뢰하는 사람을 통해 잘 지내고 있노라고 알려준 거예요."

그로부터 이틀 뒤, 곤히 잠들어 있던 발러리가 별안간 깨어났다. "눈을 떠보니 제가 위로 들어 올려져 있더군요. 그런데 들어 올려진 게 몸이 아니었어요. 그냥 저였어요. 그 순간 저는 아이의 존재를 느꼈어요. 시간이 지나고 나서 알았다거나 그런 게 아니었어요. 모든 게 그 즉시 느껴졌어요. 에너지가 있었어요. 내가 느껴본 가장 강력한 에너지였어요! 내가 더스틴이었고, 더스틴이 나였어요. 그 몇 초 동안에 더스틴에 대한 걸 모두 알 수 있었어요. 아이는 행복해하고 있었어요. 난 그걸 알 수 있었어요. 그게 느껴졌으니까요."

발러리의 삶에서 끔찍한 사건은 더스틴의 죽음이 처음이 아니었다. 12년 전, 발러리는 웨이트리스로 일하며 대학에 다니고 있었다. 어느 날 수업이 휴강하여 학교 근처에 사는 사촌 로레인의 집에 놀러간 적이 있었다. 그날 로레인의 남편인 브래드의 친구 D.C.도 그 집에 놀러와 있었다. 발러리는 브래드를 통해 그 친구를 소개받았지만, 그 일에 대해 깊이 생각하지는 않았다.

나중에 브래드가 발러리에게 전화해 며칠 뒤 D.C.랑 같이 카지노에 가기로 했는데 같이 가자고 했다. 약속한 날 밤, 현관 벨이 울려 나가보니 문 앞에는 D.C.만 서 있었다. D.C.는 비록 아니라고 부정했지만, 브래드가—D.C.의 부탁을 받고—몰래 빠져 둘이서 첫 데이트를 하게 만든 것이었다. 발러리와 D.C.는 바로 그날 밤부터 서로에게 빠져들기 시작했다.

"전부터 알아온 사람 같았어요. 같이 보내는 일분일초가 낭만적이었죠. 우리 관계는 늘 그 순간에 집중하는 것이었어요. 그가 언제 호출을 받고 바다로 가야 할지 몰랐으니까요." D.C.는 석유 굴착 장치의 파이프라인을 보수하는 전문 잠수부였다. 위험하고 건강에 무리가 많이 가는 일이어서 대부분의 잠수부들은 마흔이 넘으면 일을 하지 못했다. 또 언제 다음 잠수가 맡겨질지 알 수 없는 경우도 많았다.

"언제나 그에게 내 시간을 맞춰야 했어요. 같이 있다가도 일하러 다녀온다는 통지 하나만 남기고 한 주고 두 달이고 돌아오지 않았으니까요. 우리는 9월 28일부터 사귀기 시작했어요. 2월 17일에 D.C.가 제게 청혼했지요. 우리는 제 오피스텔에 있었어요. 침대에 걸터앉아 이야기를 나누고 있었지요. 창밖으로 보이는 나무에 홍관조 한 마리가 앉아 있더군요. D.C.가 말했어요. '홍관조는 언제나 쌍으로 다니지. 조금만 기다려봐. 곧 저 녀석 짝꿍이 나타날 거야.' 정말 조금 뒤에 한 마리가 더 나타나더군요. 그때 그가 나직한 목소리로 그랬어요. '나랑 언제 결혼해 줄 거야?' 전 대답해지요. '당신이 나랑 결혼하고 싶을 때!' 전 떨리는 가슴을 주체할 수 없었어요."

D.C.는 발러리에게 청혼하고 채 한 시간도 지나지 않아 회사에서 호출을 받았다. 그는 발러리와 함께 수상가교를 건너 자신의 아파트

로 가서 잠수 장비들을 챙겼다. D.C.의 친구이자 동료 잠수부인 조니가 그를 데리러 차를 몰고 왔다. "바로 어제 일처럼 생생하네요. 그이는 조니와 같이 트럭에 탔어요. 난 길가에 서서 손을 흔들었지요. 그게 제가 D.C.를 본 마지막이었어요."

이틀 뒤, 발러리가 식당에서 일을 하고 있는데 고개를 들어보니 브래드와 로레인이 와 있었다. 그들은 그녀를 식당의 텅 빈 와인 룸으로 데리고 갔다. "발러리, 끔찍한 사고가 있었어. D.C.가 죽었어."

"아니야, 그럴 리 없어! 나한테 결혼하자고 했단 말이야!"

그 다음날 발러리는 잠수 회사에서 편지를 한 통 받았다.

약 14시경 제1잠수부 데이브 코플랜드는 285피트 아래로 잠수했습니다. 스피커에서 물 위로 올라오고 싶다는 그의 목소리가 들렸습니다.

그 편지에 따르면 그 후 신음 소리가 몇 번 들려 조니가 상황을 파악하러 내려갔다. 조니가 도착하자 D.C.가 잠시 쳐다보더니 그를 밀쳐내고 말았다. 조니는 나중에 말하기를 그 순간 D.C.가 죽어가고 있다는 것을 알았다고 했다. 그러더니 D.C.는 헬멧을 벗었다.

"그가 자살했을 리 없어요. 잠수부로 일한 세월이 15년이에요. 그는 프로였어요. 뭔가가 잘못되어 손쓸 수 없다는 것을 알았던 거예요."

발러리는 아직도 정확한 사인을 모른다. 다만 사고 일주일 전 D.C.와 조니가 브래드네 집에서 같이 축구 경기를 보았다는데 그때 우연찮게 생긴 일에서 사인을 추측해 볼 뿐이다. 'D.C.가 그날 밤 늦게 저희 집에 왔는데, 이마에 커다랗게 혹이 생겼더라고요. '무슨 일이 있었어?' 제가 물었더니, '당신을 봐서 기분이 참 좋아. 브래드에게 고맙다고 했지. 서로 장난치다가 머리를 좀 부딪쳤어.' 그러더군요. 그때 머리를 세게 부딪쳐서—참 모순적인 건, 날 참 사랑한다고 말하다가 그랬다는 거지요—아주 미세하게 머리뼈에 금이 갔거나 아무튼 충격이 갔지 않았나 싶어요. 그래서 물 속 깊이 내려갔을 때 압력을 견딜 수 없었던 게 아닐는지."

발러리는 D.C.의 죽음으로 인한 고통 때문에 술에 빠져 살았다. 그렇게 하지 않으면 고통에서 벗어날 수 없었다. 다시 예전처럼 정신을 차리기까지 2년이 걸렸다고 했다. "그가 죽기 전에 우리는 소파에 앉아 있었어요. 날 보고 말했지요. '당신에게 이렇게 늦게 나타나서 미안해. 다음번엔 이렇게 오래 걸리지 않겠다고 약속할게.' 진심이 그대로 느껴졌지요. 그는 제 진정한 사랑이었어요. 진정한 사랑은 날마다 찾아오는 게 아니잖아요. 전 제 미래를 잃은 것 같았지요. 적어도 제게는 그 말이 사실이었어요."

뎁 드바리와의 세션

나는 발러리와 나눈 대화에서 깊은 감동을 받았다. 그녀는 두 번에 걸친 사별의 아픔에도 꿋꿋함을 잃지 않고 같은 경험을 한 다른 이들에게 위로와 의미를 주고자 자신의 아픈 상처를 허심탄회하게 꺼내보였다.

사별의 아픔은 누구한테라도 닥칠 수 있는 일인지라, 나는 발러리가 겪은 시련의 의미를 찾아가는 과정에서 전생 계획을 세 명의 영매와 살펴보는 것이 어떻겠느냐는 부탁을 했고, 그녀는 흔쾌히 동의했다. 발러리가 만난 첫 번째 영매는 뎁 드바리였다. 뎁은 이미 나와 인터뷰한 여러 명의 전생 계획을 읽은 바 있었다. 뎁과 세션을 가진 이들은 그녀가 무척 섬세하고 통찰력이 깊으며 또 아주 정확하다고 말했다. 그녀는 '죽은' 이들과 무척 수월하게 대화를 나눴고, 또한 길잡이 영혼의 말을 매우 분명하게 알아들었다.

세션을 시작하자 D.C.가 즉시 뎁과 접촉했다. 뎁이 영혼들과 이야기하는 것을 전에 많이 보았음에도 여전히 놀라운 광경이었다.

"나는 전 약혼자가 아니에요." D.C.가 뎁에게 말했다. 뎁은 그의 말을 그대로 우리에게 옮겨주었다. "난 아직 그녀의 약혼자예요." 참으로 달콤한 첫인사였다.

"난 내 삶이 그렇게 길지 않으리라는 것을 알고 있었어요. 오래 살 수 없다는 걸. [그 잠수 사고가 일어나기 전에도] 죽을 고비를 몇 번 넘겼지요."

"그가 약속을 하는 모습이 보이는군요." 뎁이 설명했다. D.C.가 다른 영혼들과 약속한 전생 계획을 가리키는 말이었다. "이 사고는 영혼의 세계에서 계획되었던 것이라고 해요. 그가 제게 오토바이를 보여주네요. 오토바이를 탔나요?"

"네." 발러리가 대답했다.

"오토바이 사고로 목숨을 잃을 뻔한 적이 몇 번 있네요. 잠수 사고가 아니었다면 다른 일로 목숨을 잃었겠군요."

"그때 정말 무슨 일이 있었던 거죠?" 발러리가 조금 다급해진 듯했다. 그녀는 오래도록 D.C.의 죽음에 대해 궁금증을 풀지 못하고 있던 차였다.

"뇌가 터지는 것만 같았어." 다시 D.C.가 말했다. "정말 끔찍한 죽음이었지. 거기서 생을 멈출 수밖에 없었어."

조니가 발러리에게 해준 말이 사실이었다. 그는 그가 죽을 것을 알고 있었고 삶을 얼른 끝내려고 행동을 취한 것도 사실이었다.

"그래 당신은 여기서 무엇을 배운 거야?" 발러리가 물었다.

"아주 많아. 난 무모했지. 어떻게 보면 난 삶을 정성껏 살지 않았어. 괜스레 위험한 삶을 살았어. 이건 전생에서 영향받은 탓도 크지. 군인으로 여러 번 살았어. 내가 믿지도 않는 신념을 위해 목숨 바친 적이 너무 많았어. 그런데 이번 생에서 사랑을 감사하게 여기는 것을 배웠지. 당신 덕분에 많은 걸 배웠고. 그건 지금도 그래. 지금 당장은 돌아가지[이 세상에 다시 태어나지] 않을 거야. 다시 돌아가기 전에 배우고 싶은 것들이 조금 있어. 더 준비해서 돌아가고 싶어. 내 목적을 알고 싶어. 이 [지난번] 삶에서, 난 내 삶의 목적을 몰랐거든." D.C.는 우리가 물질계로 들어올 때 경험하는 망각에 대해 말하고 있었다.

"내가 아직 당신을 사랑한다는 걸 알려주고 싶어." D.C.가 발러리에게 말했다.

"나도 사랑해." 발러리가 말했다.

"내가 당신을 사랑하지 않아서 당신을 떠났다고 생각하지는 마. 그게 내 바람이야. 난 당신을 사랑해서 떠난 거야. 옛날 일처럼 말하지 않을게. 지금도 당신을 사랑하니까."

"왜 이렇게 어렵게 만나야만 하죠?" 발러리가 뎁에게 차분하게 물었다. "그냥 영혼의 세계에서 같이 있을 수는 없었나요?"

"거기서는 우리가 여기서 느끼듯이 부정적인 감정을 경험할 수가 없어요. 부정적인 감정도 있기는 있어요.—그런 감정도 '허락' 된다고 말하고 싶지는 않네요.—하지만 그게 우리가 여기서 느끼는 것과 같지는 않지요." 뎁이 말했다.

영혼의 영역에서는 이중성이나 반대항이 없다는 말이었다. 영혼계에서나 지구에서나 우리가 스스로를 평화와 기쁨, 사랑으로 느끼는 일이 가능하지만, 분노나 증오 같은 '더 낮은 진동'의 감정을 진정으로 이해하려면 반드시 이 세상에 태어나야만 한다. 비록 고통스럽기는 하지만 그러한 경험을 통해 진정한 우리 자신을 알 수 있기 때문이다.

바로 그때 D.C.가 물러나더니 더스틴이 뎁에게 나타났다. "D.C.가 사라졌군요. 하지만 근처에 계속 머물고 있어요. 그는 더스틴에게 에너지를 주고 싶어해요."

"난 행복하지 않았어요." 더스틴이 발러리에게 말을 했다.

"내가 뭘 하고 싶은 건지 알 수 없었어요. 내가 모든 걸 엉망으로 망쳐놓았는데 어떻게 손써야 할지 알 수 없었어요. 그건 자살이 아니었어요. 사고였어요. 이런 일이 벌어질 수 있는 상황을 제가 만들었지요. 약에 중독되어 있었거든요. 난 엄마에게 그 사실을 숨기려고 했어요. 겉으로는 어느 정도 정상인 것처럼 보이려고 애썼지만, 속에서는 분노가 폭풍우처럼 몰아쳤어요. 난 이 분노와 싸워야 했어요. 분명하게 생각할 수 없었어요. 그렇게 판단력이 흐려진 채로 계속 살았어요. 아무것도 믿을 수 없었죠. 믿음이 없는 상태로 그렇게 살았어요. 미안해요. 엄마를 실망시켜 드리고 싶지는 않았는데."

"알아." 발러리의 목소리는 부드러웠다. "엄만 네게 실망하지 않았단다."

"사실 이게 처음 일어난 일이 아니었어요." 더스틴이 다시 말을 이었다. "몇 달 전에도 이 정도로 약을 많이 먹은 적이 있었어요."

나는 더스틴에게 태어나기 전 언제 죽을지를 놓고 발러리와 함께 의논했는지 물었다.

"난 스물다섯이 되기 전에 죽게 되어 있었어요. 죽는 시점으로 고를 수 있는 시간이 열다섯 살부터—그러니까 십 년 동안—있었지요. 각본을 짤 때 제 계획은 만일 스물다섯 너머까지 살아있으면 그대로 세상에 남는다는 것이었어요. 내게 선택권이 있었던 셈이죠."

"그 선택은 영혼의 차원에서 이루어진 것이지, 인격체의 차원에서 한 것은 아니지 않았나요?" 내가 물었다.

"영혼의 차원에서 이루어진 것이었어요." 그가 답했다.

"무슨 균형을 맞추려고 한 거였니? 혹시 내게 뭘 가르쳐주기 위한 거였니?" 발러리가 물었다.

"둘 모두에게 배움을 주기 위한 거죠." 뎁이 말했다. 그때 뎁의 머릿속에 발러리의 전생 중 하나가 떠올랐다. "과거 생에서 발러리는 〔더스틴의〕 딸이었어요. 발러리가 먼저 죽었군요. 말을 타다가 떨어져서 그렇게 된 거였어요. 발러리가 땅을 개간하고 있네요. 농사를 짓고 있어요. 개척 시대군요. 개척 시대 사람들의 옷차림이 보여요. 더스틴이 가슴이 찢어지듯이 아파하고 있어요."

나는 뎁에게, 발러리가 이번 생에서 역할을 바꾸어 그런 일을 겪는 게 무얼 배우기 위한 것인지 물었다.

"〔길잡이 영혼에게서〕 이런 말이 들리네요. '그녀는 은총의 단계에 있습니다.' 즉 영적으로 더 높은 단계로 가고 있다는 뜻이에요. 그 일로 인해, 배우기로 계획되었던 많은 것들이 생략되기도 하고, 훨씬 더 쉽게 배우는 쪽으로 수정되기도 했어요. 이미 커다란 성장이 일어났네요."

나는 수많은 삶의 계획들을 살펴보면서 카르마나 계획된 '배움'을 생략할 수 있게 하는 것이 바로 은총임을 알았다. 발러리의 경우는 외아들의 갑작스러운 죽음이 그녀의 삶에 워낙 강한 영향을 미친 까닭에 원래 계획되어 있던 다른 배움들이 불필요하게 된 것이었다. 나는 전에 영매 스테이시 웰즈가 설명해 준 전생 계획의 삶의 차트가 떠올랐다. 그 차트에는 어떤 선택을 하는지에 따라 각각 달라지는 결과가 적혀 있었다. 발러리의 삶의 차트에도 그러한 도표가 분명 있었을 것이다. 즉 발러리가 아들의 죽음에서 무엇인가를 배운다면 X라는 일이 일어나고, 배우지 못하면 Y라는 일이 일어나게 되어 있었을 것이다. 하지만 발러리에게 은총의 결과로 생긴 '커다란 성장'이란 무엇일까?

"연민과 공감이지요." 뎁이 대답했다.

"맞는 말이에요. 그것은 이제 제 자신의 일부가 되었어요. 절대로 사라지지 않을 깨달음이지요." 발러리가 대답했다.

"발러리는 이제 연민과 공감을 영원히 자기 것으로 만들어 활용하고 있어요." 뎁이 덧붙였다. 그 말이 얼마나 사실에 잘 부합하는지는 그 순간 뎁 자신도 알지 못했다. 허리케인 카트리나가 뉴올리언스를 강타했을 때 발러리는 편의점에서 물건을 사고 있었다. 그때 건물 복도에 혼자 서 있는 여자 하나가 발러리의 눈에 들어왔다. 그 여자는 겁에 질려 온몸을 떨며 울고 있었다.

"난 그 여자를 꼭 껴안은 채 가만히 있었어요." 발러리가 마침내 안고 있던 팔을 풀자 그 여자가 고마워하며 말했다. "당신은 참 강한 사람이군요." 그 순간 발러리는 공감과 연민 그 자체였다. 이처럼 신성함을 몸으로 표현하는 것, 이것이야말로 영혼이 물질계로 들어오려는 주된 동기다. 발러리가 만일 사별의 아픔을 직접 겪어보지 않았다면 그처럼 직접적인 방식으로 그처럼 깊은 공감과 연민을 표현할 수는 없었을 것이다. 그 순간 발러리는 자신의 아픔을 사랑으로 바꾸었다. 고통을 이겨낸 것이다.

"뎁, 당신의 길잡이 영혼들은 고통을 피하고 싶어하는 이들에게 무슨 말을 해줄 수 있을까요?"

"그들이 말하는군요. '껴안으세요. 그 고통을 껴안고 이렇게 말하세요. 더 흘릴 눈물이 없을 때까지 울리라. 그러고 나서 한 번 더 우세요. 마지막 남은 고통이 마저 흘러가도록.'"

그러자 다시 더스틴이 말하기 시작했다. "난 내가 가진 재능을 낭비했어요. 다음에는 꼭 잘 쓸게요. 그리고 다음번에는 내가 보기에 진실인 것을 사람들이 수긍해 주지 않더라도 이를 받아들일 수 있을 정도로 강한 사람이 될게요. 내 자신을 믿을 수 있어야겠지요. 내 죽음으로 엄마가 그렇게 슬퍼하니 저도 마음이 아파요."

"하지만 그건 우리가 같이 결정한 거였잖아." 발러리가 말했다.

"알아요. 하지만 우리 다시는 그러지 말아요. 서로를 이렇게 슬프게 하는 일은 다시는 하지 말아요. 이번 장은 끝났어요. 이제 더 높은 단계로 올라가도록 해요. 엄마가 무척 자랑스러워요. 전화벨이 한번 울리게 해볼게요. 전기를 다루는 법을 배워야겠어요. 내가 보내는 메시지를 찾아보세요. 가끔은 꿈에서 나타나서 말 걸게요. 깨어나면 곧바로 꿈을 기억해 보세요. 그렇게 엄마에게 메시지를 주려고 해볼게요. 정말 사랑해요, 엄마."

"나도 사랑한다, 아들아."

"알고 있어요. 여기서도 사랑을 느껴요. 조금 다르게 느끼지만요. 훨씬 강력하지요." 더스틴이 말했다.

"더스틴이 저에게 에너지의 물결을 보여주는군요. 영혼들은 사랑을 느낄 때 그 전 존재가 사랑이라는 감정에 공명하지요." 뎁이 설명했다.

"더스틴, 네가 사람들에게 얼마나 소중한 존재였는지, 알고 있지?"

발러리가 물었다.

"내가 어떤 사람이었는지 난 잘 몰랐던 것 같아요. 다음번에는 훨씬 더 잘 알 것 같아요."

"뎁, 당신의 길잡이 영혼들은 사랑하는 사람과 사별하고 슬퍼하는 이들에게 무슨 말을 해주고 싶어하나요?" 내가 물었다.

"그건 그들만의 아픔이 아니라고 하는군요. 신이 그들에게만 번갯불을 내려치는 게 아니라고 말이에요. 그것이 그들만 겪는 슬픔이 아닐 뿐더러 스스로 선택한 것임을 깨달으면 관점이 변하겠지요." 뎁이 말했다.

발러리의 영혼과 나눈 대화

더스틴과 D.C.는 뎁을 통해 자신들이 잘 지내고 있고 자신들의 이른 죽음이 전생에 계획된 것임을 확인시켜 주었다. 나는 발러리가 그들과 이야기를 나누고 치유되었음을 느꼈다. 그녀는 그들이 왜 그렇게 죽었는지 더 잘 이해하게 되었으며, 그들을 향한 사랑까지 전해줄 수 있었다. 그들 역시 그녀에게 사랑의 마음을 전해주었다.

나는 영혼이 약혼자나 아들을 잃기로 태어나기 전에 계획하는 이유를 더 잘 알고 싶어 영매 코비 미틀라이트를 찾아가 발러리의 영혼과의 채널링을 부탁했다. 영혼들이 보통 어떤 이유로, 어떤 방식으로 윤회를 계획하는지에 대해 발러리의 영혼이 어떤 지혜로운 대답을 들려줄지 기대되었다.

영혼은 이 세상을 살다간 각 인격체들의 의식을 모두 담고 있기 때문에 채널되었을 때 스스로를 '우리'라고 가리키는 경우가 있다. 바로 이어지는 대화에서 발러리의 영혼도 그러했다.

코비가 트랜스 상태에 들어가고 잠시 침묵이 흐른 뒤 채널링이 시작되었다. 그녀가 준비되었다고 느껴지자 나는 기초적인 질문을 시작했다. "발러리는 왜 약혼자와 아들을 먼저 떠나보내기로 계획했나요?"

"그녀는 전에도 두 번 이런 일을 겪었습니다. 하지만 제대로 처리하지 못했지요. 둘 모두 세계대전과 관련이 있습니다." 발러리의 영혼이 말했다.

모든 사람이 독특한 에너지를 갖고 있듯이 비물질적 존재들도 각기 독특한 에너지를 가지고 있다. 나는 발러리의 영혼이 코비를 통해 입을 열었을 때 갑작스런 에너지 변화를 느꼈다. 일반적인 오감의 영역을 넘어서는 방식으로 발러리의 더 높은 자아(영혼을 가리킴—옮긴이)의 존재감과 생명력이 느껴졌다. 여러 차례 코비와 세션을 해본 경험으로 볼 때 그녀의 목소리 톤과 말하는 속도, 억양이 완전히 바뀌었다는 게 역력히 느껴졌다.

"그녀는 1916년에 약혼자를 잃었습니다." 발러리의 영혼이 말을 이었다. "[제1차 세계대전 당시] 전선으로 돌아가면 약혼이 깨진다는 미신이 있었습니다. 언제 총알받이가 될지 모르는 일이었으니까요. 그녀와 약혼자는 자신들은 예외가 될 거라고 생각했습니다. 약혼자가 죽고 그녀는 정신을 잃고 말았습니다. 창밖으로 뛰어내리려 시도하는가 하면 음식이라곤 일체 입에 대지도 않았습니다. 잉글랜드 남부 태생으로 귀족 가문은 아니었지만, 그래도 가풍이 있던 집안 식구들에게 그녀는 점점 불명예로운 존재, 측은한 존재가 되어갔습니다. 그러다 1920년에 결국 스스로 목숨을 끊고 말았습니다.

그녀는 자살한 영혼들이 대개 그렇듯 얼마 지나지 않아 바로 다시 태어났습니다. 이번에는 미국 서부에서 태어났어요. 이민자 혈통이었군요. 열여덟에 결혼해서 곧바로 아들을 낳았습니다. 순수 혈통의 미국인이 아니라는 이유로 [제2차 세계대전 당시] 미국 어딘가의 수용소에 감금되었군요. 그 와중에 아이를 빼앗겼고 결국 소식이 끊겼습니다. 그녀는 아이가 살아있을 것이고 찾을 수 있으리라고 간절히 믿었습니다. 아이는 자동차 사고로 스물이 되기 전에 죽었습니다. 술에 취해 길을 건너다 그렇게 되었군요.

그녀는 계속 사랑과 상실이라는 주제를 다루고 있습니다. 이 인격체[발러리]가 이제 상실의 덧없음을 이해하길 간절히 바라는 마음이 있군요. 또 한때 사랑했던 이들이 몸을 떠나 [나중에 다시] 만날 때까지 떨어져 있다 해도 남은 자는 이생에서의 삶을 잘 살아갈 수 있기를 바라는 마음이 있습니다."

말을 전해주는 영혼의 목소리에는 담담하지만 연민이 서려 있었다. 판단 내리는 기색 따위 전혀 없이, 발러리가 여러 전생에서 겪은 사별에 견딜 수 없이 괴로워했다는 것을 알려주었다. 제2차 세계대전에서 그녀의 아들이 죽은 나이가 이번 생에서 더스틴이 죽은 나이와 비슷하다는 흥미로운 사실도 발견되었다. 나는 다음에는 어떤 이야기가 나올지 기대되었다.

"당신이 발러리의 더 높은 자기인가요?" 내가 호기심을 보이며 물었다.

"그렇습니다."

"이해를 돕기 위해 전생들을 좀 정리해 볼게요. D.C.가 1916년에 전쟁에서 죽은 약혼자고, 미국에서 수용되었을 때 잃어버린 아들은 더스틴인가요?"

"그렇습니다."

"발러리가 상실의 덧없음을 이해하기 바란다고 했는데요, 사람이 그것을 이해하는 것은 왜 중요한가요?" 나는 아주 조심스럽게 물었다. 나는 내 질문의 의도가 삶의 계획에서 어떤 결점을 찾아내려는 것이 아니라 의미를 찾아내려는 것임을 발러리의 영혼이 알기 바랐다.

"제대로 이해되지 못한 상실은 일종의 탈선과도 같습니다. 덧없음을 이해하면, 즉 이 시공간 연속체 안에서 변화만이 유일하게 항구적인 것임을 이해하면, 그러한 상실 역시 오고 또 간다는 것을 알게 됩니다. 두 영혼은 이 세상에서의 시간을 발러리와 함께했고, 앞으로도 그럴 것입니다. 그들은 진정으로 영혼의 짝입니다. 그녀는 자신의 경험에서 둘이 주고 간 축복을 찾아내서 누리며 그것으로 더 고양된 삶을 살 수 있습니다. 자기 자신이나 신, 운명에 반항하며 탈선하는 방향으로 나아가는 대신 말이지요. 인격체는 영혼, 그러니까 더 높은 자기에 의해 만들어집니다. 인격체란 이 지구라는 시공간에서 배움을 얻기 위해 꼭 필요한 착각입니다. 몸이 없다면, 그리고 시간이 없다면 이런 가르침들을 어떻게 배울 수 있겠어요."

일단 주제가 꺼내졌으니 지금이야말로 인격체와 영혼의 차이점에 대해 깊이 파헤쳐볼 수 있는 좋은 기회인 것 같았다.

"제가 알기로 인격체는 이 땅 위의 생애 동안에만 존재하는 일시적인 형질이기도 하지만, 동시에 영원하고 불변하는 핵으로도 이루어진 존재이기도 하지요. 그 핵은 죽음 이후에도 살아남으며 죽은 뒤에 영혼과 다시 합쳐진다고 들었어요."

"정확한 말입니다."

"그렇다면 인격체가 특정 생애에서 죽으면—예를 들어 발러리가 이번 생에서 죽으면—그녀의 불변하는 핵은 당신과 다시 합쳐지는 건가요?"

"나와 발러리는 지금도 분리되어 있지 않습니다. 다시 합쳐진다고 생각하지 마세요. 그런 생각은 또다시 분리를 부르니까요. 분리라는 것은 아예 존재하지 않습니다. 인격체가 [죽은 뒤에] 느끼는 것은, 그러니까 신이나 더 높은 자기와 하나가 될 때의 느낌은, 시야를 가리던 거미줄이 확 걷어내어지는 것 같은 느낌입니다. 서로 연결되어 있지 않았던 게 아니라 말예요."

그래도 발러리의 고통이 너무 깊다는 점이 마음에 걸렸다. 발러리의 영혼이 방금 대답하기는 했지만 나로서는 꼭 그 정도여야만 했는지 이해하기 어려웠다. 사실 나는 인터뷰했던 다른 사람들의 경우에도 이런 심정을 느꼈다. 그들 모두 왜 그런 고통을 받아야 하는지 궁금했고, 그 의미를 이해하게 해주어 조금이라도 고통을 줄이게 해주고 싶었다.

"영혼은 육체를 입고 태어나는 경험을 통해 어떤 성장을 하나요?"

"지구나 여타 물질적 장소들은 몸이나 물질 차원의 욕구, 물질 차원의 교류가 없으면 배울 수 없는 가르침을 줍니다. 두 사람이 배고픔과 목마름을 느끼고 있다고 해봅시다. 그들에게 탐욕과 두려움이라는 감정이 무엇보다 강하다면, 먹을 것과 마실 것을 가진 사람은 다른 이가 그것에 조금도 손대거나 훔치지 못하도록 하겠지요. 하지만 그들이 관대함과 돕고자 하는 마음, 보편적인 사랑을 지니고 있고, 그 상황이 덧없음을 이해하고 있다면, 베풀고자 하는 감정이 퍼져나갈 것이요, 결국 다른 사람을 도울 것입니다. 그러면 영혼이 성장하게 됩니다.

너무 심한 고통이라고 했나요? 판권이 확정되고 아카식 레코드에서 책으로 만들어지기 전까지는 모든 것이 바뀌고 결정도 변합니다.

〔이 경우〕 죽음은 한 번 더 시도해 본 실험입니다. 길잡이 영혼들은 만일 〔발러리가〕 영적으로 충분하게 성장한다면 이 일을 전에 계획했던 대로가 아니라 더욱 생산적인 방식으로 바꿀 수도 있다고 의논했습니다."

"왜 그녀의 삶의 계획에는 사별의 경험이 한 번이 아니라 두 번씩이나 들어 있나요?"

상실의 덧없음은 한 번의 경험만으로도 이해될 수 있을 것 같았다. 오히려 상실을 여러 번 경험하는 것은 그 덧없음을 이해하는 데 역효과를 주지 않을까 싶었다.

"이 인격체는 죽음을 경험할 때 잘 대처하지 못한 적이 몇 번 있습니다. 우리는 이 인격체가 첫 번째 학교〔즉 지구를 말함〕를 다닌 장소와 시대, 그리고 거기서 얻은 앎을 고려할 때 이것〔죽음들〕을 더 잘 다룰 수 있는 기회를 주어야 한다고 생각했습니다. 지금 시대의 지구에는 고통이, 그리고 많은 점에서 어둠이 가득해 보이지만, 사실 영성을 받아들일 수 있는 능력이 그만큼 널리 퍼져 있습니다. 다만 숨겨져 있을 뿐이지요. 영적인 진리가 도처에 퍼져 있는 지금 이 시기야말로 이 인격체가 그런 영적인 진리들을 배우기에 훨씬 더 쉬울 거라고 보았습니다."

"발러리가 당신이 바란 것을 이룬 것 같나요?"

"그녀는 용감합니다. 그녀의 통찰력은 우리가 지난 200년간 환생했던 모든 인격체들보다 뛰어납니다. 만일 그녀가 이 죽음을, 또 그 덧없음을 받아들이고, 그 속에서 의미를 발견하고, 이것이 그녀를 무너뜨리려 함이 아니라 더욱 온전히 세우기 위함임을 깨닫고 생을 마감한다면, 그 다음의 삶부터는 이번에 배운 것을 다른 이들에게 나누어줄 수 있으리라 믿습니다.

발러리는 고통을 받아들여 거기에서 객관적으로 배움을 얻고, 그렇게 새로 발견한 힘으로 아이나 약혼자를 잃고 괴로워하는 다른 사람들에게 손을 내밀 수 있습니다. 그들에게 자신이 얻은 평화와 깨달음을 줄 수 있습니다. 상실이란 덧없는 것이며, 이번 생의 남은 시간 동안 삶에서 좋은 것을 골라내 잘 활용할 수 있다는 깨달음 말예요.

아무리 뛰어난 내용의 배움이라도, 배우는 것이 전부는 아닙니다. 배우기만 한다면 그것은 마치 책을 읽고 그 내용을 그저 알고만 있는 것과 같습니다. 시간이 지나면 책의 내용은 사라지고 결국 아무것도 남지 않게 될 것입니다. 영혼은 자신이 배운 것을 수호천사나 길잡이 영혼이 되어서 다른 이에게 가르쳐줍니다. 인격체의 차원에서도 배운 것은 꼭 다른 이에게로 옮겨져야 합니다. 하나의 인격체건 한 권의 책이건 온 세계에 배움을 퍼뜨릴 수 있습니다."

발러리의 영혼이 한 말은 내가 다른 데서 들어 알고 있던 바와 일치하는 것이었다. 즉 우리가 쌓은 지혜를 이 지구별 위에 남겨주기 전까지 우리 육체의 삶의 원은 완성되지 않고 또 사실 완성될 수도 없다는 것이었다.

"아까 이 세 인격체가 반복해서 사랑과 상실이라는 주제를 다루고 있다고 했지요. 그들이 다른 전생에서 같은 주제를 어떻게 다루었는지 더 말씀해 주시겠어요?"

"어른 둘은 여러 번 부부로 살았습니다. 약 150년 전까지 거슬러 올라갑니다. 바로 그때부터 이 배움을 얻겠다는 움직임이 시작되었습니다. 아이는 생에서 자녀로 만나기도 하고 친구로 만나기도 하고 때로는 형제자매로 만나기도 했습니다. 매번 [발러리의] 몸을 통해 이 세상에 나오지는 않았습니다."

"그 삶에서는 어떤 일이 일어났지요?"

"150년 전에 그들은 습격 부대의 일원이었군요……"

"발러리와 D.C.가 말인가요?"

"네, 그들은 특히 여자와 아이들을 죽이라는 임무를 받았습니다. 그들은 순식간에 임무를 처리했고 희열도 맛보았군요. 그러한 트라우마가 상실의 감정을 직접 느껴야 할 필요성을 만들어냈습니다. 당시 둘은 형제처럼 가까운 사이였고, 그 유대감은 계속〔그 다음 여러 번의 생애에까지〕쌓여갔습니다. 배움이 계속되었습니다."

"이 습격 부대에서 둘은 모두 남자였나요?"

"그렇습니다."

"사랑하는 사람과 사별한 많은 이들이 발러리의 이야기를 읽게 될 거예요. 지금까지 상실의 본성이 덧없음이라는 걸 이해해야 한다고 했지요. 슬픔에 빠져 있는 그들에게 또 도움이 될 어떤 이야기가 있을까요?"

"장막 너머를 보는 법을 배우세요. 사실 죽음으로 이별하게 되는 일은 없습니다. 인식의 능력을 넓히면 사랑한 사람들의 영혼을 만날 수 있습니다. 그래도 상실감이 느껴질까요? 더 이상〔몸의 모습으로는〕같이 소풍을 가거나 설거지를 하거나 아이의 졸업식에 가거나 할 수는 없겠지요. 하지만 그들은 여전히 당신을 보고 있습니다. 영혼에게 있어 사랑의 감정은 죽어 없어지는 것이 아닙니다. 부모나 조부모가 아주 오래 전에 죽었지만 그래도 그 사랑만은 살아서 진동하고 있음을 느끼는 이들이 얼마나 많은가요? 사람이 죽는 것은 그 삶에서 얻을 것을 모두 얻었기 때문이라는 것을 잊지 마세요. 주위의 누군가가 죽거든, 인격체가 몸을 떠나가거든 그들이 남겨준 보물을 손에 쥐고 여러분 자신의 삶을 살아가세요. 이 세상을 마흔에 떠나든 여든에 떠나든 살기로 되어 있던 만큼 살고 간 겁니다."

"영혼이 전생에 사랑하는 사람과의 사별을 계획하는 데는 또 어떤 이유가 있나요? 특히 이른 나이에, 대개 자연스럽지 않다고 생각되는 이유로 죽는 경우에 말이에요." 나는 발러리처럼 자녀를 잃은 부모들에게 될 수 있는 한 많은 위안을 주고 싶었다.

"여러분은 우리끼리만 이 결정을 내린다고 생각하나요? 아이의 입장에서 생각해 보세요. 그 스스로 그처럼 짧은 삶을 살기로 결정한 거라면 뭐라고 하겠어요? 그가 지구에 있는 동안 발러리를 엄마-인격체로 두기로 했고, 발러리 역시 거기에 동의한 거라면 어떻겠습니까? 영혼은 종종 더 빨리 성장을 이루고 싶을 때 짧은 생을 택하고는 합니다. 간단한 답은 어디에도 없다는 것을 명심하라고 말해주고 싶습니다. 모든 생은 서로 연결되어 있습니다. 이것이 영적인 세계의 기본 관계입니다. 그러니 단순히 B 때문에 A가 일어나느냐고 묻는다면, 아니라고 답하겠습니다. 그 일은 B 때문에 일어났고, B는 C와 그 밖의 다른 많은 까닭에서 비롯되었습니다. 바로 그래서 이 세상에 나오기 전에 계획을 짤 필요가 있는 것입니다. 그물처럼 얽힌 모든 생이, 관련된 배움을 얻길 원하는 모두에게 도움이 되게 짜였는지 확실히 해야 하니까요."

"인격체가 필요한 배움을 얻어가도록 또 어떻게 도우시나요?"

"그것은 늘 잠재 의식의 차원에서 일어납니다. 하지만 사람이 잠에 빠져 있기를 멈추고, 집중하며, 깨어 있는 정신으로 영원한 핵에 가 닿으면 이루어질 수 있는 모든 것에 대해 모든 승인과 도움, 믿음을 발견하게 될 것입니다. 잠에 깊이 빠져 있는 사람에게 책을 들이대고 '읽어보라'고 할 수는 없습니다. 잠들어 있으니까요. 깨어나서 당신을 바라볼 때에만 그 책을 건네줄 수 있겠지요."

"많은 경우들을 보면 일종의 패턴이 있는 것 같아요. 인격체가 잠에 빠져 있으면 거기서 조그맣게 위기가 생겨나요. 그런데도 그가 깨어나지 못한다면 조금 더 큰 위기가 생기지요. 그래도 깨어나지 못한다면 더 큰 것이 생겨나고요. 그런 식으로 더 커져가는 것 같아요."

"그것은 영혼이 배움을 얻도록 자극하는 것이라기보다는, 잠에서 깨어나라고 자명종을 울리는 것과 같습니다. 지금 당신이 말하는 것은 고통을 피하도록 이끌고 어려움을 넘어서도록 이끄는 자극과 사랑, 부드러운 손길이겠지요. 당신이 지금 말하는 것은 〔인격체가〕 잠들어 있을 때 일어납니다. 핵심을 찾아 안으로 들어갈 때 훨씬 더 쉽게 이루어지지요. 그러면 대부분의 고통은 덜어지고 많은 것을 이해하게 됩니다."

"마치 이 모든 게 당신이 발러리에게 가르쳐주고 싶은 것이라는 말로 들리네요. 하지만 발러리가 그 배움을 얻지 못한다면, 그리하여 당신의 사랑과 자극에 반응하지 않는다면, 당신은 발러리가 그것을 배우게 하려고 또 다른 위기를 계획할 수도 있나요? 아니, 계획할 건가요?"

"그녀 주변에 사별의 상실이 있을 수 있겠지요. 이라크의 전쟁 과부들과 고아들 사진을 보고 마음이 움직여 자기 자신의 상실을 돌이켜볼 수도 있습니다. 하지만 우리는 그녀의 정신이 깨어날 때까지 의도적으로 하나씩 하나씩 사람을 잃게 하지는 않습니다. 적어도 이번 생에서는 그렇지 않아요."

"그런 삶을 계획하는 영혼도 있나요?"

"가정상으로는 가능하지요. 하지만 이것은 우리가 선택하는 방식이 아닙니다."

"사랑하는 이와의 사별이라는 시련에 대하여 더 이해할 것이 뭐가 있을까요?"

"그것은 그들이 무엇을 잘못해서 일어나는 일이 아닙니다. 심지어 150년 전 둘의 삶을 보았을 때도 그것은 좋거나 나쁘다는 식으로 판단되지 않습니다. 당신은 영혼을 죽일 수 없습니다. 이것은 아마 사람으로서는 이해하기 어려운 개념일 테지요. 우리가 사람을 죽인 살인자를 용서한다거나 상관하지 않는다는 뜻이 아닙니다. 그렇지 않다면 카르마라는 것도 있지 않을 테니까요."

"삶의 계획을 짜는 것에 대령大靈 혹은 신과 의논하는 과정도 들어가나요?"

"물론입니다. 하지만 영혼인 우리가 인격체의 길잡이 역할을 할 때에도 선호하는 방식이 있듯이 대령들이 일하는 데도 특정한 방식이 있습니다. 그리고 그들이 계획을 일일이 짚어주지는 않습니다. 그렇다면 영혼에게 배움이 일어나지 않을 테니까요. 대령들은 훨씬 더 정교한 진동의 영혼입니다. 영혼인 우리가 성장하는 데는 필요한 배움을 얻고 타인을 돕는 일이 꼭 필요하지요. 삶은 사랑과 봉사에 기초를 두고 있어요. 오직 그뿐입니다."

"발러리의 삶을 계획할 때 당신은 더스틴과 D.C.가 언제 어떻게 죽을지를 구체적으로 계획했나요?"

"늘 서너 가지나 너덧 가지 가능성을 둡니다. 어떤 영혼도 하나의 출구만 갖고 있지는 않아요."

"D.C.와 더스틴과 어떤 가능성들을 의논했나요?"

"D.C.의 경우는 길에서 강도를 당하는 것, 구타당하는 것, 브레이크 고장, 그리고 암이 있었습니다."

나는 브레이크 고장이라는 말을 듣자마자 뎁과의 세션에서 D.C.가 오토바이의 영상을 보여주던 것을 떠올렸다. 분명 D.C.는 오토바이 '사고'로 죽음에 가까이 갔던 게 틀림없었다. 그리고 그것 역시 그가 태어나기 전 죽음의 가능성으로 계획한 것이 분명했다.

"아이의 경우는 고의적인 자살 가능성을 열어두어야 했습니다. 다른 아이를 구해놓고 자기가 대신 죽을 수도 있었어요. 그런가 하면 아이가 나중에 자살 폭탄 테러로 죽을 수도 있었고요."

"그렇다면 그들은 왜 꼭 그런 방식으로, 그 시기에 죽은 건가요?"

"세 영혼 모두가 동의하기를, 셋 모두에게 가장 큰 성장을 일으키기에 그때가 가장 적절한 때라고 보았기 때문이에요."

"영혼이 인격체의 죽음을 야기했다는 말로 들리네요. 정확히 이해한 건가요?"

"우리 영혼들이 죽음을 야기한 게 아닙니다. 예를 들어 누군가 사고를 당했다고 해보세요. 아무리 생각해도 살아날 가능성은 없다고 판단되는 사고였습니다. 사고가 일어난 동안 그가 죽을지 살지 결정하는 것은 인격체의 권한이 아닙니다. 영혼이 보고서 지금이 때인지 아닌지 결정하지요. 잊지 마세요. 영혼과 인격체는 따로 떨어져 있는 것 같지만 서로 다른 길을 가고 있는 것이 아닙니다. 영혼은 '이제 갈 시간이다'라고 하고 인격체는 '아니, 아직 안 됐어'라고 하면서 다투는 일 따위는 없습니다. 인격체는 영혼과 함께 만들어진다는 것을 이해하세요."

"더스틴의 경우, 사인이 우발적인 약물 과다 복용이었지요. 자살하려고 했던 게 아니었어요. 그렇다면 영혼의 결정이 어떻게 그에게 전달되어 죽음을 부른 행동으로 된 거죠?"

"당신이 말했듯이 그 일은 우발적으로 일어났습니다. 그 정도의 양으로는 죽을 수도 있고 죽지 않을 수도 있었습니다."

"하지만 그의 영혼은 그때에 이번 생에서의 삶을 끝내기로 결정한 거잖아요?"

"그 점은 그 영혼에게 물어봐야 합니다. 우리의 입장에서는 동의했을 겁니다."

"그렇다면 더스틴의 죽음은 약의 절대적인 분량 때문이 아니라 그 정도의 양으로 삶을 마감하기로 한 영혼의 결정 때문이군요?"

"그 말이 맞습니다."

"그래서 영혼의 결정이 그의 몸속에서 생화학적인 반응으로 번역되어 나타난 거고요?"

"맞습니다."

"그러면 만일 그의 영혼이 이번 삶을 끝내고자 하지 않았다면 똑같은 양을 취하고도 죽지 않았을 수 있겠군요?"

"혹은 치명적인 양의 약을 손에 넣지 못하도록 영혼이 외부 환경을 바꾸었겠지요."

"영혼이 어떻게 그런 일을 하지요?" 난 무척 궁금해졌다.

"그럼 어떻게 영혼이 차를 오른쪽이 아니라 왼쪽으로 돌리게 하는지도 궁금하겠군요?" 발러리의 영혼이 대답 대신 물었다.

"맞아요. 어떻게 영혼이 차를 오른쪽이 아니라 왼쪽으로 돌리게 할 수 있는지도 알고 싶어요."

"마음속의 자극impulse입니다. 약을 먹고 자살하기로 결심한 아이가 하나 더 있다고 해봅시다. 그 인격체가 죽으려고 하는 순간 영혼의 손길을 느낍니다. 인격체는 깨어나지요. 손 안에는 죽기에 충분한 약이 있지만, 그는 나머지 약을 입 안에 털어 넣지 않습니다. 더스틴에게는 [그러한] 깨어남의 자명종 소리가 없었습니다."

"아까 이런 말씀을 했지요. 육체로의 환생은 이 세상에 태어나지 않았다면 겪지 못했을 방식으로 배움을 얻게 한다고요. 그런데 저는 이 세상에 단 한 번도 태어나지 않는 쪽을 택하는 존재들도 많이 있다고 들었어요. 만일 이 세상에 태어나는 것이 그렇게 특별한 배움을 얻을 수 있는 유일한 길이라면, 왜 어떤 존재들은 육체의 삶을 살기로 선택하지 않죠?"

"인간의 경험은 존재가 성장하는 데 중요한 모든 경험을 아우르지 못합니다. 영혼이 지구에 태어나지 않고도, 혹은 사람의 모습으로 한 번도 태어나지 않고도 얻을 수 있는 배움이 있습니다. 그것이 무엇인지 말로 설명하기란 불가능하군요."

나는 지금까지 살펴본 결과 많은 영혼들이 배우고 싶어하는 것의 반대되는 것을 인격체로 살면서 경험하기로 계획한다는 걸 알게 되었다고 말했다.

"만일 누군가 조건 없는 사랑을 배우기 원하는데 마침 비판하기를 좋아하는 환경에서 태어났다면, 그 삶 자체가 동기 부여되는 삶이 되겠지요. 동기 부여와 영감을 받는 것은 다릅니다. 거의 모든 인격체는 동기 부여를 통해 배웁니다. 지구가 존재해 온 방식만 보아도, 인격체는 천 년 동안의 부정적인 경험을 통해 배움을 얻는 식이었습니다. 이제 당신은 앞을 향해 가고 있고, 시간은 속도를 더하고 있으며, 진동은 더 높아지고 있는 만큼 영감을 받아 일어나는 일이 더욱 많아질 것입니다."

"어떤 경우 영혼이 인격체 안에 특정한 에너지를 심어놓는다는 말을 들었는데요. 그것은 인격체가 형성되는 과정 중의 하나인가요?"

"그렇습니다."

"발러리의 경우에는 어떤 에너지가 심어졌지요?"

"뛰어난 지적 능력과 호기심, 꿋꿋함, 그리고 고통을 넘어서고자 하는 의지가 주어졌습니다."

"꿋꿋함 같은 특성을 영혼이 어떻게 마련해 줄 수 있지요?"

"신에게 꽃을 어떻게 만들었느냐고 물어보세요. 그 어떤 양적인 개념이나 질적인 개념으로도 그것을 설명할 수는 없습니다."

나는 한 사람의 삶에서 일어난 일 중 얼마나 많은 부분이 태어나기 전에 계획되는지 물었다.

"전생 계획에는 한 가지 방식만 있지는 않습니다. 어떤 영혼들은 성장의 단계에서 모든 것이 완벽하게 계획되어야 합니다. 영혼은 나이가 들면서 선택의 문을 더 많이 열어두고자 합니다. 지구에 처음으로 태어나는 영혼이 수없이 많이 태어나본 영혼과 똑같은 가능성을 열어두고 삶을 계획하리라 생각하지는 않겠지요. 성장 진도에 있어서 모든 영혼이 똑같을 수는 없습니다. 인격체와 카르마를 만들어내는 방법도 제각기 다르지요."

"그 밖에 발러리에게 도움이 될 만한 말씀을 부탁드립니다."

"그녀의 마음은 우리가 기대했던 것보다 더 컸습니다. 그래서 상처도 덜 받을 수 있었고요. 그녀의 노력으로 분명 영혼이 성장했습니다. 지금의 자기 모습을 돌아보며 평화를 얻기를 소망하지요."

"처음에는 왜 그녀의 마음이 더 작을 것이라거나 더 크게 상처 받으리라고 생각했나요?"

"이 경험은 인격체로서는 감당하기 몹시 어려운 시련입니다. 그렇지만 그녀는 이 경험을 통해 커다랗게 한 발을 내디뎠지요. 이 일로 우리는 무척 기쁘고 또 고마움을 느낍니다."

"발러리와 D.C.는 왜 더 많은 시간을 함께하지 못했나요?"

"필요한 일은 약혼, 즉 삶을 함께 보내겠다는 약속이었기 때문입니다. 이 삶 자체가 우리의 목적은 아닙니다."

"이 주제에 대해 조금 언급을 하기는 하셨는데, 저는 더 분명하게 이해하고 싶군요. 왜 약혼 자체가 그렇게 중요한가요?"

"두 사람이 만나 약혼하는 것은 감정들 간의 맺어짐입니다. 서로를 가르는 경계를 낮추는 거지요. 신뢰의 표지고요. 전형적인 결혼에서 두 사람은 '나는 당신입니다'라고 말합니다. 사람들은 결혼식에서 종종 진심을 담지 않고 그렇게 말하기도 하지요. 아무튼 발러리와 D.C.는 밝혀야 할 거짓이 하나도 없었습니다. 즉 둘이 하나로 맺어짐이라는 관계의 한 측면은 완성이 되었지요. 그래서 그 다음 측면, 즉 상실이 일어난 겁니다."

"발러리는 뉴올리언스에 살아요. 심한 허리케인이 들이닥쳤던 곳이지요. 허리케인 역시 그녀의 전생 계획에 포함되어 있던 일인가요?"

"허리케인으로 사랑하는 이를 잃은 사람들이 많은 곳에서 그녀의 존재는 아주 독보적입니다. 상실의 덧없음을 진실로 배우고 그 배움을 전해주려〔다른 이들에게〕손을 내밀기에 뉴올리언스만큼 좋은 곳도 없습니다."

"전생 계획에서 당신에게 와서 '난 사람으로 태어났을 때 허리케인으로 사랑하는 이를 잃는 경험을 계획하고 있어요. 이 삶의 계획에 동참해 도와줄 수 있겠어요?' 라고 말한 영혼들이 혹시 있었나요?"

"그런 일도 일어날 수 있겠지요. 그렇지만 이번에는 없었습니다."

"발러리는 영적인 성장에 관심이 있어요. 그런 그녀에게 무슨 일을 하라거나 뭘 바라보라고 권하시겠어요?"

"감정을 정중앙으로 가지고 나오라고 말해주고 싶습니다. 긴 아치를 그리면서 가면 돌아오는 길이 그만큼 멀어집니다. 하지만 고요하게 중앙에 머물면 그렇게 많은 힘이나 시간을 들여 돌아올 필요도 없고 어느 지점에든 바로 갈 수가 있습니다."

"그렇게 하는 데 가장 좋은 방법이 뭔가요?"

"그녀도 알고 있을 것입니다. 영혼은 강의 계획표를 주지 않지요. 가령 우리가 'A, B, C를 하시오'라고 말한다면 그녀는 의식의 눈을 뜨지 못할 것이고, 도전하고자 하지 않을 것이며, 따라서 생의 순간을 음미할 수도 없겠지요. 가끔 사람들은 뭔가가 잘못될까봐 혹은 뭔가를 빠뜨릴까봐 겁이 나서 아주 많은 세부 사항을 원합니다. 하지만 그것은 옳지 않습니다. 그녀가 스스로에게 허락할 수 있는 기회들이 아주 많이 있습니다. 그 기회들을 고르고 선택하는 건 그녀의 몫입니다. 그렇지 않다면 그 사람은 사실 자동 인형에 불과하지 않을까요?"

"그 밖에 더 전하고 싶은 말씀이 있나요?"

"지금으로서는 필요한 것을 다 말해주었습니다."

"우리와 이야기를 나눠주어 고맙습니다."

"나도 즐거웠습니다." 발러리의 영혼이 말했다.

스테이시의 보충 리딩

나는 발러리의 삶의 계획표를 될 수 있는 한 완벽하게 그리기 위해 영매 스테이시 웰즈를 찾아갔다. 그리고 D.C.와 더스틴의 이른 죽음이 의논되던 전생 계획 세션에 접근해 달라고 부탁했다. 스테이시의 길잡이 영혼이 아카식 레코드를 펼쳐 우리가 찾는 정보를 그녀에게 보여주고 있었다. 스테이시가 입을 열었다.

"그녀는 자기 길잡이 영혼과 가벼운 대화를 나누고 있네요. 그녀의 길잡이 영혼은 세 번의 생애에서 그녀의 영적인 선생이자 멘토였다고 해요. 그 길잡이 영혼은 남자로 태어나 한 번은 남편으로, 한 번은 아버지로 살았군요. 그들이 발러리가 경험할 주제에 대해 이야기하는 게 들려요. 그녀는 영혼의 단계에 관심이 많아요. 매우 진중하군요. 모든 것을 체계적으로, 질서정연하게 맞추기를 원해요. 하지만 몸을 얻어 태어났을 때 그 점이 커다란 시련이 될 거예요."

발러리_삶에 집중하는 데서 시련이 많았어요. 관심을 잡아끄는 것들 때문에 균형을 잃는 일도 많고요. 어떤 특정한 주제에 빠져버리면 삶이 부정적인 방향으로 흐르지요.

길잡이 영혼_이따금씩 불균형이 생겨 초점을 흔들어놓을 거예요. 하지만 그것이 또한 당신을 중심으로 다시 이끌어주기도 할 거예요.

"장면이 지금 바뀌고 있네요. 발러리가 D.C.와 이야기하고 있는 게 보여요." 스테이시가 말을 멈추고 영혼들의 대화에 귀를 기울였다. "발러리에게는 돌아오는 생에서 그와 다시 연인 관계로 연결되고자 하는 강한 소망이 있어요. 그의 말이 들려요.

D.C._난 당신에게 좋은 사람이 아니야. 내 계획은 몸을 입고서 아주 짧게 사는 거야. 난 당신을 떠나야만 할 거야.

"그녀는 둘이 함께할 수 있는 시간이 얼마나 되든 그를 만나고 싶어 하네요. 그토록 그와 함께하기를 원하고 있어요. 이런 경험을 하는 것이 그녀의 목적에 어떻게 부합하는지 의논이 이어지고 있네요. 그들은 [태어난 이후의 삶에 대해서] 계획을 짜고 있어요. 아이를 낳는 문제까지도 의논하고 있군요."

D.C._하지만 당신은 무척 상심할 거야.
발러리_잠깐이라도 당신과 함께할 수 있다면 그래도 괜찮아. 내 자신을 다시 찾는 데 도움이 될 거야. 그 모든 일을 겪고 나서 내면의 조화와 균형을 찾는 데에도 도움이 되겠지. 당신이 내 인생에 있어준다는 것만으로 내게는 선물이 되는 걸.

"그는 발러리의 부탁을 들어주기로 했어요. 먼저 세상을 떠남으로써 약혼녀에게 깊은 슬픔을 주리라는 걸 알면서도 말이지요. 그가 손을 뻗어 그녀의 볼을 쓰다듬네요. 마음속에는 그녀에 대한 사랑이 가득하지만, 또 그녀가 앞으로 겪어야 할 일에 대한 연민도 가득해요. 하지만 그는 자기가 그녀에게 해주어야 할 역할을 잘 이해하고 있어요. 일찍 세상을 떠나는 것은 발러리의 삶의 계획에 동참하겠다고 수락하기 전부터 다른 사람과 약속되어 있던 일이군요. 이제는 더스틴에게 가보겠어요."

스테이시의 길잡이 영혼이 다시 전생 계획 세션의 특정 부분에 집중하는 동안 잠깐 침묵이 흘렀다.

"한창 대화가 진행중이군요. 더스틴은 벌써 발러리를 엄마라고 부르네요. 더스틴이 자신의 목적을 위해 이 세상을 일찍 떠나기로 했군요. 이런 말이 들리네요. '어떤 식으로든 필요한 일이에요.' 이것은 카르마의 균형을 맞추려는 거예요. 전생에서는 역할이 뒤바뀌어 있었지요. 그때는 발러리가 지금 더스틴이 죽은 것보다 더 어린 나이에 죽었어요. 더스틴은 그녀의 엄마였죠. 그들은 시골에서 어려운 삶을 살았어요. 몹시 가난해서 아주 열심히 일해야 했네요. 무척이나 지루한 삶을 살았어요. 더스틴은 더 재미있는 일이 없을까 애타게 찾았지요. 그래서 이번 생을 계획할 때는 그에게 살아있다는 느낌을 강하게 주는 경험을 포함시켰지요. 그로서는 [발러리의 아들로 태어난 이 삶에] 집중하기가 어려웠던 것 같군요. 더스틴은 그가 이전 생애에서 그녀에게 준 보살핌과 사랑, 에너지를 이번에는 발러리가 자기에게 되돌려줄 수 있도록 했어요. 발러리가 그렇게 카르마의 균형을 맞출 수 있도록 말이지요."

발러리[더스틴에게]_내가 너를 돌봐줄게. 너를 내 몸으로 낳고, 허락되는 시간만큼 너를 보살펴주고 싶어. 이런 종류의 책임감을 갖는 건 나한테는 매우 쉬운 일이야. 식구들과 집안을 보살피는 책임감 속에서 나는 계속 성장할 거야. 그게 내 정체성의 원천이거든.

길잡이 영혼_당신은 자기 훈련이 아니라 자존감을 더 키울 필요가 있어요. 당신은 [생애가 끝난 다음 영혼계로] 돌아올 때조차 여전히 당신이 누구인지에 대해 혼란스러워했지요. 자신을 누구의 아내, 누구의 엄마, 혹은 누구의 애인으로 생각하는 경향이 있군요. 당신이 누구인지를 온전히 깨닫고 그런 깨달음의 삶을 사는 것은 시간이 오래 걸리는 일입니다. 이번 생은 내면의 균형을 찾는 데 도움이 될 겁니다.

"더스틴은 자기가 두 세계—그러니까 물질 세계와 영혼 세계—모두를 똑같이 사랑한다고 말하네요. 그는 이전 여섯 번의 삶에서 많은 에너지를 받았어요. 그것들은 아주 천천히 움직였고 또 평범했지요. 그는 다가올 생에서는 이 에너지를 분출하고 표현하기를 원해요. 이렇게 말하는 것이 들리는군요. '바로 그거예요. 내가 가요. 내가 해내겠어요.' 그가 하고 싶어하는 것들이 있군요. 그는 곧장 그리로 가서 그 일을 마치고 얼른 집으로 돌아오기를 원해요.

그는 이쪽 세계에서 하는 일이 있어요. 여러 전생과 이번 생에서 친척 관계에 있던 많은 영혼들과 연결되어 있군요. 아이들과 관련된 일도 해요. 그는 이쪽 세계에서 그것이 적어도 자기 일의 3분의 1을 차지한다고 생각하네요. 그는 그 일에 매진하고 있어요. 5세에서 15세 사이에 이 세계로 건너온 아이들이 있는데, 그들을 도와주는 일을 해요. 특히 갑자기 건너온 아이들을 안심시키고 같이 놀아주며 새로이 삶의 방향을 짜주는군요. 또 음악을 사랑하고 깊이 빠져 있군요. 그는 물질 세계에서의 일을 끝마치고—빨리 끝마치고—어서 이리로 돌아올 수 있기를 바라고 있어요.

그의 죽음에 대하여 〔태어나기 전에〕 그와 약속을 한 사람이 있어요. 그에게 약을 대준 사람, 가장 주요한 거래처였던 사람이에요. 이 남자는 그에게 가장 가까운 친구군요. 특히 약에 관련된 삶에서는 말이에요. 더스틴이 '날 데려가줘' 라는 말을 쓰네요. '날 죽음에 이르게 해줘' 라는 뜻으로 한 말이에요.

그리고 더 있어요. 어떤 전생에서는, 중세 시대인데 두 사람이 있군요, 갑옷을 입고—쇠로 된 갑옷에 투구까지 쓰고—말 탄 기사들이 보여요. 왕의 군대에 속해 함께 전투에 참가한 병사들이군요. 더스틴의 친구가 전투에서 다쳐 죽어가고 있어요. 고통을 줄이기 위해 더스틴에게 자신을 칼로 찔러달라고 부탁하네요. 더스틴은 친구의 마음을 이해하고 부탁을 들어줘요.

더스틴은 약이나 죽음, 죽음의 과정에 대하여 어떤 부정적 에너지도 느끼지 않는군요. 그는 그런 것을 부정적으로 보지 않아요. 오히려 자신의 목적을 이루도록 도와주는 수단으로 보지요. 그의 목적이 무엇일까요? 빨리 떠나는 거예요. 이번 삶은 부담이 많은 삶으로 계획되지 않았어요. 이번 삶은 들어왔다가, 한껏 즐기며 자기 할 일을 마치고 떠나기로 애초에 계획되었군요. 약은 그저 경험일 뿐이에요.

더스틴은 이번 삶 동안 누군가의 보살핌을 받을 것이라는 확신이 있었어요. 약을 복용하기 전에든 후에든 무슨 일이 일어나도 자기가 안전할 거라는 확신이 있었어요. 왜냐하면 엄마와 약속을 했으니까요. 그는 엄마가 늘 자기 곁에 있으리라는 것을 알았어요. 약은 자신의 개인적 자유를 표현하는 방식이자 삶을 끝내는 방식이기도 했어요."

"발러리에게 다시 돌아가 보겠어요." 스테이시가 덧붙였다.

"의논이 끝날 때마다, 다른 이들의 선택의 결과로서 발러리가 굉장한 슬픔을 느껴야 한다는 사실이 밝혀지네요. 그녀는 감당할 수 있다고, 괜찮다고 해요. 그와 같은 감정의 극한을 경험하는 것이 시계추 효과pendulum effect를 일으켜 결국 그녀로 하여금 내면의 균형을 찾게 하리라는 것을 잘 알고 있어요."

영원한 존재인 우리는 죽음을 알 수 없지만, 물질계로 오면서 죽음이라는 착각을 만들어낸다. 이 착각은 비물질 영역에서는 우리의 것이 아니다. 거기에서 우리는 영원한 존재이며 다른 모든 영혼과 하나라는 사실을 잘 안다. 영혼의 세계에서 발러리는 늘 더스틴과 D.C.가 자신과 하나이듯 자기 또한 그들과 하나임을 알고 있다. 물질계에서의 삶을 함께한 다른 영혼들과 마찬가지로 그들의 사랑은 깊고 서로의 마음은 뗄 수 없이 연결되어 있다. 영혼계에서 더스틴과 D.C.는 영원히 함께할 것이다.

　앞의 이야기에서 천사가 말했듯 비물질적 차원은 우리 물질적 세계와 서로 겹쳐져 있고 물질적 세계를 포함하고 있으며 머리카락 한 올 밖에 떨어져 있지 않다. 발러리가 한때 더스틴, D.C.와 떨어져 있다고 생각할 때 그 사이는 거대한 바다처럼 넓어 건너갈 방도가 없는 것 같았지만, 사실 그 생각은 무한한 존재인 그녀가 만들어낸 착각이다. 진정으로 용감한 영혼이 아니고서야 어떻게 자기 자신에게도 진짜인 것으로 보일 착각을 만들어낼 수 있을까? 발러리는 자기 스스로 만든 착각에 빠지겠다는 탄생 전의 계획을 잊어버렸기에, 이제 여기서 무한함의 뜻이 무엇인지를 다시 기억해 낼 수 있게—그리하여 더욱 깊이 알 수 있게—되었다. 그녀는 영매를 통해서든, 아들의 의식과 합쳐질 때의 '들어 올려짐'을 통해서든 이 세계와 저 세계를 가르는 장막을 건너가며 그 분리가 착각임을 기억하게 된다. 그녀가 기억해 내는 것이 하나 더 있다. 바로 영원하고 용감한 영혼으로서의 자기 자신에 대한 기억이다. 발러리는 그것을 기억해 냄으로써 자신이 정말로 누구인지를 깊이, 경험으로 알게 되었다.

발러리는 사랑하는 이들과 떨어져 있다는 생각에 빠져보고 나서야 자신을 신뢰와 신념 자체로서 경험하게 되고, 따라서 알게 된다. 더스틴과 D.C.를 잃은 상실감이 없었다면 그들이 영원히 곁에 있다는 믿음이 어떻게 의미를 가질 수 있을까? 그들이 죽은 것으로 보이지 않는다면 그들의 삶이 끝나지 않았다고 믿는 것이 무슨 의미가 있을까? 진정으로 의미 있는 믿음은 의심에서 생겨난다. 불확실성 속에서 진정한 신념이 만들어진다. 오직 이런 상황에서만 대조가 극명해지며, 선택이라는 것이 유의미해진다. 그녀가 장막을 넘어가 더스틴과 D.C.가 계속해서 보내고 있는 사랑을 느끼기로 선택할 때마다 그녀는 몸의 죽음이 착각이요 덧없음이라는 깨달음에 한 발 더 가까이 간다. 몸으로 이 세상에 있을 때 죽음으로 누군가를 잃는 것이 한갓 착각임을 이해하는 것, 이는 곧 영혼의 세계에서 상실이란 있을 수 없다는 앎으로 이어진다.

발러리는 나중에 이렇게 말했다. "인간의 고통이라는 것이 무엇인지 속속들이 이해하게 되었어요." 그 말은 사실이었다. 아니, 이제 그것은 비단 머리로 이해한 것을 넘어 존재의 한 방식이 되었다. 발러리는 허리케인 카트리나 앞에서 공포에 떨던 여인을 껴안으면서 그녀의 절망을 진정으로 느꼈다. 발러리의 깊은 공감, 강한 연민은 자기 영혼의 어둔 밤을 통해서 단련된 것이다. 직접 고통을 겪어본 적 있기에 다른 이의 고통도 진정으로 이해할 수 있었다.

둘이 그렇게 가깝게 연결될 때 생기는 에너지의 파장은 그 크기를 헤아릴 수 없으며, 고통이라는 것이 무엇인지 개념적으로만 이해하는 이는 이러한 에너지를 일으킬 수 없다. 또 발러리는 그처럼 자발적으로 사랑을 표현하면서 그녀 자신이 공감이고 연민임을 새로이 인식하게 되었다. 그녀는 이 물질계를 떠날 때 자신에 대해 더 깊어진 깨달음을 영혼계로 가지고 갈 것이다. 또한 그 깨달음은 그것을 가능하게 한 고통이 시간의 우물 속으로 사라진 뒤에도 오래도록 그녀 영혼의 일부로 남을 것이다.

발러리는 자신도 치유되고 다른 이들의 치유를 도우면서, 쓰라리거나 격앙된 감정 같은 죽음에 따라붙는 감정과는 아주 다른 내적 고요와 안정감, 균형 감각으로 내면을 채우게 될 것이다. 이것 역시 그녀의 계획에 속한다. 발러리는 스스로 전생 계획 세션에서 말했듯이 다른 생에서 균형 잃은 삶을 여러 번 살았다. 영혼은 균형을 이루지 못하고 한 생을 마치면 그 다음 생에서 그 균형을 추구한다. D.C.와 더스틴이 발러리를 떠나기로 결정한 것은, 인간의 차원에서는 선뜻 이해하기 힘들겠지만 영혼의 차원에서는 사랑에 바탕을 두고 계획한 것이다. 그들은 자신, 그리고 발러리를 포함해 삶을 함께할 모든 이들을 더 높이 성장시켜 줄 삶의 각본을 짰다. 실제로 발러리를 중심점으로 다시 이끌어준 것은 그들의 죽음이 야기한 불균형이었다. 영혼의 관점으로 상실의 덧없음을 깨달을 때 발러리는 다시금 중심을 회복하고, 스테이시가 말한 시계추 효과를 경험할 것이다.

이번 생에서 용기를 갖고 삶의 계획에 순응함으로써 발러리는 자신의 길잡이 영혼이 말한 자존감을 찾게 될 것이다. 더스틴과 D.C. 없이도 용기 있게 살아가는 자신의 모습을 날마다 확인하고, 자신이 경험하는 모든 것을 계획한 힘 있는 창조자가 바로 자신임을 알며, 이 물질계에서 자신을 신뢰와 신념, 공감과 연민, 그리고 균형으로 표현하게 되면서, 발러리는 자기 사랑의 감정이 특정 삶에서 자기가 하는 역할과 무관하다는 것을 깨닫게 될 것이다. 그녀는 과거의 삶에서 자신을 누군가의 아내, 어머니, 혹은 애인으로만 규정했다. 이러한 자기 규정은 이번 생에서도 어느 정도 지속되었지만, 그런 역할을 할 수 있게 해주던 이들이 사라져버림으로써 그녀는 자신을 그런 역할 이상의 존재로서 기억해 내게 되었다.

발러리의 이야기는 또한 우리가 다른 이의 전생 계획을 알 수 없는 만큼 남들이 그 계획을 실천하는 방식에 대해 판단을 내릴 수 없다는 것도 보여준다. 예를 들어 많은 이들은 더스틴에게 마약을 댄 거래상을 혹독히 비판할 것이다. 하지만 영혼의 차원에서 더스틴과 그 친구는 이번 외의 다른 생도 함께 계획할 만큼 사랑하는 사이였다. 더스틴은 그를 믿었기에 그처럼 중요한 역할을 그에게 맡긴 것이다. 같은 의미로 발러리는 D.C.와 더스틴에게 그녀가 계획한 배움을 얻을 수 있도록 해준 데 고마움을 표할 것이다. 중요한 것은, 탓할 이는 아무도 없다는 것이다. 우리 모두는 그 누구의 희생양도 아니다. 사실 희생양이라는 것은 있을 수 없다. 죄책감은 존재하지 않으며, 용서도 필요하지 않다. 모든 것이 계획대로 순조롭게, 그리고 사랑으로 수행되었는데 무엇을 위해 용서가 필요하다는 말인가?

비록 이러한 역할들이 태어나기 전 선택되고 동의된 것이기는 하나 계획의 실행은 그래도 상실이라는 고통스러운 감정을 낳는다. 아들을 잃는 경험을 통해서 그녀는 고통을 스스로 껴안아야만 한다는 것을 알게 되었다. 길잡이 영혼이 뎁과의 세션에서 해준 조언을 떠올려보자. "이렇게 말하세요. '더 흘릴 눈물이 없을 때까지 울리라.' 그러고 나서 마지막 남은 고통을 흘려버릴 수 있도록 한 번 더 우세요." 이 길잡이 영혼은 고통이란 억압되어 있는 상태로는 치유되지 않는다는 것을 알고 있다.

우리가 다른 사람들과 관계 맺는 것과 똑같은 방식으로 우리 자신과도 관계 맺고 있음을 떠올리는 것이 고통을 치유하는 데 도움이 된다. 사랑하는 친구가 사랑하는 사람과 사별하고 나서 우리에게 도움을 청할 때 단단히 팔짱을 끼고 등을 돌릴 사람은 없을 것이다. 그에게 내줄 시간이 없다고 말할 사람도, 고통을 꼭꼭 숨기고 그냥 살라고 말할 사람도 없을 것이다. 그런데 왜 정작 자신한테는 그런 식으로 대하는 것일까? 발러리는 D.C.가 죽은 뒤 술에서 위안을 찾으면서 스스로의 아픔을 외면했다. 하지만 더스틴마저 잃었을 때는 자신에게 충분히 사랑을 쏟으며 상실의 슬픔을 애도했다. 우리 자신이 슬픔에 빠져 있을 때, 우리는 흔히 슬픔에 빠진 친구에게 하는 것과 꼭 같이 자연스럽고 너그러운 사랑을 우리 자신에게 베풀어야 한다.

영혼에게 슬픔은 사랑의 표현이고, 모든 사랑의 표현은 곧 치유이다. 슬픔에 저항하는 것은 사실 그 고통을 에너지로 둘둘 싸서 외딴 곳에 놓아두는 것이다. 우는 것은 그처럼 단단히 뭉친 에너지를 풀어버리려는 몸의 자연스런 방식이다. 눈물은 에너지가 계속 흐를 수 있게 해주며, 그리하여 더 깊이 치유가 일어나도록 돕는다.

슬퍼하는 것이 얼마나 중요한지 이해하고 나면 우리는 꼭이 울어야 한다고 생각하게 될지도 모른다. 비물질적 차원에서, '~해야 한다' 는 에너지는 진정한 치유를 가져다주지 않는다. '~해야 한다' 는 것은 마음의 과정을 통제하려는 머리의 지적 구성물이다. 스스로에게 무엇을 '해야 한다' '하지 않으면 안 된다' 라고 말하는 것은 머리로 우리 행동의 진동수를 조정하려는 것이다. 하지만 우리가 무엇을 하는지보다 훨씬 더 중요한 것은 우리가 그것을 어떠한 진동수로 하느냐이다. 울음은 자연스럽고 자발적인 감정의 표현일 때 치유의 역할을 한다. '그래야만 하기 때문에' 우는 것은 껍데기인 나ego를 통한 울음이요 껍데기인 나와 함께하는 울음이다. 반면 울고 싶어 우는 것은 부드럽고 애정 어린 손길로 스스로를 보살피는 것이다.

영은 결코 우리를 슬픔 속에 내버려두지 않는다. 누구도 홀로 우는 법은 없다. '외로이' 우는 것처럼 보이는 사람이라도 실은 길잡이 영혼들, 천사들, 그리고 먼저 세상을 떠났지만 우리에 대한 사랑은 변함이 없는 따뜻한 가족들에 둘러싸여 있고, 그들 품에 안기어 있다. 몸은 죽지만 사랑은 죽지 않는다. 우리가 영혼계로 돌아간 사람들을 생각하면, 우리의 생각의 에너지는 그들을 우리 곁으로 불러들인다. 더스틴이 이모를 통해 발러리에게 메시지를 보냈듯이, 가끔은 그들이 우리와 대화를 시도하기도 한다. 그들은 우리 머릿속에 생각을 심어 주기도 하고—깨어 있을 때도 그렇고 꿈을 꿀 때는 더 자주 그렇게 한다—직관으로 어떤 느낌을 주기도 한다. 그들은 물질적 한계에 갇히지 않는 에너지이므로, 더스틴이 말한 것처럼 전화기와 같은 장치를 통해 교통할 수도 있다. 그들은 길잡이 영혼과 천사들처럼 우리를 이끌어주고 치유해 주며 도움을 줄 '우연'을 마련해 놓는다.

예를 들어 누군가를 잃은 지 얼마 되지 않아 슬픔 속에 빠져 있는 사람에게 길 잃은 동물이 나타나는(그리고 데려다 키우게 되는) 일이 드물지 않게 일어난다. 또 영혼계로 돌아간 이가 살아생전 쓰던 화장수나 향수 같은 익숙한 냄새를 만들어내 자신들이 아직 여기 함께 있다는 표시를 하기도 한다. 우리는 슬픔에 빠져 그러한 메시지를 알아채지 못하고 넘어가는 경우가 많다. 하지만 먼저 세상을 떠난 이들에게 마음을 열어놓는 것은 곧 그들에게 우리 삶에 들어와 치유의 기적을 행해

달라고 초대하는 것과 같다. 궁극적으로 몸의 죽음은 삶의 계획이 충족되었노라고 영혼이 내리는 판단이다.

"사람이 죽는 것은 그 삶에서 얻을 것을 모두 얻었기 때문이라는 것을 잊지 마세요." 발러리의 영혼이 우리에게 해준 말이다. 이 확신에 찬 조언은 우리가 사랑하는 이의 죽음에 대해 원망할 것이 없다는 깨달음으로 이어진다. 가끔 죽음을 부른 사고나 상황에 대해 책임감을 느끼는 수가 있는데, 그것은 그저 우리가 사랑한 이들이 태어나기 전 계획한 일종의 출구일 뿐이다. 스스로 누군가의 죽음의 원인이 되었다거나 그 죽음을 막았어야 했는데 막지 못했다고 느끼는 사람이 있다면 이 점을 말해주고 싶다. 누구도 동의 없이는 죽지 않는다. 바로 그 점을 알 때에만 자신을 용서할 수 있다. 그리고 평화를 얻을 수 있다.

우리가 태어나기 전 지혜롭게 삶을 계획했다는 믿음과 신념이 있다면, 우리가 사랑한 그들이 이 삶에서 애초에 찾던 성장과 아름다움, 풍요로움을 모두 누리고 갔음을 알 수 있을 것이다. 그들은 자신들이 계획한 그대로 살았음을 알고 평화 속에 있다. 그리고 그 앎과 평화를 우리와 나누고 싶어한다.

7. 사고당할 것을 계획하다

우리 눈으로 볼 때 사고로 몸을 다치는 것은 우연히 일어나는 사건처럼 보인다. 사고가 경미할 때는 운이 나빴다고 하고, 심각할 때는 비극이라고 한다. 우리는 사고를 두려워하기도 하고, 사고가 삶에 비극을 가져다준다고 여기기도 한다. 하지만 지금까지 살펴보았듯이 물질계에서 일어나는 일은 보이는 대로가 전부가 아니다.

이 장에서는 일견 모순적으로 보이는 '계획된 사고'라는 개념이 등장한다. 많은 사고들이 개인의 영적 성장을 위해, 혹은 다른 이들을 돕고 내면의 나를 깨우며 나를 더 깊이 알기 위해 전생에 계획된 것이다. 깊은 성장은 그 사고를 경험하는 당사자뿐 아니라 그 사람에게 영향을 받는 주변인들에게까지 일어나게 된다. 사실 우리 모두는 연결되어 있기 때문에 모든 사람이 그 영향을 받는다고 할 수 있다.

이 장에서는 큰 사고를 당한 두 사람, 제이슨 서스턴과 크리스티나를 만나게 될 것이다. 크리스티나는 아주 오래 전에 사고를 당했고, 제이슨은 비교적 최근에 사고를 당했다.

제이슨의 이야기 — 사지 마비와 자유로운 사고

"더 바랄 것 없이 행복한 날이었어요." 제이슨은 2004년 어느 따뜻하고 화창한 8월의 오후, 자기 집 뒷마당의 풍경을 떠올렸다. 친구들은 제이슨과 그의 아내 다비나가 저녁으로 바비큐를 준비하는 동안 삼삼오오 모여 앉아 즐겁게 이야기를 나누고 있었다. 조금 뒤, 해가 지자 모두 보기 좋게 타들어가는 화톳불가로 둥그렇게 모여들었다. 제이슨의 두 아들 제이런, 그리고 '폭스'라는 애칭으로 더 많이 불리는 가렛 폭스는 마당에 딸린 조그만 수영장에서 물을 튀기며 놀고 있었고, 다른 아이들 역시 깔깔거리며 마당의 풀밭을 뛰어다니고 있었다. 제이슨은 최근 평생 꿈꿔오던 조리 교사직에 최종 면접을 보고 합격해 놓은 상태였다. 그날 오전에는 시원스레 잔디도 깎았다.

"이 세상에 부러울 게 없더군요." 그의 목소리에는 그리움이 담겨 있었다.

하지만 잠시 후 그의 삶은 영원히 바뀌었다. 다비나가 이제 고기를 굽자며 제이슨을 불렀다. 장난기가 발동한 제이슨은 아내에게 가는 대신 제이런이 놀고 있는 풀장으로 뛰어들었다.

"평소처럼 다이빙을 했어요. 하지만 그 결과는 평소와 달랐지요. 바닥에 머리를 그대로 갖다 찧었으니까요. 마치 번갯불이 척추를 관통하는 것 같더군요. 팔을 휘저어 수면 위로 올라가고 싶었지만 팔이 말을 듣지 않았어요. 아래로, 아래로 가라앉을 뿐 어떻게도 손을 쓸 수 없었어요. 결국 물에 몸을 맡겼죠.

그 순간 사랑하는 모든 이들의 얼굴이 눈앞에 생생하게 펼쳐지더군요. 두고 떠나고 싶지 않은 모든 것들이 영화의 장면들처럼 스쳐 지나갔어요. 그때 제가 얼마나 깊은 평화로움과 평정, 고요함을 느꼈는지 어떤 말로도 설명할 수가 없네요. 그 느낌 속에 잠겨 그대로 있고 싶었지만, 난 아내와 아이, 직장이 있는 서른두 살의 가장이었어요. 아직 때가 아니었죠. 더 높은 힘으로부터 이런 메시지가 들려왔지요. '여기서 살아남을 것입니다. 죄책감과 후회, 어떤 부정적인 생각도 아직 당신 것이 아닙니다.'"

무슨 일이 일어났다는 걸 처음으로 알아챈 것은 제이런이었다. 제이런이 아빠를 들어 올리려고 해보았지만 아빠는 꼼짝도 하지 않았다. 조금 뒤 아빠의 눈을 들여다보고서야 아빠가 의식을 잃었음을 알았다. 제이슨의 친구들이 수영장으로 달려와 그를 끌어냈다. 다비나는 그의 가슴을 내려치며 소리쳤다. "죽으면 안 돼! 이렇게 죽을 리 없어!" 제이슨은 목 척추뼈 두 개가 완전히 부서진 상태였다. 그는 헬리콥터로 병원으로 이송되어 응급 수술을 받았다. 제이슨의 가족은 곧 그가 팔 근육은 아직 움직일 수 있지만 가슴 아래로 전신이 마비되었음을 알게 되었다.

"정신을 차려보니 딱딱한 플라스틱 튜브가 목구멍 안으로 들어가 있더군요. 온몸에 갖가지 튜브와 선들이 연결되어 있었어요. 어깨 아래로는 감각이 하나도 없었고요. 하지만 그 위로는 상상을 초월하는 극심한 고통이 느껴졌어요. 뼈, 뼛속 깊은 데서 통증이 느껴지더군요. 처음으로 든 생각은 튜브를 떼어내고 말을 하고 싶다는 거였어요. 내 심장은 고동치고 있었으니까요. 하루 종일 한마디도 할 수 없던 그날보다 하루가 더 길다고 느껴진 날은 없었지요. 난 그저 사람들에게 '나 아직 살아있어. 다 괜찮을 거야'라고 말해주고 싶었어요. 간호사들이 와서 정맥주사를 놓을 때 내 볼을 타고 눈물이 흘러내렸는데, 아버지가 그걸 보고서야 내가 아직 살아있다는 것을 알 수 있었대요."

그 후로 비록 누워서 꼼짝할 수 없는 신세였지만, 다른 이들의 기분에 온 신경을 쏟았다. "나는 사람들 기분을 되도록이면 좋게 해주자고 마음먹었지요." 그는 호흡 치료사들이 폐에 모인 액체를 따라내려 진동 복대를 입혀줄 때가 기회라고 생각했다.

"난 노래를 불렀어요. 브루스 스프링스틴의 〈파이어Fire〉라는 노래를 엘머 퍼드(혀 짧은 소리를 내는 것이 특징인 만화 캐릭터—옮긴이)처럼 불렀지요. '운저느 하고 이써네' (운전을 하고 있었네), 이런 식으로요. 병실 밖이 소란해졌지요. 사람들이 웃음을 터뜨렸어요. 하느님을 만나 힘을 얻어 이렇게 살아있다는 것이 눈물 나도록 기쁘더군요! 비록 저는 세상에서 가장 어려운 난관을 헤쳐 나아가고 있었지만 주변의 모든 이들은 행복하게 해주고 싶었어요."

제이슨은 2주 동안 중환자실에 있다가 그 후 석 달이 넘게 재활 치료를 받았다. 제이슨은 재활 치료로 조금씩 회복되기는 했으나 삶이 전과 같을 수 없다는 냉정한 현실을 깨닫기 시작했다. 특히 괴로운 순간은 직업 치료를 받던 중 샌드위치를 반으로 자르라는 지시를 받은 때였다.

"치료자가 조그만 프렌치 나이프를 집어 들더니 내 손에 쥐어주더군요. 전 오래도록 요리사로 일했기 때문에 프렌치 나이프를 셀 수도 없이 많이 쥐어봤지요. 칼을 물끄러미 바라보았어요. 옛날 생각이 나더군요. 날마다 아침 여섯시가 되면 그 칼로 커다란 양파며 한 자루 가득한 당근이며 셀러리 머리 부분을 잘게 다져 15분 안에 그릇에서 볶아내곤 했지요. 그런데 이제는 샌드위치를 자르기는커녕 칼 하나 손에 제대로 쥐지도 못하고 있었어요. 전 그만 오열하고 말았지요."

제이슨은 "할 수 있을 때까지 노력하겠다"라는 뜻으로 "될 때까지 한다"라는 구호를 끊임없이 되뇌며 재활 치료를 끝까지 마쳤다. 그러면서 자신에게 규칙을 하나 부과했다. '아직'이라는 말을 붙일 때 말고는 '못해'라는 말을 절대로 쓰지 않는다는 것이었다. 재활 치료가 끝났을 때 기분은 홀가분했지만 집으로 돌아온 후의 생활은 또 다른 시련이었다. "사람들은 내 기분이 어떨지 알 수도 없고 이해할 수도 없었어요. 그래서 혹여 내게 상처를 주지는 않을까 걱정하고 주저하더군요. 날마다 하루도 쉬지 않고 수많은 손들이 저를 도와야만 했으니, 난 그만큼 사람들에게 엄청난 스트레스를 주는 셈이었죠."

공감하는 능력을 타고난 다비나에게도 이런 생활은 결코 쉽지 않았다. "가슴 아래로는 손가락 하나도 움직이지 못하는 남편을 보며 아내는 망연자실해하더군요. 혹시나 감정을 드러내면 내가 무시받는다는 느낌을 받을까봐 그런 감정도 꾹 참더라고요."

이 일은 성생활에도 영향을 미쳤고, 그래서 그 고통은 더했다. "우리 앞에 놓인 슬픔과 상실감이 너무나 컸습니다." 그의 목소리가 가라앉았다.

"제이슨, 이 사고에 대해 아들들에게는 어떻게 설명했나요?"

"둘째 폭스가 '아빠, 다리 움직이던 때 기억나세요? 나랑 같이 낚시 갔을 때 기억나요?'라고 물으면 전 '아빠랑 지금도 낚시 갈 수 있어. 그때랑 조금 다르기는 하겠지만'이라고 대답하지요. 제이런은 이 상황을 깊은 연민의 눈으로 바라봐요. 그 녀석은 이 일을 비극으로 보지 않아요. 엄마와 동생을 위해서 의젓하게 여러 가지 일을 해내죠. 그런 역할을 아주 잘 소화해 주고 있지요."

어머니는 그를 정성껏 보살펴주지만 이따금씩 그와 다툼을 일으키기도 했다. "어머니는 너무 꼼꼼히 저를 간호하셔서 때로는 제가 답답할 정도였어요. 그래서 조금 대충하라고 말씀을 드리면 어머니는 노발대발하시지요. 울음을 터뜨리며 방에서 나가신 적도 있어요. '내가 미적거린다 이거냐? 그래 어디 한번 빨리 해보자꾸나!' 하지만 어머니는 내게 어머니로서 조건 없는 사랑을 보여주셨어요. 저를 위한 거라면 뭐든 해주셨지요."

주변 사람들에게서도 사랑이 쏟아졌다. 사람들은 자선 저녁 식사와 입찰식 경매 등으로 성금을 모아, 휠체어가 드나들 수 있도록 현관문을 수리하라고 비용을 마련해 주었다. 친구들은 장작을 패서 쌓아주기도 했다. 어느 날은 통나무에 'JT' 라고 새겨 선물로 주기도 했다. 지역 교회에서는 샤워 기기를 새로 기증해 주었다. 다비나는 다양한 방식으로 도움을 준 사람들에게 고마움을 표시하고자 지역 신문에 편지를 싣기까지 했다.

"하지만 더는 나타나지 않는 친구들도 있더군요. 한 대학 친구는 중환자실에 있는 저를 보러 와서 그러더군요. '솔직히 말해 널 보러 오고 싶지 않았다. 예전의 네 모습으로 기억하고 싶었거든.' 그는 제가 재활 치료를 받을 때 한 번 더 찾아왔지만 그 후로는 나타나지 않았어요. 어떤 이들은 와서 사고를 보는 게 아니라 저를 보고 가고, 또 어떤 이들은 제가 아니라 사고를 보고 가지요."

제이슨은 조금씩 새로운 생활에 적응해 가고 있다. 수많은 연습 끝에 이제는 혼자 밥을 먹을 수도 있다. 욕조에 넣어주기만 하면 혼자서 씻을 수도 있다. 씻고 옷을 입는 일상의 일에 때로는 네 시간이 들기도 한다. 펜을 쥐기가 쉽지는 않지만, 팔 전체를 움직여서 글씨도 쓸 수 있다.

"인내심의 수준이 상당해졌습니다." 그가 덧붙였다. "수영장으로 뛰어들던 그 순간을 후회하지는 않아요. 특히 그 일이 일어난 데는 까닭이 있다고 생각해요."

"제이슨, 막 사고를 당한 사람이나 그런 사람을 돌보는 이들에게 무슨 말을 해주고 싶은가요?"

"전 제가 갖고 있는 것에 대해 생각합니다. 아직 기억력이 남아 있고요. 문제를 해결할 수 있는 능력도 있고, 가로세로 낱말풀이도 할 수 있어요. 게다가 정확히 맞추기까지 하죠. 그리고 이 경험으로 얼굴 한 번 보지 못한 많은 사람들과 인연이 맺어졌어요. 그것에 무척 감사합니다."

"또 어떤 말을 사람들에게 해주고 싶으세요?"

"우는 것은 회복에 도움이 됩니다. 그리고 제 안에는 말이에요, 아직 예전 그대로의 제가 있어요. 사고를 당한 이들이 겉모습이 전과 같지 않고 전처럼 움직이지 못한다고 해서 그들이 아주 다른 사람이 된 것도 아니고, 또 여러분이 그들을 사랑할 수 없는 것도 아니지요. 사람은 적응하는 동물이라고 생각해요. 우리는 상황에 적응할 수 있고 또 극복도 할 수 있어요."

스테이시 웰즈와의 세션

나는 제이슨과 이야기를 나누며 긍정적인 태도를 잃지 않는 그의 결연함에 깊이 감동받았다. 많은 이들을 인터뷰하며 내가 얻은 결론이 있으니, 바로 우리에게는 시련을 받아들이고 그것을 성장의 기회로 활용할 수 있도록 그에 필요한 선물이 주어진다는 것이다. 그 선물은 개인의 성격, 주변 사람들, 그리고 동시성이다. 그것을 활용하느냐 아니냐는 우리의 자유로운 선택에 달려 있다. 내가 느끼기로 제이슨은 범상치 않은 강한 의지를 선물로 받았다. 그리하여 험난한 시련에도 아랑곳 않고, 아니 어쩌면 바로 그것 때문에 힘차게 앞으로 나아가고 있다. 그는 임사 체험을 겪기도 했는데, 그러고 나서는 부정적인 생각에 집중하지 않겠노라는 결단을 내렸다. 그리고 사고가 일어나는 데는 까닭이 있다는 것을 직관적으로 깨닫고 그 의미를 찾아나섰다.

나는 제이슨의 사고에 담긴 목적이 무엇일지 궁금해하며 스테이시에게 전생 계획 리딩을 부탁했다.

"길잡이 영혼 셋이 이야기하는 게 들리네요." 스테이시가 입을 열었다. 그녀는 제이슨의 전생 계획 세션을 눈으로 보고 귀로 듣고 있었다. "방의 4분의 3이 제이슨과 그의 영혼 그룹에 속한 영혼들로 꽉 차 있어요. [지구에서] 제이슨과 인연을 맺을 이들과 영혼의 세계에 머물러 있을 이들이 모두 섞여 있어요. 이 길잡이 영혼 셋은 방 한구석을 차지하고 제이슨과 아주 열띤 토론을 벌이고 있어요."

제이슨_이 시련을 원해요.

길잡이 영혼_이 시련을 겪은 뒤 모든 게 다 변할 텐데요?

제이슨_네. 육체 안에 갇혀 눈에 보이는 것밖에 보지 못하는 삶을 너무 오래 살아 괴로웠어요. 육체의 삶으로 들어가 어른이 되면 눈에 보이는 것이 전부가 아니란 걸 잊게 되겠지요. 삶에 삶을 거듭하며 그저 피부에 와 닿는 것들—사회 구조, 유행, 사회적 인정, 지위, 성취—만 중요시하는 습관이 들 거예요. 이 삶을 살기 전에 내가 집중하고자 했던 영적인 것들은 없다고 치부하면서 말이에요.

나는 이타적인 사람이 되고 싶어요. 비단 가족만 사랑하는 사람이 아니라 더 많은 이들을 생각하는 사람이요. 내 영혼으로 그들에게 길을 보여주고 영감을 주고 싶어요. 사람들을 돕는 이가 되고 싶어요. 그렇게 그들을 도우며 다시 한 번 내 자신의 영성을 확인하고 싶어요.

길잡이 영혼_사고가 일어나고 3, 4년 뒤 영적으로 크게 성장하고 신념의 도약이 일어날 거예요.─맹신이 아니라요. 영적 성장에 가속도가 붙을 겁니다. 투청 능력이 생기면서 귓전에서 전화벨 소리가 울리거나 다른 소음이 들릴 거예요. 이 시기에는 신체의 것이건 영적인 것이건 청각이 발달할 겁니다.

제이슨_멋지군요! 무척 마음에 들어요.

"제이슨이 '이 진화 단계를 완성하고 있다'는 말이 들리네요." 스테이시가 자기 길잡이 영혼의 말을 인용했다. "그는 이 주제로 작업하는 것이 이번이 마지막이기를 바라는군요. 그러려면 그가 의도한 바를 정확히 실행해야겠고요."

나는 스테이시에게 제이슨의 대화에서 다른 영혼의 말도 들을 수 있느냐고 물었다. 그녀는 제이슨의 어머니의 영혼부터 시작했다. "그가 이것〔사고〕이 한 열 살쯤에 일어나면 어떻겠냐고 어머니에게 말하고 있네요. 사고의 종류는 조금 다르겠군요. 어머니의 눈에서 눈물이 흘러요. 어머니는 두 손을 들고 안 된다는 뜻으로 손사래를 치고 있어요."

어머니_아, 이런. 안 돼! 난 동의해 줄 수 없구나! 널 잃는 것이나 다름없을 텐데. 전에도 널 잃었단다. 전에도 나보다 먼저 세상을 떠난 게 여러 번 되잖니. 그런 일이 또 일어나는 건 원하지 않는다. 몸을 쓰지 못하는 채로 세상에 남아 있을 거라고는 하지만 그 역시 널 다시

한 번 잃는 것이나 다름없을 것 같구나.

"제이슨이 이전 생에서도 같은 어머니의 아들이었나요?"
"아들인 적도 있었고, 오빠, 애인인 적도 있었어요. 부부였던 생에서는 그녀가 남편이고 그가 아내였군요."
"이런 시련을 원하는 까닭을 그는 어떻게 설명하나요?"

제이슨_내 인격체의 의식이 깨어날 수밖에 없는 경험을 하는 게 내 목표예요. 그 경험을 통해 나는 우리가 서로를 판단하는 이 비좁은 구조물, 이 몸 이상임을 깨닫게 될 거예요. 난 누구보다도 큰 판단 덩어리잖아요.

"이 대화를 듣고 있노라니 1700년대의 영상이 보이네요. 그는 상류층 귀족이에요. 겉모습이나 사회적인 지위, 하는 일 모두 다요. 이번 생에서 하려는 것은 그것을 넘어서 균형을 맞추려는 거예요."

어머니_그 일이 네가 어렸을 때 일어나지는 않았으면 한다.
제이슨_알겠어요, 뒤로 미룰게요. 아내와도 의논해 볼게요.

"이제 제이슨의 아내 다비나가 보이네요. 둘이 아주 심각하게 대화를 나누는군요. 처음에 어떻게 만나게 될지에 대한 이야기를 나누고 있어요. 사랑하고 결혼하고 아이를 낳는 것에 대해서, 그리고 제이슨의 삶에 급격한 변화가 생기며 둘의 관계가 더욱 깊어지는 것에 대해서 이야기하고 있군요. '사고'에 대한 이야기도 나오네요. 지금이야

우리는 그것이 사고가 아님을 알지만요. 제이슨이 손으로 뒷목을 짚는군요. 앞으로 아내가 될 이 영혼과 이야기하며 '완전히'라는 단어를 쓰는 것이 들려요."

제이슨_사고의 결과는 상상하는 것 이상일 거야. 모든 게 완전히 바뀔 테니까.

다비나_그 덕분에 영적인 차원에서는 더 넓어지겠지. 오븐에 들어가면 부풀어 오르는 빵처럼.

"다비나는 그가 왜 이런 선택을 하는지 이해하는군요. 즉 머리에 속박되어 있던 자신을 해방시키고, 그 이전 네 번의 전생에서 자신을 규정짓던 한계를 넘어 성장하고자 하는 게 그의 목표지요. 바로 그래서 팔다리가 모두 마비된 거예요. 네 번의 전생, 사지 마비."

"스테이시, 그가 전생에서 자기를 규정지은 믿음이란 뭔가요?"

"오직 한 길만 있다는 생각이지요. 이게 어떤 생에서는 종교적으로 나타났어요. 또 어떤 생에서는 완고한 성격으로 나타났고요. 이 밖에는 더 구체적인 이야기가 들리지 않네요."

참으로 놀라운 사실이었다. 제이슨은 이전 네 번의 전생에서 육체적 자유를 누렸지만 생각에 있어서는 자신이 부과한 한계 안에 갇혀 있었다. 이번 생애에서는 육체적으로는 한계에 갇혀 있지만 대신 생각의 자유를 얻었다. 사실 육체적 한계는 생각의 자유를 얻기 위해 선택된 것이었다. 이 균형은 의도적인 것이요 완벽한 인과의 카르마였다.

"스테이시, 제이슨과 다비나가 나눈 대화를 조금 더 들을 수는 없을까요? 특히 이 사고가 결혼에 미칠 영향에 대해서 말이에요."

스테이시는 다시 길잡이 영혼에게 귀를 기울였다.

다비나_나로서는 당신을 돌본다는 게 심리적으로나 감정적으로나 육체적으로 무척 힘들 거야. 이 사고 후에 당신과 가족을 혼자서 돌본다는 게 말이야.(한숨을 쉰다.) 삶에서 힘든 역할을 떠맡는 게 이번이 처음은 아니야. 다른 이를 돕겠다는 나의 목표와 맞아떨어지는 것이기도 하지. 난 당신을, 그리고 앞으로 알게 될 당신과 같은 처지의 사람들을 돕게 될 테니까. 내게는 무척 커다란 시련이 될 거야. 그 정도까지 당신을 사랑할 수 있을지, 그런 당신까지 사랑할 수 있을지 잘 모르겠어.

"'그런 당신까지'라는 말은 사지 마비를 말해요. 그래서 제이슨을 떠나기로 하는지 어떤지 그 결정에 대해서는 아무 말도 들리지 않네요."

스테이시의 길잡이 영혼은 곧 전생 계획의 다른 부분으로 초점을 옮겼다. "제이슨이 이번 생에서 아버지가 될 영혼과 이야기하고 있어요. 영혼으로서 제이슨의 아버지는 독립적이고 현실적인 것 같아요. 그와 제이슨은 과거에 아주 다양한 관계로 여러 번 생을 함께했네요. 대개 가족이었군요."

제이슨_아버지와 참 여러 번 생을 함께하네요. 이번에도 한 번 더 함께하면서 아버지를 존경하겠습니다. 다 자라 어른이 된 뒤에도 아버지를 육체적으로 부러워할지도 몰라요.

"장난처럼 하는 말이에요." 스테이시는 제이슨이 아버지에게 이 말을 할 때 가벼운 어조로 말했다고 설명했다. "농담을 건네는 말투군요." 제이슨이 사고에 대해 그렇게 가볍게 말했다는 것은 일견 놀라웠다. 이 시련의 심각함에 비할 때 그의 어조는 이해하기 힘든 것이었다. 하지만 영원한 영혼의 차원에서 우리는 우리가 진정으로 손상되지 않는다는 것을 안다. 제이슨이 아버지와 농담을 할 수 있었던 것, 그리고 스테이시의 길잡이 영혼이 지금 그 대화를 우리에게 들려준 것은 그러한 영혼의 관점에서였기에 가능했다.

나는 길잡이 영혼이 제이슨의 어머니가 제이슨이 어렸을 때 사고를 당하는 애초의 계획에 반대하는 부분을 왜 들려주었을지 알고 싶어졌다.

"그것은 우리가 전생 계획 세션에서 자유로운 선택권을 갖고 있음을 보여주려 했던 것이라고 하네요. 제이슨의 어머니는 제이슨이 아이일 때, 즉 자기가 돌보고 있는 동안에는 사고를 당하지 않게 하겠다고 선택한 거예요. 우리는 우리가 직면하고 싶은 상황과 그렇지 않은 상황을 결정할 수 있어요. 제이슨은 어머니에 대한 사랑 때문에 사고 시점을 늦추기로 한 거지요. 제이슨이 사고를 당하는 시점은 다비나와 이야기하면서 정해졌어요. 제이슨은 성인이 될 때까지 기다리기로 마음을 굳히지요. 다비나를 만나 이야기한 것은 사고 이후에도 그녀가 아내로 남기 바라는지 알아보기 위함이었고요. 그녀에게는 그의 삶의 일부가 될 수도 있고 거절할 수도 있는 선택권이 있었지요."

"영혼들은 사고가 일어나는 시기에 대하여 선호도를 갖기도 하는가 보지요?" 내가 물었다.

스테이시는 이제 길잡이 영혼에 채널링하여 그의 말을 그대로 전해

주고 있었다. "그것은 많을 걸 고려해 개인적으로 내리는 선택입니다. 때로 영혼은 〔윤회의 원(圓)을 완성하기 위해〕 서두릅니다. 때로는 앞으로 살게 될 시대에 지구에 어느 정도 사용 가능한 에너지가 있는지 등을 고려하여 서두르기도 합니다. 이러한 에너지를 가늠하고 분류하기 위해 점성술을 쓰기도 하고 수비학 같은 다른 숫자적 영향력을 참고하기도 합니다. 영혼은 태어나기 전에 이러한 에너지에 대하여 잘 알고 있습니다."

"영혼이 사고를 계획하는 데는 또 다른 이유가 있나요?"

"카르마의 균형을 맞추는 것이 가장 큰 이유입니다. 이전 생에서 누군가를 심하게 다치게 했다면 그는 자신이 고통을 준 바로 그 사람 손에 고통을 당할 적당한 시간과 장소에서 살기로 계획을 세우기도 합니다. 대개 깊은 통찰력을 바라는 마음 때문에 그렇게 합니다. 사고는 그 사람의 관점을 바꾸어놓음으로써, 그 전 여러 생의 물질적 차원에서는 얻지 못한 통찰을 갖게 하니까요."

"삶을 완전히 뒤바꿔놓은 사고를 겪은 이들에게 해주고 싶은 말씀이 있다면요?"

"영혼은 충분하고도 남습니다. 여러분은 몸 이상이라는 것을 늘 기억하세요."

"몸을 다친 이를 돌보는 사람들에게는 무슨 말을 해주시겠어요?"

"여러분이 헤쳐 나가야 할 일에는 커다란 연민이 필요합니다. 이것은 당신이 누군가를 조건 없이 사랑할 수 있는지를 확인하는 시험입니다. 이것은 또 전에 누군가 당신을 도왔거나 혹은 앞으로 올 삶에서 당신을 도울 것이기에 지금 당신이 누군가를 돕는 것이란 사실을 늘 기억할 수 있는지 시험하는 것이기도 합니다. 그리고 용서를 잊지 마세요. 늘 어느 시점에선가 깊은 분노가 생겨날 겁니다. 사고 자체에 화가 나기도 하고, 사고를 낸 사람에게 화가 나기도 하고, 왜 하필 이런 식으로 사고가 났는지에 화가 나기도 할 겁니다. 무슨 이유로든 화가 날 때마다 그것이 용서를 연습하는 기회임을 기억하세요."

뎁 드바리와의 세션

스테이시의 리딩이 끝난 뒤 제이슨은 영매 뎁 드바리와 그녀의 길잡이 영혼과도 세션을 가졌다. 뎁의 길잡이 영혼들이 제이슨이 이 삶에서 경험하고자 했던 것이 무엇인지 설명하기 시작했다.

"이것은 당신 둘[제이슨과 다비나] 사이의 약속입니다. 큰아들은 당신을 돌보러 지구에 왔군요. 그에게는 연민과 공감을 배울 훌륭한 기회가 될 것입니다. 하지만 이 일을 계획한 주요 인물은 당신과 아내예요. 이전 여러 번의 생에서 당신이 그녀를 돌보았네요. 병이 하나 보이는군요. 오래 누워 있어야 하는 병이에요. 중세 시대예요. 또 다른 전생도 있어요. 그녀는 당신의 오빠이고, 당신이 그녀의 여동생이네요. 당신은 많은 카르마를 지우고 그래서 이제 다시는 이 세상에 돌아오지 않으려고 아주 무거운 고난을 짊어지고자 하는군요. 당신이 다비나에게 이렇게 말하네요. '이 일[사고]이 너무 늦어지지 않게 하려면 같이합시다.' 그러자 다비나가 말하네요. '당신과 같이 있고 싶어요. 그렇게 하겠어요.'"

스테이시와 마찬가지로 뎁 역시 제이슨이 비교적 이른 시기에 사고가 일어나기를 바랐다고 보았다. 뎁도 제이슨의 어머니가 어린 시절에 사고가 나는 일은 피해달라고 부탁한 뒤의 전생 계획 세션에 접근하고 있는 것이 분명했다. 제이슨은 비록 그 부탁을 들어주기는 했지만 시련이 오래가는 것이기를 여전히 바랐고, 따라서 다비나에게 둘이 아직 젊을 때 사고가 일어나게 하는 게 어떻겠냐고 물은 것이다.

뎁이 다시 길잡이 영혼의 말을 옮겼다. "또 다른 한 가지는, 당신에게는 이 세상을 떠나는 쪽과 이 세상에 남는 쪽을 선택할 기회가 있었군요. 혹시 의식을 잃었던 적이 있나요?"

"사고가 일어났을 때 완전히 의식을 잃었지요. 심장도 뛰지 않았고, 모든 게 다 멈추어버렸죠. 아내가 심폐소생술을 했고요." 제이슨이 대답했다.

"당신은 여기 지구에 남아 약속을 이행할지 떠날지 결정해야 했다는군요. 그 선택은 당신이 했어요. 의식을 잃었을 동안 당신은 '난 여기 머무르겠어. 계속 더 가보고 싶어' 라고 말했어요."

"저한테 중요한 사람들이 하나하나 그림처럼 눈앞에 펼쳐졌어요. 마치 누군가 이렇게 묻는 것 같았죠. '그들과 여기 있을 텐가, 아니면 계속 갈 텐가?'" 제이슨이 말했다.

"길잡이 영혼들은 이처럼 어려운 과제를 앞에 둔 우리에게 선택의 기회, 즉 이 세상을 떠날 수 있는 기회를 주지요. 마음을 바꾸고 싶다면 그렇게 할 수도 있어요. 하지만 당신은 약속을 지키고 싶었어요. 당신은 '단지 몸이 성치 않다고 해서 내가 온전한 사람이 아닌 것은 아니야' 라고 세상에 말하고 싶었군요. 당신이 그 사실을 증명해 보임으로써 당신뿐만 아니라 당신 아내, 아이들까지 모두가 성장할 거예요. 세상 사람들에게도 선한 일을 할 기회를 주는 셈이고요. 다른 사람들의 도움을 필요로 함으로써 그들에게 새로운 일에 마음을 열 기회를 주는 거예요."

나는 뎁이 제이슨의 전생 계획에 대해 설명하는 것을 들으면서 영혼인 그가 어떻게 물질계에서 그 사고가 실제로 일어나리라는 것을 확신할 수 있었는지 궁금해졌다. "뎁, 어떻게 영혼이 그러한 사고가 일어나게 만들거나 유도할 수 있나요?"

"보통은 길잡이 영혼이 우리를 보호하지요. 우리에게 늘 경고 신호를 줘요. 제이슨의 길잡이 영혼들도 정상적으로 [텔레파시로] 말을 했을 거예요. '이 수영장은 다이빙하기에는 너무 얕아.' 하지만 제이슨이 기회를 찾고 있었기 때문에 이번에는 그들이 나서지 않았어요. 제이슨이 미리 약속을 해놓은 거니까요."

나는 뎁의 대답을 통해 전생 계획 세션을 탐험하며 알게 된 바를 다시 한 번 확인할 수 있었다. 즉 길잡이 영혼들은 계획하지 않은 시련에서 우리를 보호하기 위해 우리의 머릿속에 생각을 심어준다는—비록 우리가 생각해 낸 것처럼 보이지만—것이다.

"길잡이 영혼들이 이렇게 말하네요. 길잡이 영혼들은 누군가 막 잠수를 하려 한다든지, 아무튼 하지 말아야 할 것을 하려고 할 때 그 사람이 실제로 균형을 잃어버리게 만든다고 해요. 갑자기 '발에 걸려 넘어' 진다거나 하는 식으로 넘어뜨리는 거지요."

길잡이 영혼들이 사람의 삶에 물리적으로 개입한다는 말은 처음 듣는 것이었지만 내가 생각하던 바와 꼭 맞물리는 것이기도 했다. 즉 길잡이 영혼들은 우리의 전생 계획이 이 삶 속에서 계획대로 진행되게 하려고 최선을 다한다는 것이다. 그들은 어떤 상황에서는 직접 행동에 나서기도 하고, 또 어떤 상황에서는 뒤로 물러서기도 한다. 그 어떤 경우든 길잡이 영혼들의 행동은 사랑에서 그리고 우리를 도우려는 마음에서 나온다.

"길잡이 영혼들이 이것이 제이슨이 정말 원하는 것이냐고 묻고 있군요. 길잡이 영혼들은 그 일이 일어날 수 있는 방식이 여러 가지라고 말하고 있어요. 제이슨은 사고가 일어날 나이에 대해서는 확고하게 마음을 굳혔네요. '내 나이 예순에 이 사고가 일어나서는 안 돼요.' 제이슨과 다비나는 그가 앞으로 겪게 될 일, 그 일이 아이들에게 미칠 영향 같은 것에 대해 이야기하는군요. 길잡이 영혼들이 다비나에게 물어요. '정말로 이 삶에 동참하고 싶은가요? 당신은 아내, 어머니, 간호사, 간병인 역할을 다 해내야 해요.' 그녀는 공감하는 법을 비롯해 자기가 배울 것이 있으니 그리 하겠다고 하네요. 누군가에게 공감한다는 것은 공감 에너지를 치유 에너지로 변형시켜 사랑과 함께 보낸다는 것이지요.

누구에게나 더 이상 참여하고 싶지 않을 때 빠져나올 수 있는 출구가 있어요. 다비나가 제이슨에게 심폐소생술을 할 때도 사실 그 손을 멈출 수 있었죠. 하지만 그녀의 영혼은 제이슨이 세상에 남아 있어야 한다고 말을 했지요."

"다비나가 심폐소생술을 할 때 그녀의 영혼이 계속하라고 말해주었다고요?" 나는 깜짝 놀라 물었다.

"그래요. '동의했잖아요. 손을 멈추지 말아요'라고 했지요."

뎁은 그 뒤 잠시 말이 없었다. 길잡이 영혼이 하는 다른 말에 귀를 기울이는 듯했다. "다비나가 인내를 배우고 있다는 말이 들리네요."

"다비나는 바로 지금도 인내를 배우고 있어요." 제이슨이 입을 열었다. "오늘도 그런 이야기를 하고 왔지요. 다비나는 이 모든 일로 배운 것이 하나 있다면 바로 인내라고 말했어요."

"당신 쪽에도 인내라는 문제가 있어요." 뎁이 제이슨을 보고 말했다. "당신은 아마도 화를 참지 못하는 성미거나, 좀 충동적인 데가 있군요."

뎁의 말을 들으니 나는 제이슨과 그의 어머니 사이에 갈등이 있었다는 사실이 떠올랐다. "성미가 급하고 냉소적이기까지 하지요." 제이슨은 뎁의 말을 인정하며 소리 내 웃었다.

"이런 말이 들리네요. 당신이 배우는 것 중에 중요한 것으로 시각화 기술이 있어요. 손을 움직이는 모습을 눈앞에 그려보세요. 부러진 척추뼈가 이어지는 모습을 그려보세요. 몸의 한계를 넘어 머리로 할 수 있는 것도 많이 있지요. 몸에 쏟던 그 모든 에너지가 이제 머리로 가고 있어요. 그건 당신이 하기로 선택한 일이에요. 앞으로 당신이 가는 길을 통해 사람들이 새로운 눈을 뜨게 될 겁니다. 몸을 다치긴 했지만 뇌에는 아무런 이상이 없다는 것도 알게 될 거고요."

스테이시와 마찬가지로 뎁 역시 제이슨의 탄생 전 바람이 사고 후—그리고 그 사고의 결과—생각의 자유를 경험하는 것이라고 보았다.

"또 이런 말이 들려요. 사람들이 때로 당신을 없는 사람처럼 대할 수도 있어요. 즉 당신을 대신해 결정을 내릴 수 있다는 뜻이지요. 하지만 당신의 뇌까지 마비된 것은 아니잖아요. 사람들은 당신이 원하는 바를 간과해서는 안 된다는 것을 배워야 해요."

"맞아요. 다른 이들이 날 대신해 결정을 내려주는 경우가 아주 많아요." 제이슨이 수긍했다.

"뎁, 제이슨이 카르마의 균형을 맞추고 지구로 다시 돌아올 필요가 없기를 바라서 이 경험을 계획했다고 했잖아요. 카르마의 균형을 맞추고 지구로 돌아오지 않는 것이 영혼에게 왜 중요한가요?" 내가 물었다.

"영혼들은 자신의 지난 삶들을 기록한 책인 아카식 레코드를 훑어 보며 이렇게 말하지요. '여기서는 전쟁에서 죽었군. 저기서는 말에 밟혀 죽었네. 그리 오래 살지 못했어.' 그러다가 '흠, 이젠 다른 데로 가 볼까' 하는 식으로요. 영혼들은 몸의 옷을 입고 고통과 무거움을 느끼는 방식이 아니라도 다른 차원에서 배울 수 있는 것들이 많아요."

제이슨은 그와 같이 더 높은 차원으로 올라가기를 원했고, 그리하여 물질계의 윤회의 원에서 마지막이 될 삶을 계획한 것이 분명했다.

"뎁, 제이슨의 전생 계획에서 아이들 부분에 대해 좀더 알 수 있을까요? 그들은 왜 이런 경험을 하기로 선택했나요?"

"큰아들은, 이름이 뭐라고 했죠?" 뎁이 제이슨에게 물었다.

"제이런이요."

"〔태어나기 전에〕저 세계에 있는 제이런의 모습이 보이네요. 그는 다비나와 아주 가깝게 연결되어 있어요. 그는 다비나와 함께 살고 싶어하는군요. 다비나가 제이런에게 말하고 있어요. '생각해 봐. 너무 힘들지 않겠니?' 그가 대답하네요. '아뇨. 어떤 일이 일어나든 배울 게 많을 거예요.' 그 역시 다비나에게 힘이 되어주고 싶어해요. 그는 이타적이 되는 법을 배우고 있어요. 둘째 폭스는 어디로 갈지 확실히 정하지 못한 상태군요. 영계의 영혼들은 그를 당신의 가족으로 보내야 할지 다른 가족으로 보내야 할지 망설이고 있어요. 폭스는 제이런과 아주 깊이 연관되어 있어요. 그가 당신의 집으로 온 건 제이런과의 친분이 주요한 이유예요."

"제이런이 동생을 바랐었죠. 산타클로스의 무릎에 앉더니 '남동생을 선물로 주세요'라고 했어요." 제이슨이 웃었다.

"그러자 폭스가 이렇게 말하네요. '형이 원한다면 갈게.' 둘은 여러 전생에서 아주 깊은 인연을 맺었군요. 그들은 형제지간, 부자지간이었고, 부부이기도 했네요. 연인이기도 했고요. 서로에게 힘을 주고 지지해 주는 관계예요."

나는 뎁에게 우리가 아직 이야기한 적 없는 사람들도 이 일로 배울 것이 있는지 물었다.

"있어요. 제이슨의 어머니에요." 뎁은 길잡이 영혼에 귀를 기울이며 대답했다. "역시 공감이군요. 그녀는 [태어나기 전에] 제이슨에게 이 일을 하지 말라고 애원하고 있어요." 뎁은 스테이시가 들은 것과 같은 부분의 전생 계획 대화를 듣고 있었다.

"너무 힘든 일이 될 거라고 걱정하는군요. 제이슨은 꼭 해야만 한다고 하고요. 그래서 어느 정도는 마음의 준비를 하고 있어요. 무슨 일인가 일어날 거라는 걸 알고 있지요. 그녀는 공감을 배우고 있어요. 구해낼 수만 있다면 뭐든 다 해주고 싶겠지만 그만큼 뒤로 한 발 물러나는 법을 배워야 하지요. 그녀가 다뤄야 할 숙제는 바로 상대의 영역을 침범하지 않는 거예요. 그녀는 도움이 필요한 사람이 있으면 자신이 책임지려 하지요. 상대가 상황을 통하여 배울 수 있도록 한 발 물러나는 법을 배워야 해요. 영혼은 그렇게 할 때 훌쩍 자라니까요."

"뎁, 길잡이 영혼들에게 물어봐 주세요. 커다란 사고를 당하고서 그 의미를 알고자 애쓰는 사람들이 꼭 알아야 할 게 또 뭐가 있을까요?"

"잠시 들어볼게요."

그녀가 길잡이 영혼들의 말에 집중하느라 잠시 침묵이 감돌았다.

"희망이요. 의사들이 융통성이 없는 경우가 너무 많군요. 몸의 어딘가를 다쳤다고 해도 그 너머에 희망이 있고 삶이 있다는 것을 사람들이 알아야 해요. 몸이 나을 수도 있어요. 더 치유될 수 있는 가능성이 있지요."

"뎁, 영혼들이 전생에 사고를 계획하는 데 또 어떤 이유가 있는지도 물어봐 줘요."

뎁은 길잡이 영혼의 말을 그대로 옮겼다. "그저 오래도록 지구에 머물고 싶어서 그러는 경우도 있고, 또 어떤 이들에게는 이곳을 빠져나갈 수 있는 출구가 되기도 해요. 사람들을 흔들어 깨우기 위해 사고가 계획되기도 하지요. 스스로에게 이렇게 묻는 거죠. '내 목적이 뭐지? 내가 인생을 허비하고 있는 걸까, 아니면 생각한 대로 잘 살고 있는 걸까?' 사람들이 사고를 당하고 나서 삶의 방향을 바로잡는 것은 아주 흔한 일이에요. 그리고 때로는 영혼이 빙의를 원할 때도 사고를 계획한다고 하네요. 다른 영혼이 [몸으로] 들어와 [원래의] 영혼이 나가게 해주는 기회라는 거지요."

빙의는 이 책의 주제와 맞지 않기에 자세히 이야기하지는 않겠지만, 실제로 일어나는 현상이다. 영혼은 자기 삶에서 추구했던 것을 모두 배웠거나 혹은 배울 수 없다고 결론 내릴 때 몸에서 '빠져나갈' 수 있다. 즉 몸이라는 겉옷에서 에너지를 거두어간다는 말이다. 대개 에너지의 거두어짐은 몸의 죽음으로 나타난다. 하지만 어떤 영혼에게는 새로 태어나는 것보다 윤회한 다른 삶의 후반부에 편승하는 것이 자신이 원하는 배움을 얻는 더 좋은 방법이라고 생각될 수 있다. 그러면 그 영혼은 다른 이의 몸 안으로 '들어가는walk into' 쪽을 선택한다. 이런 방식으로 영혼이 바뀌는 것이다. 그 후에 빙의된 영혼은 마치 애초에 태어났을 때부터 그 몸에 살았던 것처럼 원래 영혼의 기억을 모두 지닌다. 비록 그 기억들을 모두 간직하고 있기는 하지만 때로 성격에서 눈에 띄는 변화가 일어나 주변 사람들과 곤란한 관계를 만들어내기도 한다. 빙의된 어떤 영혼들은 영혼이 교체되었다는 것을 의식하지만, 어떤 영혼들은 의식하지 못하기도 한다. 영혼이 교체되었음을 인식하더라도 상당수는 비웃음을 살지 모른다는 두려움 때문에 그 사실을 다른 사람들에게 알리기를 꺼려한다.

뎁의 길잡이 영혼들이 말했듯이 사고는 우리 인생의 방향을 바꾸어 놓기도 한다. 이러한 이유 때문에 우리가 이번 생의 목적을 기억할 필요가 있는 중요한 시기에 사고가 일어나도록 계획되는 것이다. 우리가 직관—우리 영혼이 주는 자극—을 통해 기억을 되살리면 사고는 일어날 필요가 없다. 반면 우리가 내적 암시를 무시하면 그 메시지는 사고와 같이 강한 방식으로 전달된다. 나는 뎁에게 이러한 생각을 말했다.

"영혼은 우리의 관심을 얻고자 끊임없이 노력하지요." 뎁은 내 말에 동의했다. "관심을 얻지 못하면 우리를 쓰러뜨려요. 우리가 어떤 것들을 하기로 약속을 했고, 그 약속을 이행하기 시작해야 하니까요."

"뎁, 제이슨이 임사 체험을 했을 때 후회라든지 부정적인 생각을 갖지 않는 것이 중요하다는 말을 들었다고 하지요. 그런 감정에 괴로워하는 이들에게 도움이 될 말이 없을까요?"

"사람들은 왜 이런 일이 내게 일어나느냐고 묻지요. 화를 내기도 합니다. 길잡이 영혼들의 말이 화는 에너지라고 하는군요. 그 에너지를 자기 자신을 향해 내뿜지 마세요. 그 에너지를 단련하고 시각화하고 스스로를 앞으로 나아가게 하는 데 쓰세요. 그럴 때 진정한 영혼의 성장이 일어납니다. 뭔가를 해냈으면, 아무리 사소한 것이라 할지라도 스스로를 칭찬해 주세요. 기쁨을 즐기세요. 날마다 몸을 축복해 주세요. '이 추한 몸'이라고 말하지 마세요. '이 아름다운 몸이 나를 위해 최선을 다해줄 거야'라고 말하세요. 길잡이 영혼들이 또 이런 말을 하는군요. 슬퍼지면 울라고요. 슬픔을 안에 가두어두면 그게 결국 화가 되어 밖으로 나올 거라고요. 눈물은 영혼을 씻어주지요."

"넵, 제이슨은 이 사건이 결혼 생활에 어떻게 영향을 미쳤는지 이야기했지요. 사고로 관계가 바뀐 부부들을 위해서는 길잡이 영혼들이 무슨 말을 들려주나요?"

"길잡이 영혼들이 말하는군요. '소통, 소통, 소통'이라고. 서로 간에 하나도 남김없이 다 말을 해야 해요. 제이슨, 다비나는 당신에게 걱정된다든가 두렵다는 이야기를 하려고 하지 않아요. 하지만 말해야 합니다. '난 이게 걱정돼'라고요. 그러면 다비나에게, 마치 당신 어깨에 기대고 있다는 느낌이 들도록 따뜻한 말을 해주세요. 다비나는 자기가 무슨 말을 하면 당신이 그 말에 상처받을까봐 걱정하고 있어요. 하지만 그러면 스스로 감당할 수 없을 정도로 감정이 쌓이겠지요. 그러다 보면 결국 '내가 여기서 빠져주는 게 그의 회복을 위해서도 더 좋을 거야. 그게 우리 둘 모두에게 더 좋은 일이야'라고 생각하게 되겠지요."

"정말 알고 싶어요. 친구들, 식구들, 먼 친척들까지 다른 사람들이 이 일로 어떤 영향을 받았는지 말이에요." 제이슨이 물었다.

"그들에게도 영혼의 성장이 일어날 거예요. 당신은 그들에게 기회를 주고 있어요. 그들이 스스로에게서 최선의 것을 끌어낼 기회를요. 당신은 그들의 마음을 만졌고, 그들은 무언가를 하고 싶어해요. 아주 단순한 거예요."

전생 계획을 앎으로써 깊은 치유가 일어날 수 있지만, 그렇다고 슬퍼할 일이 없어지는 것은 아니다. 오히려 전생 계획을 이해하면서 슬픔을 깊이 느끼게 되는 경우가 많다. 육체적 능력을 잃는 것을 비롯해 모든 종류의 상실은 마음껏 슬퍼할 때 치유된다. 인격체의 의식에서 영혼의 의식으로 옮겨가고 싶다는, 그래서 어서 고통에서 벗어나고 싶다는 조급함 때문에 슬픔의 과정을 대강 뛰어넘어서는 안 된다. 그 과정에서 우리는 자신을 친절함과 부드러움, 온화함 그리고 연민을 가지고 대하는 것이 가장 좋다.

    시간이 지나면서 우리의 관점은 바뀔 것이다. 이러한 관점의 변화 가운데서도 가장 큰 치유를 낳는 것은, 스테이시의 길잡이 영혼이 말했듯이 우리가 우리의 몸 이상의 존재임을 깨닫는 것이다. 이 깨달음이 모든 것을 바꾸어놓는다. 제이슨은 임사 체험을 통해 하느님을 만나고 나서 물질 영역 너머에 뭔가가 있음을 확신하게 되었다. 만일 그가 눈에 보이는 것 외에는 아무것도 없다고, 몸이 곧 자신이며, 삶이 끝나면 자신도 더 이상 존재하지 않는다고 믿는다면 그의 괴로움은 얼마나 클 것인가! 하지만 그는 자신이 영혼이며, 스스로 말했듯 자신은 "평화로움과 평정, 고요함"의 세계에서 왔고 또 그리로 돌아갈 것임을 알고 있다.

    제이슨이 남을 돕고자 했던 것은 그가 곧 사랑이기 때문이다. 사실 남을 돕는 것이 그렇게 많은 전생 계획들에서 기본이 되는 까닭은 우리 자신이 곧 사랑이기 때문이다. 사랑은 남을 돕고자 하는 동기가 되고, 그러한 도움은 사랑의 표현에 다름 아니다. 누군가는 이렇게 물을 수도 있다. 왜 제이슨 같은, 돕고자 하는 의지를 가진 영혼이 일견 도울 수 있는 자기 능력을 제한하는 듯한 삶을 계획하는가? 그 대답은 바로 도움이란 에너지로 이루어지기 때문이라는 것이다. 모든 도움은 그것이 물질계에서 행동으로 나타나든 나타나지 않든 곧 에너지다.

제이슨이 삶의 과정을 겪으며 내적 평화를 이루어가는 것은, 다른 이들이 더 쉽게 내적 평화를 쌓으며 나아갈 수 있도록 파동의 길을 내는 일이다. 이 에너지의 길은 물리적 행동에 따르는 것이 아니므로, 제이슨은 그저 자기 내면에 평화를 만들어냄으로써 세상에—그리고 비물질적 차원들에도—깊은 영향을 미칠 수 있다. 우리의 파동이 우리가 하는 행동보다 훨씬 더 멀리 온 우주에 영향을 미칠 수 있다는 것, 우리가 누구인가 하는 것이 우리의 몸이 무엇을 하는가보다 더 중요하다는 것이 이 책이 전달하고자 하는 메시지다.

산꼭대기에 홀로 앉아 평화의 파동을 보내는 은둔자가 성난 평화 시위자보다 세상에 더 큰 조화를 가져온다. 성난 시위자의 파동은 그가 그토록 격렬하게 비난하는 바로 그것을 세상에 더 불러올 뿐이다. 따라서 제이슨의 신체에 문제가 생겼다고 해서 그가 에너지로 미칠 수 있는 영향력에 제한이 가해지는 것은 결코 아니다. 오히려 반대로 영향력은 더욱 커진다. 그의 치유가 곧 우리의 치유이며, 그의 평화가 곧 세계의 평화이다.

제이슨은 그의 에너지만으로도 세상에 큰 영향을 미칠 수 있지만, 제이슨이 그린 삶의 청사진은 그가 맺고 있는 관계들을 통해 다른 이들을 도우라고 말한다. 어떻게 보면 그의 도움은 가르침의 형태를 띤다. 뎁이 지적했듯이 제이슨은 마비된 몸이 곧 마비된 정신은 아니라는 것을, 몸이 손상되었을 때에도 그 사람은 온전히 남는다는 것을 세상에 가르쳐주려고 그 엄청난 사고를 계획했다. 최근에 그는 사고로 몸을 다친 이들이 생활에 적응할 수 있도록 도와주는 일을 새로 시작하게 되었다. 또한 제이슨은 다른 이들이 자신을 도울 수 있게 해줌으로써 다른 이들을 돕고 있다.

그는 자신이 계획한 삶을 살아낼 때, 삶의 계획을 도왔던 길잡이 영혼들을 비롯해 사랑의 존재들이 부르는 천상의 합창 노래들에서 영감을 받는다. 그들은 늘 그를 사랑으로 감싸고 있고, 그가 다른 이들을 도울 때 그를 도우며, 그가 목표를 완수할 수 있도록 돌봐준다. 영은 제이슨, 그리고 제이슨처럼 개인의 고통을 세상을 향한 도움으로 바꾼 모든 이들에게 감탄하며 그들 곁에 서 있다. 영들은 제이슨에게 감사하면서 그의 모든 생각과 감정, 행동이 알려지고 느껴지고 보이는 장막 뒤에 서서 손뼉을 친다. 제이슨이 삶의 계획을 세울 때 투청 능력을 계획에 넣은 것은 어쩌면 언젠가 자신의 비범한 용기와 봉사하는 삶을 높이 평가하고 칭송하는 천상의 합창 소리를 듣기 위함인지도 모른다.

제이슨의 사고가 다른 이들로 하여금 자신들을 연민과 공감, 용서로서 기억하게끔 도운 것과 꼭 마찬가지로, 제이슨 역시 이 사고로부터 자신이 누구인지 기억하는 데 도움을 받았다. 그의 말을 빌리자면 그는 "삶에 삶을 거듭하며 그저 피부에 와 닿는 것들만 중요시하는 습관을 들였다." 그런 삶을 살 때 그는 사회적 인정과 지위, 성취에, 그리고 판단의 잣대가 되는 몸이라는 비좁은 구조물에 집중했다. 그는 카르마의 균형을 맞추고 진정한 자기를 기억해 내기 위해 이런 것들이 사소하게 여겨지는 삶을 계획했다.

앞의 약물 중독과 알코올 중독 예에서 본 팻과 마찬가지로 제이슨 역시 "다시 한 번 내 자신의 영성을 확인하게" 해주는 시련을 바랐다. 당대의 유행에 집중한 이전 생에서는 잘 보이지 않던 영성이 이제 제이슨의 삶에서 '신념의 도약'으로 나타나게 될 것이다. 제이슨의 길잡이 영혼이 들려준 말은 무척이나 의미가 깊다. '맹신'은 진정한 신념 없이 행동할 때 생겨난다. 그에 반해 '신념의 도약'은 신념의 진정한 성장을 상징한다. 그러한 도약이 일어나려면 아직 시간이 더 지나야 하지만, 씨앗은 이미 뿌려졌다. 그 씨앗은 하느님을 만난 그의 경험 속에서, 그때 그가 받은 메시지 속에서 뿌려졌다. 그가 비물질계의 완전한 평화를 느꼈을 때에도 뿌려졌다. 그 씨앗은 사고가 일어난 데는 이유가 있는 것 같다는 그의 직관적 앎 속에서 지금도 자라고 있다. 워낙 큰 시련을 겪고 있는 만큼 제이슨이 간혹 신념을 잃고 고통에 빠지는 시기가 앞길에 나타날 수도 있다. 그러나 이는 성숙의 과정일 뿐이다. 신념은 보이지 않게 조용히 자라나 그를 탈바꿈시킬 것이며, 그가 자신의 참모습을 다시 보게 될 날을 더욱 앞당겨줄 것이다.

제이슨과 같은 삶을 계획하고 살아가는 영혼은 날마다 일분일초의 삶에서 엄청난 용기가 필요하다는 것을 자각하지 못할 리 없다. 그리고 그러한 용기를 알아보는 영혼은 자기 사랑 속에서 성장하지 않을 리 없다. 궁극적으로 볼 때 어떤 형태로든 사랑을 창조하고 표현하는 것, 이것이야말로 몸을 갖고 살아가는 우리 삶의 목적이다. 제이슨이 지금 태어나기 전에 선택한 목적을 완성할 수 있는 것은 바로 용기를 통해서다. 용기는 그가 세상에 자기 자신을, 그리고 사랑을 나누어주는 시금석이기 때문이다.

크리스티나의 이야기 — 폭발 사고와 의식의 확장

첫 번째 이야기

1969년, 크리스티나는 끔찍한 사고를 당했다. 목숨을 잃지는 않았지만 무엇인가 분명 죽어 없어졌다. 바로 전까지 지녀온 자신의 삶의 방식과 사고방식이 없어진 것이다. 그 자리에 대신 새로운 영적 자각이 생겨났다. 참고 견뎌낸 극한의 고통, 크리스티나는 이제 그 경험을 선물로 본다. 이처럼 새로운 관점을 갖게 되기까지 그녀의 여정은 그 관점 자체만큼이나 남다르다.

크리스티나의 내적 여정은 분노와 죄책감에서 평화와 용서, 그리고 감사로 옮겨오는 여정이었다. 크리스티나가 고통을 그처럼 완전히 다른 것으로 바꾸고 또 그것을 더없이 긍정적으로 활용할 수 있었던 데에는 자신의 전생 계획을 이해한 일이 큰 몫을 차지했다. 그녀는 삶을 영원히 바꾸어버린 그 사고를 스스로 계획했다는 걸 일찍감치 깨달았으며, 또 그렇게 계획한 까닭이 무엇인지도 알고 있다.

크리스티나는 사고를 당하고 난 뒤 많은 사람들을 치유하고 싶다는 탄생 전의 바람을 만족시켜 줄 새로운 직업을 갖게 되었다. 사고를 당한 뒤 언어치료학으로 박사 학위를 받았고, 지금은 신경 장애를 지닌 환자들, 주로 뇌손상과 종양, 뇌졸중, 동맥류 환자들을 치료하고 있다. 또한 레이키와 고대 하와이 인들의 치유법인 ARCH를 공부하기도 했다. 그녀는 지금까지 수많은 이들의 치유를 도왔다. 자신이 하는 일로 많은 상을 받기도 한 그녀는 이제 그 분야의 지도자로 인정받고 있다.

크리스티나가 전생 계획을 이해하고 사고 안에 담긴 영적인 목적을 깨달은 데에는 그녀의 길잡이 영혼들인 카산드라 및 레오나와 나눈 대화가 큰 도움이 되었다. 그녀의 이야기는 영이 얼마나 아름다운 방식으로 우리와 일하는지 보여준다.

크리스티나의 이야기는 이 책에 나온 다른 이야기들과 달리 두 부분으로 나누어져 있다. 첫 번째 부분은 사고 및 바로 그 뒤에 이어진 일련의 사건들에 초점이 맞추어져 있다. 두 번째 부분은 크리스티나와 내가 나눈 대화로 이루어져 있는데, 사고 이후 그녀가 걸어간 여정과 치유 과정 전반에 대하여 추가적인 언급을 덧붙였다. 그 뒤에는 영매와의 채널링이 이어진다.

퍼모나 대학 정치학부 행정조교로 일하던 스무 살의 크리스티나는 그날의 일과를 막 마치고 남편이 데리러 오기를 기다리고 있었다. 남편은 늘 이 시간이면 도착해 있었기에, 그녀는 그가 오늘 무슨 일로 늦는지 궁금했다. 그녀는 그가 책을 읽다가 시간을 놓쳐버렸음을 나중에야 알게 되었다.

크리스티나는 남편이 올 때까지 시간을 때우려고 상사의 우편물을 가지러 건물 지하 우편함으로 갔다. 지하실 계단을 내려가면서 보니 우편함에 꾸러미가 들어 있었다. 의식적으로 그러자고 한 것은 아니었지만 그녀는 다행히도 우편물 앞으로 바싹 다가가지 않고 맨 아래 계단에서 발을 떼지 않은 채로 우편물에 손을 뻗었다.

"그것은 시한폭탄이었어요." 크리스티나가 설명했다. "꾸러미 둘레에 전선이 감겨 있어서 제 손이 닿자 바로 폭발해 버렸지요. 전 딱딱한 시멘트벽으로 내동댕이쳐졌어요. 폭발로 2미터 가까이 되는 목재들이 뽑혀 벽에 박혔죠. 마치 거대한 칼이 벽에 꽂혀 있는 것 같았어요. 이 폭발로 4층 위에 있는 천창이 깨져버렸더군요. 폭발할 때 생긴 파편들이 눈 속에 박혀 앞이 하나도 보이지 않았어요. 가슴이며 머리며 온몸에 파편이 박혔지요. 손가락 두 개가 잘려나가고 양쪽 고막이 다 터져버렸고요. 그때의 고통은 이루 말로 할 수 없어요. 같이 일하던 남자 직원 하나가 지하실로 내려와 '누구세요?' 라고 묻더군요. 절 알아보지 못한 거지요."

사람들은 크리스티나를 그 아수라장에서 빼내 밖으로 데리고 나왔다. "비가 내리고 있었어요. 그 차가운 빗줄기가 얼마나 반갑던지. 얼굴에 빗방울이 떨어지는 게 느껴졌어요." 누군지 알아보지 못하던 그 직원이 그녀를 지혈하기 시작했다. 그는 "우연히도" 최근 아내가 사온 간병 관련 책을 읽은 터라 어디를 지혈해야 할지 알고 있었다. "내가 왜 그 책을 읽었는지 모르겠네요. 그냥 심심하기도 하고 해서 읽은 거였는데." 그가 크리스티나에게 한 말이었다.

그녀는 구급차에 실려 서둘러 응급실로 옮겨졌다. 마침 그 병원은 며칠 전, 상처에서 이물질을 제거하는 새로운 자기磁氣 장치를 들여놓은 터였다. 의사들이 그녀의 눈꺼풀을 열어 고정시킨 다음 눈 위에 자기 장치를 대고 이물질을 빼냈다. 눈이 더 이상 손상되지 않도록 이물질이 들어간 바로 그 각도에서 이물질을 빼냈다.

그 다음 날은 크리스티나의 삶에서 가장 힘겨운 날이었다. "두통이 정말이지 참을 수 없을 정도로 심했어요. 6일 만에 14킬로그램이 빠졌지요. 상처 때문에 입을 꿰매놓아 뭘 먹을 수도 없었고요. 눈은 부어올라서 뜰 수가 없고, 얼굴은 숯처럼 새카맣게 타버렸고. 로스앤젤레스 폭탄수사팀이 병원에 왔었는데, 그 중 한 사람은 날 보더니 그냥 나가버리더군요."

크리스티나는 그 후 모두 합쳐 열 번의 수술을 받았다. 얼굴 성형 수술을 받았고, 손에도 외과 수술을 몇 번 받았다. 어떤 수술에서는 얼굴 피부 조직 중 한 층만 남기고 모두 벗겨낸 뒤 와이어브러시로 화약을 닦아내기도 했다.

"얼마쯤 지나고 나서 드디어 눈을 뜨게 됐어요. 색깔을 다시 볼 수 있게 되었지요! 간호사에게 말했어요. '입고 있는 그 빨간색 옷이 참 예쁘네요.' 모두들 눈물을 흘리며 좋아서 펄쩍펄쩍 뛰었죠."

마침내 크리스티나는 남은 대학 공부를 마치고 학위를 따기 위해 학교로 돌아왔다. 몸은 눈에 띄게 좋아졌지만 고통은 아직 극심했고 미래에 대한 희망도 갖기가 힘들었다. 오른팔을 잃어 왼팔로 모든 것을 해야 했는데, 왼손으로는 글씨를 쓰기도 쉽지 않았다. 학교에서 필기 시험을 볼 때 답을 적을 수 있게 시간을 더 달라고 하자 교수들이 커닝을 할지 모른다며 의심의 눈길을 보내기도 했다.

"그때 마음 깊은 곳에서 분노가 솟아오르더군요." 크리스티나는 그때의 심정을 솔직히 들려주었다. 하지만 그녀도 알고 있듯이 그 분노는 기실 교수를 향한 것이라기보다는 사고 자체를 또 폭탄을 설치한 사람을 향한 것이었다. 그녀의 삶을 송두리째 바꾸어놓은 그 대학 교정에서는 그 후 또 한 차례 놀라운 일이 일어났다. 이번에는 물질적인 차원에서 일어난 사건이 아니었다.

"어느 날, 교정을 걷고 있었어요. 전 그 사고가 마치 저 때문에 일어난 것이기라도 한 양 죄책감에 짓눌려 지냈지요. 그런데 갑자기 [영이 보내는] 어떤 메시지가 들려왔어요. 나는 다른 사람들과 똑같이 좋은 사람이며, 내가 알아야 할 게 뭔지 알고 있기 때문에 신체적 장애로 달라지는 것은 아무것도 없다고 하는 거예요. 마치 누군가 제가 어깨에 짊어지고 있던 세상의 모든 짐을 내려준 기분이었어요! 나를 사로

잡은 그 용서의 감정은 아주 깊은 것이었어요. 사고가 난 뒤로 거기서 한 발짝도 앞으로 나아가지 못하고 있었는데, 그때부터 제 마음이 달라지기 시작했죠. 그러고 나서 저는 다른 사람을 판단할 필요가 하나도 없다는 걸 깨달았어요. 모든 건 중립적이니까요. 그것이 제 삶의 방식이 되었어요. 그동안 제가 사고의 희생양이 되었다는 생각에 갇혀 있었는데, 거기서 나와 한 걸음 앞으로 내디딜 수 있도록 결정적인 역할을 해준 게 바로 용서였어요."

이 결정적인 순간을 이야기하고 있는 크리스티나의 목소리는 무척 진중했다. 나는 그때 일이 그녀에게 얼마나 큰 영향을 미쳤는지 그대로 느낄 수 있었다. 때로 가장 특별한 깨달음은 가장 평범한 상황에서 온다. 이러한 순간에 머리로 뭔가 깨닫는 것도 있지만, 그 깨달음의 힘은 대개 감정에 들어 있다. 그리고 그 감정은 다른 차원을 열어준다. 그러한 감정은 어떤 말로도 설명될 수 없으며, 이런 일을 겪은 사람은 결코 전과 같은 사람으로 있을 수 없다.

영은 크리스티나에게 중립성—현명한 비물질적 존재들은 어떤 경험이든 판단 내리는 법이 없으며 모든 것을 순전히 중립적인 관점에서 본다—을 깨닫는 선물을 주었다. 시련은 영혼의 관점에서는 나쁘지도 좋지도 않은 중립적인 사건이며, 고통을 만들어내는 것은 시련 자체라기보다는 그것이 '나쁜' 것이라고 여기는 우리의 판단이다.

나는 영이 보내준 메시지로 치유받은 경험을 비롯해 그 사건에서 감정적으로 회복된 과정에 대해 더 말해달라고 부탁했다.

"엘리자베스 퀴블러-로스가 사람들이 죽음을 받아들이기까지 여러 단계를 거친다고 했지요. 저는 그 단계를 모두 거친 것 같아요. 처음에는 죄책감과 분노 속에 살았지요. 그 다음은 어떻게든 이 상황을 납득해 보려고 애썼어요. 모든 방법을 다 써보았어요. 그러다가 내가 이 모든 것을 (태어나기 전에) 정해놓았다는 생각이 분명해졌고, 그 후로는 모든 감정이 잠잠해졌어요. 더 이상 싸울 이유가 없어졌지요."

"크리스티나, 길잡이 영혼들과 이야기를 나눈다고 알고 있어요. 지금처럼 회복된 것은 그 대화 덕분인가요?"

"맞아요. 그것 말고도 다른 일들이 몇 가지 있었죠. 어떤 때는 책을 통해서 메시지가 오기도 해요. 영성 관련 책들을 파는 서점에 가서 책장에 있는 책을 한 권 꺼내 아무 쪽이나 펼치면 거기에 메시지가 담겨 있는 경우가 많아요. 또 카산드라는 길잡이 영혼과 레오나라는 길잡이 영혼이 있어서 그들이 내게 정보를 주거나 나를 보호해 주기도 하지요. 특별한 일이 있을 때에는 대천사 미카엘과도 이야기해요."

많은 사람과 이야기해 봤지만 우리가 태어나기 전에 삶을 계획했고 시련 또한 예비해 놓았다는 생각에 익숙한 사람은 거의 없었다. 만일 전생 계획을 믿었다면 그들도 크리스티나처럼 내면의 투쟁을 포기하고 내려놓았을 것이다. 사회는 보통 포기를 나약함, 굴복이라고 본다. 그러나 나는 사람들과 이야기를 나누는 과정에서 저항은 고통을 더 강하게 하는 반면 받아들임은 고통을 누그러뜨린다는 사실을 거듭 확인한다. 나는 포기야말로 진정한 강함으로 가는 길이라는 결론을 이들을 통해 얻었다.

"나는 또 고통은 에너지의 균형을 가져온다는 메시지도 받았어요. 고통을 겪으면서 사람들은 앞으로 나아갈 수 있는 에너지를 얻는다고 하더군요. 전 그게 단번에 이해가 되었어요. 저도 계속 앞으로 가고 있잖아요."

나는 폭탄을 보낸 사람이 누구인지 혹시 아느냐고 크리스티나에게 물었다.

"몰라요. 몇 년 전에는 이렇게 생각했어요. '폭탄을 보낸 사람을 만날 수 있다면 좋겠어. 그래야 내가 오래 전에 그를 용서했다는 걸 알려줄 수 있을 텐데.' 난 이런 일이 일어나게 하자고 그 사람과 약속을 한 거니까요. 한번은 눈 수술을 받고 있을 때였는데, 어떤 목소리가 들렸어요. '이제 상대성 이론을 이해하겠지요? 모든 일은 동시에 일어나면서 또 다른 시간에 일어납니다.' 그래서 저는 만일 모든 사건이 동시에 일어난다면 누구를 용서하고 용서하지 않는 것이 의미가 없다는 것을 깨달았어요. 저는 이미 그 일을 이겨냈으니까요."

"크리스티나, 이 폭발 사고가 다른 어떤 영혼이 당신을 돕기 위해 한 행동이라고 말하면 맞나요?"

"그건 선물이었죠." 그녀는 망설임 없이 말했다.

"그 선물을 고맙게 받아들이나요?"

"그럼요, 더없이 고마워요."

내가 가장 놀란 것은 바로 그녀가 보여준 용서와 감사였다. 그녀는 자신에게 수년간 육체적으로 감정적으로 극심한 고통을 안겨준 행위의 주인공을 완전히 그리고 분명하게 용서했고, 그로 인해 평화를 얻었다. 더욱 놀라운 것은 폭탄을 보낸 사람을 오래 전에 용서했다는 점이다. 십수 년 어둠의 터널을 지나고 몸의 상처가 회복되고 난 후에야 용서한 것이 아니었다. 그녀는 사고로 다친 몸을 치료받고자 수술대 위에 누워 있는 사이에 용서라는 커다란 발걸음을 내디뎠다.

나는 크리스티나가 어떻게 그렇게 깊이 치유되었는지 더 자세히 알고 싶어서 그녀에게 길잡이 영혼 카산드라와 채널링해 줄 것을 부탁했다. 카산드라와의 대화를 읽으며 여러분에게 염두에 두라고 당부하고 싶은 점은 카산드라가 크리스티나와 만난 것과 똑같은 방식으로 당신도 당신의 길잡이 영혼과 만날 수 있다는 것이다. 크리스티나에게 투청 능력이 있기는 하지만, 그녀가 그러한 특별한 능력 때문에 자신의 영에 접근할 수 있었던 것은 아니다. 우리의 의식이 비물질적 존재를 자신의 원천으로서 받아들이든 받아들이지 않든 그들은 우리에게 동일한 사랑과 지혜를 보내주고 있다. 길잡이 영혼의 안내는 느낌, 직관, 충동, 영상, 마음속 갈망 등 온갖 형태로 나타난다. 그들이 보내는 메시지를 듣느냐 마느냐는 우리에게 달려 있다. 머리를 잠시 침묵시키고, 영의 소리를 들을 수 있다는 믿음을 받아들이기로 할 때, 우리에게도 그런 일이 일어난다. 그렇지 않으면 이성적 능력에 대한 맹신 혹은 어떻게 영의 메시지를 들을 수 있느냐는 불신에 막혀 그들의 목소리가 전달되지 않는다.

크리스티나와 카산드라의 대화

내가 먼저 질문을 던졌다. "카산드라, 크리스티나가 전생에 폭발 사고를 경험하기로 계획한 까닭이 무엇인가요?"

"이 사람은 세상에 희망을 가져다주기를 원했습니다. 본인에게는 아주 중요한 임무였어요. 인간의 몸은 그저 껍데기일 뿐이라는 것, 여러분은 수많은 생애를 살며 그 삶을 은총과 평화로 보낼 수 있다는 것을 세상 사람들이 깨닫게 해주고 싶어했습니다." 카산드라의 대답이었다.

카산드라가 자리에 함께하자 에너지에 미묘한 변화가 생겼다. 별개의 의식이 자리하고 있다는 느낌이 들었다. 크리스티나의 목소리로 영의 말이 전달되고는 있었으나 그 말들에 묻어나는 느낌은 전과 달랐다.

"하지만 그러한 목표를 이루기 위해 크리스티나가 고를 수 있는 시련은 그것 말고도 많았겠지요. 왜 하필 폭발 사고였나요?"

"간단히 말하지요. 그 사고로 크리스티나가 목숨을 잃지는 않았죠. 하지만 다른 이들의 주의를 끌고 그들로 하여금 귀를 기울이게 하기에는 충분히 충격적인 사고였지요."

"폭탄을 설치한 이의 영혼은 태어나기 전에 왜 그런 일을 계획했나요?"

"그것은 그 영혼의 자유입니다. 그 어떤 부정적인 뜻도 담겨 있지 않습니다."

"폭탄을 설치한 개인의 입장에서는 크리스티나와 세상을 돕기 위해 폭탄을 설치했다고 말하는 게 맞나요?"

"그렇습니다. 신성한 자 The Divine One는 많은 이들의 눈을 뜨게 하려고, 그리고 시간이 지나고 난 뒤 진실을 보게 하려고 그 사람을 도구로 쓴 것입니다."

"폭탄을 설치한 사람은 언제 죽어 영혼의 세계로 건너가게 되나요? 그는 후회나 죄책감을 느낄까요?"

"그것은 삶을 전체적으로 돌아볼 때 나올 문제지만, 그는 어떤 후회도 하지 않을 것입니다."

"그 영혼은 그러면 자기 역할을 잘 해냈다고 뿌듯해할까요?"

"그 일은 중립적인 일이 될 것입니다."

"폭탄을 설치한 데에 그 밖의 다른 목적도 있었나요?"

"그렇습니다. 이 일은 무의식적인 집단 사고 과정을 완성시켰습니다. 여러분(인간)은 때로 우주적 의식에서 기원하는 생각의 바다로부터 영향을 받습니다. 때로는 현재의 행위 수준으로부터 영향을 받기도 하고요. 그러한 행위 수준은 전쟁을 일으키고 사람을 해치는 일로 이어질 수 있습니다. 많은 영혼들은 그것〔그 폭발〕을 통해 지구에 사는 동안 자신들이 어떤 행동을 하고 있는지 생각하게 되었습니다."

카산드라는 개인 의식과 집단 의식 사이에 중요한 구분이 있음을 설명하고 있었다. 지구에서 개인들은 집단 의식(에너지)에 영향을 받는다. 인간의 현 영적 진화 단계에서 그 집단 의식은 죽음에 대한 두려움, 육체적 손상에 대한 두려움, 경제적 파산에 대한 두려움 등 주로 두려움에 바탕을 두고 있다. 집단 의식의 역할과 힘이 잘 알려져 있지 않기 때문에 사람들은 그 두려움을 다 스스로 만들어냈다고 생각하기 쉽다. 하지만 실제로는 집단의 에너지에 영향을 받고 있을 수 있다.

나는 그래도 폭탄을 설치하는 데 동의한 그 영혼에게 이 일로 어떤 좋은 일이 있을 수 있다는 것인지 분명히 이해되지 않았다. "그 영혼은 무엇을 배우는 건가요?"

"그 영혼은 모든 에테르 체etheric body들에 공히 진동하는 깊은 이해의 층을 현실에 드러나게 해주었습니다." 에테르 체는 육체를 둘러싸고 있는, 대개는 눈에 보이지 않는 에너지 층을 말한다. 사람들이 아우라라고 하는 것도 여기에 포함된다.

"만일 그가 당시에 증오라는 느낌을 가지고서 뭔가를 만들어냈다면 이제 그것은 풀어졌으며, 그는 그런 행동을 한 자신을 용서했을 것입니다. 이는 특정 영혼 그룹에게 그리고 지구적 차원의 그룹에게도 증오라는 개념을 깊이 이해하도록 해줄 것입니다."

카산드라의 말을 들으니 존(2장)이 그의 전체 영혼 그룹을 치유하기 위해 자신을 치유했다고 한 천사의 말이 떠올랐다. 존의 역할은 수치심을 치유하는 것이었지만, 폭탄을 설치한 자의 역할은 증오심 — 그를 떠밀어 폭탄을 설치하도록 만든 증오심 — 을 치유하는 데 있었던 듯하다. 만일 그가 자기를 용서함으로써 증오의 에너지를 다른 것으로 바꿀 수 있었다면 증오의 감정에 대한 더 깊은 이해와 에너지적 치유가 그의 영혼 그룹에게 일어났을 것이다. 지구적 차원에서 볼 때도, 폭탄을 설치한 사람이 조금이라도 증오의 감정을 치유했다면 다른 사람들이 각자 마음속의 증오를 극복하기도 그만큼 더 쉬워질 것이고, 그가 조금이라도 자신을 용서했다면 다른 사람들이 자신을 용서하는 일 역시 그만큼 더 쉬워질 것이다. 이처럼 우리는 서로에게 에너지 차원의 영향을 끼친다. 한 사람의 진동수가 증가하면 다른 사람의 진동수도 더불어 증가한다.

"그가 영혼의 세계로 돌아갈 때 다른 영혼들의 반응은 어떨까요?"

"그들은 모든 사건을 중립적인 관점에서 봅니다. 신성한 계획이 잘 수행되었다고 인정들을 하겠지요."

"그러니까 이것이 태어나기 전에 도움을 줄 목적으로 계획한 행위이기 때문에 이 영혼에게 어떤 부정적인 카르마도 발생하지 않는다는 건가요?"

"그렇습니다."

"카산드라, 저쪽 편, 즉 영혼의 세계에서는 폭탄을 설치한 사람과 크리스티나 사이에 사랑이 존재한다고 말하면 맞는 말인가요?"

"물론입니다."

"그들은 이전 삶에서도 만난 적이 있나요?"

"그래요. 그들은 치유와 관련된 활동을 했습니다. 자신들뿐 아니라 다른 이들도 치유되도록 하는 활동이었습니다. 그들은 색다른 방식으로 지구의 의식을 끌어올리려는 소망을 품었습니다."

나는 카산드라가 '색다른'이라는 말을 쓴 것이 귀에 들어왔다. 다른 치유 행위와 마찬가지로 폭탄을 설치한 행위 역시 의식을 끌어올리기 위해 계획된 것이었다. 즉 똑같은 의도를 가진 행동이었던 것이다!

"왜 크리스티나와, 폭탄을 설치한 그 사람의 영혼이 지금 이 시대에 미국이라는 곳에서 태어나기로 했나요?"

"자유로운 선택의 문제입니다. 그것은 한편에서는 무의식적인 것과, 다른 한편에서는 의식적인 것과 관련이 있습니다. 크리스티나는 자신이 태어나 살아갈 순간의 지구의 정치적 상황을 모두 의식하지는 않았습니다. 크리스티나는 계획한 대로 삶을 살아가고 있지만, 필요한 모든 것을 의식적으로 결정한 것은 아닙니다. 그녀의 오빠는 베트남 전쟁에 참전했습니다. 이 영혼(크리스티나)은 오빠가 돌아오기 전까지, 그리고 자신이 이 사고를 겪기 전까지 그가 전장에서 겪은 일의 본질을 온전히 이해하지 못했지요."

"크리스티나는 스스로를 깨워 의식적인 삶을 살려고 이 경험을 계획했나요?"

"맞습니다."

"이 사고가 일어날 필요가 없도록 더 일찍 자신을 깨울 기회를 스스로에게 주기도 했나요?"

"아닙니다. 그녀가 바라던 의식의 깨어남은 다른 식으로 경험될 수 없는 것이었습니다."

"카산드라, 영혼은 처음에는 인격체를 깨우려고 미묘한 방식을 쓴다고 알고 있습니다. 그러다가 인격체가 깨어나지 않으면 더 강한 방법을 쓰고요. 그래서 폭발 사고와 같은 커다란 사건이 일어나기도 한다고 알고 있어요. 하지만 이 경우는 그 반대인 것 같아요. 미묘한 방식으로 그녀를 깨우려 하기 전에 큰일이 먼저 터져버린 거니까요."

"이 경우에는 당신 말이 맞습니다."

"크리스티나의 영혼은 왜 이런 쪽을 택했나요?"

"다른 사람들의 의식을 깨우려는 더 높은 목적이 있었기 때문입니다. 그들에게 깨어 있는 삶과 희망이 무엇인지 알려주기 위해서요."

"카산드라, 폭발이 계획되었을 때 그것은 무슨 일이 있어도 일어난다는 것이었나요, 아니면 일어날 수도 있고 일어나지 않을 수도 있는 것이었나요?"

"일어날 수도 있고 일어나지 않을 수도 있었습니다. 선택의 자유가 늘 존재해요. 그녀가 [참여]하지 않는 쪽을 택할 수도 있었고, 폭탄을 설치한 영혼 역시 그 일을 하지 않기로 선택할 수 있었습니다.

자유 의지라는 것은 지구에서 사는 사람들이 서로에게 조화롭게 진동수를 맞추는 것을 가리키는 말입니다. 당신이 당신의 진동수를 높이고, 연민을 품는 법을 배우고, 지구에서 만나는 모든 이들을 당신의 메시아처럼 대접한다면 애초에 얻기로 한 배움은 바뀔 수도 있습니다. 지구의 진동수는 꽤 높은 편이라 당신은 스스로 이러한 변화를 만들고 있다는 것을 느끼지 못할 수도 있어요. 하지만 만일 당신이 늘―강조하지만 '늘'이라고 했어요―더 높은 길을 간다면, 당신은 그 높아진 파동 속에 살면서 다른 이들을 더욱 사랑할 수 있게 될 것입니다.

당신은 자신의 과거와 현재, 미래를 모두 담고 있는―아카식 레코드―곳으로 올라가 삶의 계획을 볼 수 있습니다. 이것[계획]은 사랑이 담긴 생각과 바람 들로 바뀔 수도 있지요. 그러한 생각과 바람은 당신에게 인류 전체의 선을 위한 생각의 꼴thoughtform을 주니까요."

카산드라가 생각의 꼴이라는 말을 쓴 것은 생각이 에너지라는 사실을 보여준다. 우리가 처음에 무언가를 생각할 때 그것은 아직 물질의 형태로 나타나지 않은 에너지 형태이다. 하지만 우리가 (혹은 다른 이들이) 어떤 생각을 꽤 여러 번 또는 충분한 감정을 실어서 한다면 그것은 결국 물질의 영역에 모습을 드러내게 된다. 예컨대 부정적인 생각이 몸의 병으로 나타나는 것은 이런 이유 때문이다.

카산드라는 말을 이었다. "아카식 도서관에서 당신의 길잡이 영혼에게 지금 이 시점의 당신의 삶의 파일을 물질화해서 보여달라고 해보세요. 그리고 더 높은 차원의 의식에 도달하기 위해 당신이 어떤 변화를 만들어냈는지에 마음을 모아보세요. 그런 변화를 늘 인식하지는 못할 수도 있지만, 그래도 걱정할 것은 없습니다. 하늘에 있는 당신의 길잡이들과 천상의 존재들이 늘 당신을 살피며 당신이 마음으로 아름답다고 느끼는 짧은 순간들을 모두 기록하고 있으니까요. 아카식 레코드에 접근해서 당신의 신성한 의식에 그 변화들이 보이게 해달라고 부탁해 보세요.

지구는 날마다 [진동수가] 올라가고 있고, 더욱 차원 높은 생각의 꼴을 삶에서 실현해 내는 영혼들이 갈수록 늘고 있습니다. 공동의 선을 위해 행동하지 않는 이들이 설 자리는 곧 없어질 거예요. 당신이 이 인생길에서 만나는 모두에게 사랑과 평화와 빛을 가져다주기로 선택한다면, 당신이 배움을 얻고자 택한 시련들은 더는 당신 영혼에 적합하지 않을 수도 있습니다. 당신은 모든 존재 속에서 늘 최상의 것을 보고 그들을 최고의 선으로 끌어올림으로써 당신 자신과 우리 모두를 위해 좋은 변화를 만들어낼 수 있지요.

시련이란 영혼이 자기 주변의 아름다움이 드러나도록 하기 위해 자신의 진동수를 떨어뜨리는 한 가지 방법일 뿐입니다. 지구에서 당신의 움직임이 느리다고 느낄수록 천상의 진동수는 더 높아집니다. 고통과 괴로움은 그들이 선택한 방편의 일부이고, 몇몇 아름다운 영혼들이 그런 방편을 선택하지요. 바로 타인의 고통을 떠안음으로써 궁극적으로 고통에서 자유로워지는 삶을 살기 위해서입니다. 이것은 인간이 보여줄 수 있는 가장 숭고한 형태의 희생입니다. 자기 몸을 내어줌으로써 다른 이들이 고통과 괴로움에서 벗어나 기쁨과 자유를 느끼며 살게 해주니까요. 감당할 수 없을 정도의 시련은 주어지지 않지만, 어떤 영혼들은 의식의 발달을 뒤덮고 있는 장막을 더 빠르게 통과하기로 선택하기도 합니다. 기적이 일어나고, 변화를 만들겠다는 결심이 세워지지요. 그들이 느끼는 고통과 괴로움이 항상 물질계에서의 변화로 이어지는 것은 아니지만, 고통을 느끼는 영혼이 선택한 긍정적인 파동의 '생각의 꼴'에는 변화가 일어날 수 있습니다. 시련을 살아내는 이들은 지구 위에서 초월이 무엇인지 보여주는 영웅들인 경우가 많습니다. 정말 그렇습니다."

이 책을 준비하며 여러 사람을 만났지만, 영혼이 태어난 이후에 삶의 계획을 바꾸기도 한다는 말은 아직 듣지 못했었다. 하지만 카산드라의 영감에 찬 설명을 들으면서 직관적으로 그 말이 옳다는 생각이 들었다. 우리가 시련을 계획하는 것은 어떤 형태로든 우리 자신이 사랑임을 경험하고 또 깨닫기 위해서인 만큼, 시련이 일어나기 전에 그와 같은 자신의 본모습을 알게 된다면 애초 계획한 시련은 불필요해질 것이다. 크리스티나의 경우, 남을 도우려는 의도에서 폭발 사고를 계획한 것이었기 때문에 그러한 시련에 앞서 깨달음을 얻기란 불가능했다. 물론 그녀도 언제든지 이 경험을 하지 않는 쪽으로 선택할 수 있었지만, 그것은 타인을 돕고 싶다는 자신의 바람과는 맞지 않는 것이었다. 나에게는 폭탄을 설치한 사람이 어떤 이유로든 그 일을 하지 않기로 결심하는 쪽이 더 그럴듯해 보였다.

"카산드라, 만약 폭탄을 설치한 사람이 폭탄을 설치하지 않기로 결심했다면, 크리스티나의 삶에서 장차 어떤 일이 일어나 의식을 깨웠을까요? 준비된 또 다른 계획이 있었나요?"

"그렇습니다. 의식을 끌어올리는 구체적인 사건들은 그녀가 사는 지구의 진동 패턴과 관련되어 있어요. 만약 다른 일들이 일어났다면 그런 일들은 그녀의 가족 구조 안에서 일어났을 겁니다."

크리스티나의 계획이 의식을 끌어올리기 위한 것이었다면 그녀와 내가 이 책에서 이런 이야기를 하는 것도 태어나기 전에 동의된 바일 수 있겠다는 생각이 들었다. 크리스티나에게 이 책은 분명 공적인 방식으로 희망의 메시지를 전달하는 두 번째 기회일 것이다.

"카산드라, 크리스티나는 제가 쓰는 이 책에 자기 이야기를 말해주기로 태어나기 전에 계획했나요?"

"네."

그녀는 짧게 대답했다. 내심 이런 대답을 예상하기는 했지만, 그래도 그런 대답을 듣고 놀라지 않을 수 없었다. 난 태어나기 전부터 크리스티나를 알고 있었던 것이다! 단지 알고 있기만 할 뿐 아니라, 삶의 이 시점에서 서로 만나기로 계획까지 해두었다. 우리의 계획이 결실을 이루는 방식이 정말이지 놀라웠다.

"크리스티나와 내가 다른 삶에서도 함께한 적이 있나요?"

"전에도 만난 적이 있습니다."

"그녀와 나는 우리가 이번 생에서 서로 만나리라는 것을 어떻게 알았지요?"

"그것은 의식의 바다이자 당신을 여기에 데려온 진동의 패턴입니다. 둘은 같은 영혼의 그룹에 속해 있어요."

이 말은 놀랍기는 하지만 맞다는 생각이 들었다. 특히 크리스티나가 하는 일과 내가 지금 이 책에서 하는 일이 비슷하다는 점을 생각하면 더욱 그랬다. 나는 내 영혼 그룹의 하나를 만났다는 사실에 기뻤다.

"카산드라, 크리스티나의 이야기를 읽는 독자들 중에는 사고를 당한 이들도 있을 거예요. 그들에게 무슨 말을 해주고 싶으세요?"

"우울함, 분노, '왜 나인가' 라는 생각, 그리고 마지막으로 받아들이기, 이 모든 것은 의식이 특정한 영혼의 단계에 다다르기까지 거쳐야만 하는 배움의 단계입니다. 아름다운 과정이지요. 각 단계에서 스스로를 용서하는 것이 가장 중요합니다. 그래야 최고 수준의 의식에 도달할 수 있고, 같은 일을 겪고 있는 모든 이들에게 그 과정의 아름다움과 연민, 이해를 나누어줄 수 있습니다."

두 번째 이야기

크리스티나는 대학에서 학위를 받은 직후 정식으로 치료자의 삶을 시작했다. 대학 졸업 즈음 언어치료학 분야의 한 지인에게서 환자들을 만나볼 수 있는 자리에 초대를 받았는데, 그때의 경험에 매료되어 신경장애 환자들에 관심을 갖게 되었고 병원에서 일을 시작하게 된 것이다. 그녀는 자신이 이 분야에서 남을 도울 수 있는 특별한 위치에 있음을 바로 알 수 있었다.

"사람들은 무슨 일로 내 손이 그렇게 되었는지 알고 싶어했어요. 내가 설명을 다하고 나면 자신들에게도 희망이 있다는 것을 깨닫기 시작했지요. 바로 그래서 제 영혼이 그처럼 끔찍한 일이 일어나도록 계획한 거라는 생각이 들어요. 사람들에게 희망을 주기 위해서 말이에요. 만일 사람들이 나처럼 다른 세상을 보고 그리하여 삶에 보탬이 되는 것을 얻을 기회가 있다면, 누구라도 이런 일을 할 수 있을 거예요."

나는 크리스티나에게 만나는 환자들 이야기를 해달라고 부탁했다.

"내가 만난 환자들은 모두 사고를 당하고서 의식이 깨어나는 경험을 했어요. 그들은 자기 인생의 목적을 잘 이해하고 있어요. 하나같이 사고가 자신들에게 영적인 여정을 시작하게 해줬다고 말하더군요. 만일 다시 그런 일을 겪겠냐고 물으면 모두 그러겠다고들 해요. 이들을 보면 치유가 되기까지는 보통 적어도 2~3년, 때로는 5년 정도가 걸리는 것 같아요. 영적 성장의 마지막 단계는 인내하고 견디는 것과 관련이 있지요. 상처에서 회복되어 가면서 그런 것을 배우게 돼요.

제가 만난 환자들 상당수가 여러 번 사고를 당했어요. 한 번이 아니라 여러 번이요. 자동차 사고가 점점 많아지는데, 한번 사고를 당하면 다시 사고를 당할 가능성이 급격히 커지죠. 이들은 자기가 [부주의하게 운전을 했다거나 해서] 사고를 낸 게 아니에요. 대개 다른 차가 와서 들이받은 거지요. 그래서 저는 이런 사고는 영적인 성장이나 영혼과 관련이 있구나 하는 메시지를 받는 거지요. 첫 번째 사건에서 메시지를 얻지 못하면 한 번 더 사건이 일어나는 거예요."

"크리스티나, 그들이 왜 태어나기 전에 그런 시련을 계획하는지, 그리고 어떻게 하면 깊은 인내를 얻을 수 있는지 영에게서 이야기를 들은 적이 있나요?"

"자기 사랑 때문인 경우가 많아요. 어떤 사람들—많은 일을 최대한 서둘러 하지만 의식은 전혀 깨어 있지 않은 사람들—은 삶의 속도를 떨어뜨려 놓고서야 비로소 자신을 사랑하는 법을 배우지요. 배움 가운데는 주변 사람들과 관계있는 것들이 있어요. 여기서 배움을 얻는 이들은 시련을 당하는 사람의 주변 사람들이지요. 그 영혼은 다른 사람에게 무엇인가를 알려주기 위해서 사고라는 시련을 자청한 겁니다. 주변 사람들은 다친 그 사람을 사랑하는 법을 배우게 되고, 또 [뇌 외상brain trauma처럼] 지구에서는 눈에 보이지 않는 것이 실제로 존재한다는 사실을 이해하게 되지요. 나는 환자들에게 그들이 이런 사고를 미리 계획했다는 사실을 알려줘요. 이런 말을 해주면 그들은 깊은 안정을 찾지요. 자신이 뭔가를 배우기 위해 이런 일을 미리 계획했다는 것을 이해하기 시작하면 그때부터 치유에 진전이 나타나요."

"크리스티나, 극심한 육체의 고통을 견뎌야만 하는 이들에게 치료자로서 무슨 말을 해주고 싶은가요?"

"자기 앞에 원을 하나 그려보세요. 그 고통의 원 앞으로 바싹 다가서, 그 안으로 발을 들여 놓으세요. 거기서 달아나려고 하지 말고요. 그러면 고통은 감당할 수 있는 수준으로 잦아들 거예요."

크리스티나의 조언을 들으니 큰 사고를 당한 이들과 나눈 대화가 떠올랐다. 그들은 몸의 고통도 고통이지만 급격하게 변해버린 사람들과의 관계 때문에 더 괴로워했다. "사고의 결과로 사람들과의 관계에서는 어떤 변화가 일어났나요?"

"친한 친구 몇이 저를 떠나갔어요." 그녀의 목소리가 가라앉았다. "사람들은 삶이라는 게 아주 연약해서 부서지기 쉽다는 것을 알지요. 자기가 아는 누군가에게 그런 일이 일어났다면 자기에게도 일어날 수 있다고 생각하고 두려워해요. 누가 되었든지 당신 삶에서 곁에 있어 주기로 한 사람이 있을 거예요. 하지만 때로는 홀로 인생의 길을 걸어야 할 때도 있고, 다른 사람들의 도움이 별로 필요하지 않을 때도 있지요. 당신도 그렇게 혼자 갈 수 있다고 생각할지 모르겠어요. 하지만 그렇게 굳게 믿는 사람들은 결국 시련의 희생양이 되고 맙니다. 내면을 들여다보면 당신이 혼자 걷든 누군가와 함께 걷든 그 길 위에 누군가 당신을 위해 불을 밝혀 놓은 게 보일 거예요. 당신에게 필요한 것은 오직〔영에게〕도움을 구하는 것뿐이에요."

그녀가 맺고 있던 관계에서 가장 크게 변한 부분은 남편과의 관계였다. "남편은 저를 남다른 정성으로 보살펴주었어요. 마치 아버지처럼 자상하게 돌봐주고 보호해 주었죠. 자기가 늦게 와서 그런 일이 일어났다고 믿었거든요."

사고로 인해 결국 그들의 결혼 생활도 끝이 나고, 몸과 마음의 고통 속에서 몇 년을 보내야 하기는 했지만, 그래도 크리스티나는 폭탄을 설치한 이를 용서했다. 나는 용서하기 위해 애쓰고 있을 다른 이들에게 그녀가 나누어줄 지혜가 더 없을까 궁금했다.

"그 사람을 축복해 주세요. 그들이 스스로를 용서하기를 바라고, 또 그렇게 할 수 있도록 허락하세요. 그렇게 그들을 놓아줌으로써 더 높은 차원의 의식에 가 닿을 수 있도록. 최선의 방법은 그들을 놓아주는 거예요. 그들이 하는 모든 것도 에너지로 이루어져 있고, 당신은 그 에너지를 세상을 더 좋게 하는 데 쓰고 싶을 테니까요." 크리스티나의 제안이었다.

"용서를 넘어 어떻게 감사하게까지 되었나요?"

"조금씩 그런 순간들이 찾아왔어요. 살아있다는 게 감사했어요. 고통이 조금씩 줄어들기 시작할 때도 감사했지요. 고통이 단 30초만이라도 멈추면 그렇게 감사할 수 없었어요. 처음에는 그런 느낌을 갖지 못했지요. 고통이 한순간도 끊이지 않았으니까요. 하지만 어두운 심연에 있기가 더는 견딜 수 없는 그런 때가 오지요. 결국 빛 가운데로 걸어 나오는 쪽을 선택하게 돼요."

그렇다면 폭탄을 설치한 이는 어떨까?

"그 역시 그 일을 하기로 선택한 거죠. 우리가 의식의 차원에서 선하지 않다고 생각되는 어떤 것을 하기로 하는 영혼은 아마도 아주 높은 빛의 관점에서 그러는 것이 아닐까 생각해요." 크리스티나의 대답이었다.

스테이시 웰즈와의 세션

우리는 크리스티나의 삶의 청사진에 대해 더 깊이 알아보고 그녀의 전생 계획에서 오고간 대화를 더 들어보기 위해 스테이시 웰즈를 찾아갔다. 나는 스테이시에게 크리스티나의 이름과 생년월일을 알려주고, 그녀가 오래 전에 폭탄 사고로 크게 다쳤다고 말해주었다. 우리는 스테이시가 그녀의 길잡이 영혼에게서 처음으로 어떤 말을 들을지 기대감을 갖고 기다렸다.

"사고가 일어났던 그해에 집중하고 있어요." 스테이시가 입을 열었다. "이런 말이 들리네요. '그해는 카르마의 해였습니다.' 그 사고는 사실 사고가 아니었어요. 계획된 것이었으니까요."

"맞아요." 크리스티나가 대답했다.

"당신이 보이네요, 크리스티나. 당신은 영혼 그룹 한가운데 서 있군요. 커다란 방 안에 영혼 그룹의 멤버들이 모두 모여 있어요. 길잡이 영혼들은 더 작은 옆방에 있네요. 당신은 아이보리색 가운을 걸치고 있어요. 아주 소박하고 물이 흐르듯 모양새가 자연스러운 옷이에요.

당신은 세상을 치유하고 싶다고 말하고 있어요.

　이 전생 계획 세션에서는 영적 성장에 관련한 이야기가 많이 나오네요. 십자군 전쟁 때 시작됐던 영적 강화spiritual empowerment라는 주제가 이번 생애에서도 지속되고 있어요. 당신은 키가 작고 말솜씨가 좋으며 매우 똑똑한 여자였군요. 군인들 눈에 띄지 않게 활동하면서, 의심받는 사람들을 보호하는 일을 했네요. 그들을 돌봐주었군요. 그들에게 먹을 것을 주고, 잘 데도 마련해 주었어요. 다녀도 될 만한 안전한 길도 알려주고요. 친구들이 감옥으로 끌려가 잡혀 있을 때는 쇠창살 사이로 음식과 옷가지들을 넣어주었어요. 남에게 도움이 되는 일이라면 무엇이든 가리지 않았군요. 그 생애에서는 한 번도 붙잡힌 적이 없지만, 친구들 중에는 붙잡힌 이들이 많았어요. 그래서 사람들을 돕겠다는, 그들이 영적으로나 현실적으로나 힘을 갖도록 돕겠다는 마음이 카르마의 주제로 계속되고 있는 거예요.

　당신은 무엇보다도 정신에 매혹되는군요. 길잡이 영혼 하나, 그리고 당신 영혼 그룹의 세 영혼과 이번 생에서 당신이 어떤 방식으로 정신이라는 주제를 공부할지 의논하고 있어요. 여러 가지 신체 장애를 통해 어떻게 정신이 발현될 수 있는지에 대해서도 배우고 싶어하는군요. 당신은 사람들이 각자의 정신을 잘 사용해서 더욱 강해지기를 바라고 있어요. 내 길잡이 영혼에게 사고에 관련된 대화를 보여달라고 부탁했어요. 이 일의 책임을 맡고 있는 누군가가 있다는 느낌이 드는군요. 당신이 이 영혼과 이야기를 나누는 게 보여요. 당신은 이 시나리오에 참여하겠다고 말하고 있어요."

크리스티나_내 삶의 새로운 포문을 열 거예요. 그 일은 내 인생의 그 시기에, 내가 원하던 길로 돌아가라고 정신적으로 또 무의식적으로 일깨워주는 역할을 할 거예요. 그런 게 필요해요. 그래야 인생의 방향을 제대로 정하고 내 삶의 더 큰 목적을 생각해 낼 수 있어요.

"당신은 마치 벽에 구멍을 뚫고 그곳을 지나 삶의 다음 단계로 들어가겠다는 것 같군요. 당신이 이 폭발 사고에서 회복될 때쯤 정신을 통해서 더욱 강해질 것이라는 말이 들리네요. 단지 몸만 회복되는 것이 아니라 정신적으로 그리고 감정적으로도 치유될 것이며, 스스로에게 치유의 굳은 의지를 심어주게 되리라는 뜻이에요.

이 사고가 일어나지 않았다면 당신은 자칫 다른 길로 가기 쉬웠을 거예요. 예를 들면 가족에 대한 책임을 자기 인생의 목표로 여기거나, 남을 챙기느라 자기 욕구는 채우지 못하는 삶을 살았을지도 몰라요. 에너지가 아주 많은 여성이군요. 당신의 영혼은 생명력 있고 활동적이지요. 당신은 아주 열정적이에요. 자신은 끄떡없을 거라고 말하고 있어요. 영혼의 세계에서 당신은 그 사고를 즐겁게 받아들이네요. 당신 그룹에서 어떤 영혼들은 시종일관 입을 다물고 있군요. 판단 내리는 일 없이 그저 당신이 하는 말을 들으며 당신을 바라만 보고 있군요. 당신이 인생의 방향을 바꿀 수단으로 그처럼 극적인 방법을 택하는 것을 보고 크게 놀라는 영혼들도 있네요. 당신은 웃어넘기며 이렇게 말하는군요. '그런 변화를 만들려면 그만큼의 에너지가 필요해요.'"

"폭탄이 벽돌 건물 안에서 폭발했나요?" 스테이시가 물었다.

"네, 맞아요. 아주 오래된 건물이었지요." 크리스티나가 대답했다.

"그렇다면 내가 옳게 보고 있군요. 이제는 크리스티나가 어딘가 앉아 있어요. 폭탄을 만드는 남자와 나란히 앉아 이야기를 나누고 있군요. 그는 조용한 사람이에요. 폭탄 만드는 소리만이 들리네요. 적어도 영혼의 차원에서는 눈에 띌 만큼 연민이 많은 사람이군요. 지난 몇 번의 생애 동안 그에게는 어려움이 있었어요. 말로 자신을 표현하는 걸 어려워했고, 사람들과 이야기 나누는 것도 불편해했어요. 사람들이 많은 공공 장소에 있는 것조차도 힘들어했군요. 정신분열증을 앓은 생도 있네요. 그래도 그는 마음속으로는 연민을 계속 느꼈어요.

당신과 삶의 계획을 이야기를 하는 내내 당신 얼굴을 차마 똑바로 바라보지 못하는군요. 그는 연민의 마음 때문에 차라리 어디론가 숨어버리고 싶다고 생각하네요. 그는 안 보이는 데서 일하는 걸 훨씬 좋아해요. 그와의 대화는 이어졌다 끊어지기를 반복하네요. 당신이 몇 마디 하고 나면 침묵이 이어지고 당신이 다시 무슨 말인가를 하는 식이에요. 이제 그가 자리에서 일어났어요. 당신이 그를 다시 잡네요. 그는 당신이 괜찮을지 걱정하고 있어요. 당신은 마치 그의 길잡이 영혼 같아요. 그는 당신의 영혼 그룹에 속해 있는데, 당신은 그가 아주 많은 생애 동안 이 문제로 힘들어하고 있다는 걸 알아요. 당신이 그에게 손을 뻗는군요."

크리스티나_괜찮아요.

남자_난 절대로 누군가를 죽이거나 다치게 하거나 몸을 못 쓰게 만들거나 상처 주고 싶지 않아요. 절대로 그러고 싶지 않아요. 난 그저 말을 하고 싶을 뿐이에요. 상대가 분명히 알아듣게 말을 하고 싶을 뿐이라고요.

크리스티나_우리는 당신 말이 잘 들려요. 당신이 잘 보여요. 우리 모두 여기서 당신을 보고 듣고 있어요. 이 문제를 내가 도와줄게요.

당신의 목적에 도움이 될 거예요. 물론 이건 나를 도와주는 일이기도 해요. 모르겠어요?

"당신이 '이 문제'라고 한 건 그가 의사소통에 어려움을 겪는 걸 말하는 거예요. 그는 이 일로 느낄 죄책감 때문에 고민하는군요. 당신을 다치게 하고 싶지도 않고, 당신을 다치게 하는 일과 관련된 그 어떤 일에도 참여하고 싶은 마음이 없어요. 하지만 당신의 삶의 계획에 그가 복잡하게 얽히리라는 사실만은 아주 분명하군요. 그리고 그가 자신을 표현하는 능력이 자기가 원하는 수준까지 되지는 않으리라는 것도요. 그는 아무도 안 보는 곳에서 비밀스럽게 사람들에게 커다란 영향을 줄 일을 하기 위해 한 번의 생을 더 살아야 할 거예요. 그에게는 의사소통이 가장 큰 문제군요.

크리스티나 당신이 아주 큰 사랑을 보내고 있는 게 느껴져요. 그를 안심시키려고 노력하고 있군요. 그가 이 일을 자신의 관점이 아니라 당신의 입장에서 볼 수 있도록, 이 일이 둘의 목적에 어떻게 부합되는지 볼 수 있도록 하려고 애쓰고 있어요. 여러 번 그를 안심시키고, 손을 잡아주고 하네요. 이 일로 당신이 긍정적인 영향만 받으리라는 것을 그에게 이해시키려 하고 있어요."

크리스티나_괜찮아요. 내가 이 일을 원해요. 내가 당신을 도울게요. 나에게도 도움이 돼요. 내게는 오직 밝은 면밖에 보이지 않는걸요. 부정적인 일이 늘 부정적인 일만 낳는 것은 아니잖아요. 때로 부정적인 일을 통해서 온전함에 도달하기도 해요. 우리 모두 어디선가는 시작해야 한다고요.

"살펴봤듯이 그는 당신 영혼 그룹에 속할 뿐더러 당신이 아주 크게 연민을 느끼는 영혼이군요." 스테이시가 일단락 지었다.

나는 이제 폭발 사고가 어떻게 이번 생에서 크리스티나를 자신의 목적에 더 가깝게 이끌어주었는지 잘 알 수 있었다. 그러나 폭발을 일으킨 것이 폭탄을 설치한 그 사람으로 하여금 지난 생의 의사소통 문제를 이겨내도록 도와주리라는 점은 이해되지 않았다.

"폭탄을 설치한 일이 당사자에게는 어떤 의미가 있는지 잘 모르겠어요. 그 일이 그의 목적을 이루는 데 어떻게 도움이 되나요?"

갑자기 스테이시의 말이 느려지더니 이내 끊어졌다. 이제 그녀의 길잡이 영혼이 직접 우리에게 말하기 시작했다. "이 영혼은 스스로 그은 자기 파괴적인 원 안에 천 년 동안 갇혀 있었습니다. 그리고 몇 번의 생에서는 폭력적인 성향을 보였습니다. 한 생에서는 IRA(아일랜드 공화국군) 단원이었군요. 폭력적인 행위를 일삼고 습격을 계획하고 폭탄 만드는 일도 도왔습니다. 이것이 그가 의사소통하는 방식이었습니다. 감정적 친밀감은 그에게 어려운 문제였어요. 이런 일들을 겪으며 그에게는 자기 존중감을 갖고 싶다는 내면의 욕구가 생겼습니다. 이번 생, 이 교차적인 시점에 폭탄으로 크리스티나와 연결된 것은 그에게는 과거의 삶, 그러니까 여전히 그 원 안에 갇혀 있는 과거 삶의 연장선에서 일어난 일이군요."

이 말을 마치자마자 스테이시는 다시 본래 자기로 돌아왔고 어조도 예전과 같아졌다. 그녀는 계속해서 전생 계획 대화에 귀를 기울였다.

"이 폭발 사건으로 그가 체포되도록 해야 할지, 이 폭탄이 그를 도와주는 것이 될 수 있을지를 놓고 크리스티나가 의논하고 있네요. 우리는 누구나 자기 파괴적인 행동을 여러 삶을 통해 되풀이해요. 그래야 그런 행동이 우리에게 도움이 되지 않는다는 것을 깨닫고 다음 단계로 옮겨갈 수 있으니까요. 그 깨달음에는 두 부분이 있어요. 우선 그런 행동이 우리에게 도움이 되지 않는다는 것을 깨닫고 나면 우리 자신을 고칠 수 있지요. 크리스티나는 사람들이 스스로를 고칠 수 있도록 도와주는 일을 무척 좋아해요. 그녀가 그의 폭력적인 의사소통 방식을 돕겠다고 자청한 것도 그 경험을 통해 그가 자신을 고칠 수 있게 되기를 바라는 마음에서였지요. 이 부분에서 평화라는 말이 계속 들리네요. 그녀는 그가 자기의 도움을 받아 결국 평화를 얻기를 바라고 있어요.

그의 폭력적인 행동에는 이따금씩 보상이 따르기도 하는군요. IRA 에서는 꽤 추앙을 받아 핵심 측근의 일원이 되고 중요 인물로 대접을 받았군요. 그는 아주 많은 생에서 이와 유사한 길을 걸었어요. 그에게는 다른 방향으로 가는 것보다 그 편이 훨씬 쉬웠으니까요. 그러다가 결국 이제는 방향을 바꿔야 할 때가 된 것이고요. 크리스티나는 그 변화가 이번 생에서 일어날 수 있기를 바라고 있군요."

"내가 그를 만났나요?" 크리스티나가 물었다.

"아뇨. 이번 생에서는 아니에요."

나는 처음에 방에 함께 있던 다른 세 영혼과 크리스티나 사이에 어떤 대화가 오갔는지 알 수 있느냐고 물었다. 스테이시는 오래도록 말이 없었다.

"크리스티나, 당신 아버지의 영혼이 그 중에 있군요. 나머지 둘은 [이번 생에서] 여성이에요. 하나는 중년쯤 되어 보이는 나이 든 여성—당신 어머니군요—이고, 다른 하나는 금발의 젊은 여성이에요."

스테이시는 이 영혼들의 모습이 앞으로의 삶에서 그들의 겉모습이 되는 것 같다고 했다. "아버지도 어머니도 당신이 괜찮을지 걱정하는군요. 정말 이렇게 하고 싶은 거냐고 묻네요."

크리스티나_네. 제가 원하는 거예요. 감당할 수 있어요. 전 무척 강해요. 아시잖아요. 제일 큰 시련에 맞서고 싶어요.

"젊은 여성은 이 사고가 발생하기 2년 전 당신의 삶에 있었던 누군가이군요."

"내 친구 앨리스일지도 모르겠네요." 크리스티나가 말했다.

"평생의 친구가 되겠다는 계획 같은 건 없네요." 스테이시가 말했다. 그녀의 말을 들으니 우리가 누군가와 정한 기간 동안만 친구 혹은 배우자가 되기로 계획하는 일도 자주 있다는 사실이 떠올랐다. 우리는 이러한 약속에 대한 기억이 없기에 우정이나 결혼이 끝나는 것을 부정적인 일로 본다. 하지만 그렇지 않다. 그들과 정한 시간이 끝나면 헤어지게 되어 있는 것이다.

"맞아요. 우린 더는 만나지 않아요." 크리스티나가 대답했다.

"사고가 나기 전까지만 지속되는 우정이라고 분명히 정했군요. 그 당시에는 가장 절친했던 친구라는 느낌이 오네요. 혹시 같은 방을 썼던 룸메이트인가요?"

"맞아요. 놀랍군요."

"그녀가 하는 말이 들려요. '이 일[폭발]이 정말 네가 원하는 게 맞아?' 아, 이들 넷 앞으로 당신 남편이 걸어오는 게 보이네요. 그는 자리에 앉아서 당신 그룹의 다른 영혼들을 바라보고 있었어요. 그가 당신을 안아주는 게 보여요."

남편_내가 당신 짐을 좀 덜어줄게. 당신이 뭘 하든 다 존중해. 많은 이들을 위해 당신이 빛을 밝히고 있잖아. 당신이 치유의 시간을 지나며 강한 사람이 되어가는 동안 힘을 다해 당신을 도와줄게.

"크리스티나, 그가 당신 이마에 입을 맞춰요. 당신도 그를 안아주네요. 둘 사이에는 아주 깊은 이해와 존중감이 있군요. 둘이 나눈 대화는 그것이 전부예요."

크리스티나의 전 남편이 나타나니 크리스티나와 처음 이야기를 나눌 때 궁금했던 점이 다시 떠올랐다. "스테이시, 폭발이 일어났을 때 크리스티나의 남편은 책을 읽는 데 빠져서 스테이시를 늦게 데리러 왔어요. 그것은 남편이나 크리스티나의 길잡이 영혼이 개입해서 일어난 일인가요?"

스테이시는 길잡이 영혼이 그 결정적 순간을 보여주기까지 잠깐 말을 끊었다. "물론이죠. 그는 의식의 상태가 바뀌어 시간 관념을 잃어버렸어요. 그의 뒤에는 길잡이 영혼이 서 있었지요. 정해진 시간에 모든 일이 정확히 일어날 수 있게 주관하면서 말이에요. 이 영혼은 실제로 내가 전생 계획 세션에서 본 길잡이 영혼 중 하나예요."

"카산드라인가요, 레오나인가요?" 내가 물었다.

"카산드라예요." 스테이시는 자기 길잡이 영혼의 대답을 그대로 옮겼다.

"스테이시, 길잡이 영혼에게 전생 계획의 다른 부분으로 가볼 수 있느냐고 물어봐 주세요. 크리스티나가 이 경험을 통해 어떻게 성장할지, 또는 그녀가 이 경험을 통해 어떻게 인류에게 도움될 일을 하는지 이야기하는 부분으로요."

"이 전생 계획 세션의 시작 부분이 보이네요. 크리스티나는 자신의 가장 높은 길잡이 영혼과 같이 있어요. 그 길잡이 영혼은 남자 모습을 하고 있군요. 전에 다른 세션에서 체스판 이야기를 했지요. 다시 그게 보여요. 바닥에 체스판 문양이 그려진 건 아니지만 실제 체스판 같은 것이 보이네요. 크리스티나가 말 몇 개를 집고 몇 칸 뛰어넘는 게 보여요. 그녀가 길잡이 영혼에게 이렇게 말하고 있어요."

크리스티나_[지난 삶들에서] 커다란 도약들이 있었지요. 이번 삶에서도 커다란 성장들을 계속할 수 있어요. 그러고 싶어요. 내게는 그럴 능력이 있어요. 쓸모 있는 존재가 되고 싶어요. 어떤 상황에서든 쓸모 있는 사람이 되어 적절한 방식으로 사람들을 돕고 싶어요.

"그녀가 가르치고 강의하고 글 쓰는 문제로 이야기가 오가요. 길잡이 영혼들이 그러한 제안을 했군요. 크리스티나가 이렇게 답하네요. '사람들과 [좀더] 직접 부딪치고 싶어요.' 크리스티나의 지적 능력, 그리고 사람과 상황, 가족 관계를 분석하는 능력이 언급되고 있어요. 이전의 삶들에서, 또 삶과 삶 사이의 중간 시기에 얻은 기술도 있군요. 크리스티나가 심장을 가리키며 말해요. '난 변화를 만들어내고 싶어요.' 크리스티나는 십자군 전쟁과 프랑스 혁명 때 한 일들을 이야기하고 있어요. 그 두 번의 생애에서 그녀는 사람들을 먹여주고 숨겨주고 안전한 곳으로 피신시키는 일을 했어요."

크리스티나_그런 일은 이제 조금 지겨워요. 다른 이들을 돕고 싶지만, 그런 식으로 생의 기본적인 것을 제공해 주는 방식은 아니었으면

해요. 남을 돕는 능력을 좀더 많이, 다르게 쓰고 싶어요.

길잡이 영혼_당신은 용감하고 새로운 사람들의 물결에 속하게 될 거예요. 눈에 보이지 않는 에너지를 쓸 수 있다는 생각, 심지어 자기력magnetism을 한갓 마술로 치부하는 것이 아니라 치유의 한 방법으로 사용한다는 생각을 다시금 받아들일 준비가 된 시점의 세상으로 몸을 얻어 들어가게 될 거예요.

"크리스티나는 치유 능력을 활용하기로 하는군요. 감정의 치유를 통해, 핵심적으로, 영적인 성장을 이루는 경우가 많은데, 그녀는 바로 그런 일을 해서 사람들을 돕겠다는 거지요. 또 사람들로 하여금 자신의 여정을 말로 표현해 보게 함으로써 자기 발견의 과정에 들어서도록 돕고 싶어해요."

크리스티나_나는 아주 많은 생을 살면서 내 자신을 아주 잘, 분명하게 알게 되었어요. 그 자각이 내게 힘을 주는 에너지가 되었지요. 그래서 내가 그토록 강해질 수 있고 시련에 맞설 수 있으며 다른 이들이 시련에 맞서 싸우게끔 도울 수 있는 거예요. 다른 이들을 감싸 안고 싶어요. 그들이 나처럼 자신감을 찾고 자기 안의 힘을 발견했으면 좋겠어요.

"그 다음, 크리스티나가 어떻게 이 모든 게 자기를 위해 계획한 것이며, 궁극적으로 다른 이들에게 배움을 주려는 것임을 다시 알게 할지—이 계획을 기억해 내게 할지—그 방법에 대한 의논이 있네요. 이제 다른 게 보여요." 스테이시의 목소리가 기대감으로 들떴다. "크리스티나, 이 사고가 난 뒤 의식을 잃은 상태로 얼마 동안 있었군요?"

"의식을 잃었다가 다시 돌아오기를 반복했어요. 맞아요. 얼마 동안은 그랬어요."

"이런 게 보이네요. 이것도 모두 전생 계획 세션에서 일어나는 일이에요. 늘 당신 곁을 지키는 길잡이 영혼들 그리고 당신 영혼 그룹의 멤버들이 당신이 의식을 잃었을 동안 당신 곁에 있었군요. 그들은 영혼의 차원에서 당신에게 이 사고의 목적을 상기시키려고 했어요. 당신을 낫게 하려고, 당신 안에 치유 능력이 있음을 깨닫게 하려 애썼고, 또 당신이 이 치유의 경험을 다른 이들과 나누고 싶어한다는 것도 기억해 내게 하려고 노력했어요. 당신은 참 많은 도움을 받았군요."

"맞아요." 크리스티나가 깊이 공감하며 대답했다.

"전생 계획의 이 부분에서 당신의 길잡이 영혼들은 대중에게 다가가는 방법을 놓고 이야기하고 있어요. 그들은 당신에게 더 많은 사람들 속으로 들어가서 당신의 그 풍부한 깨달음을 함께 나누고, 당신 안의 힘과 목적 의식, 그리고 무엇이든 이룰 수 있다는 생각을 전파하라고 격려하네요. 그들은 당신이 나중에 할 일들에 대해 많은 이야기를 해주고 있어요. 그 중에는 책을 쓰는 것도 들어 있어요. 그 일을 계기로 멀리 다니게 될 거고 많은 이들에게 알려질 거예요. 이런 일은 오십대쯤에 일어날 거라는군요. 책을 쓰고 싶다는 마음이 든 적 있나요?"

"솔직히 말하면 있어요. 어떤 책을 쓸지도 생각해 봤는걸요."

그 순간 나는 크리스티나가 이 책에 참여할 것도 계획했다는 카산드라의 말이 떠올랐다. "스테이시, 카산드라가 내게 말하길, 크리스티나와 내가 같은 영혼 그룹에 속해 있고, 이 책에서 크리스티나의 이야기를 들려주기로 계획도 세웠다고 했어요. 그 대화도 들을 수 있나요?"

스테이시가 그 부분의 전생 계획에 접근하는 동안 긴 침묵이 이어졌다. "이 영혼 그룹에는 작가가 아주, 아주 많네요." 스테이시는 그 영상이 매우 또렷하다고 말했다. "[길잡이 영혼한테서] 이런 표현이 들리네요. '이 그룹에 지식의 보물 창고가 있다.' 로버트, 당신이 보여요. 크리스티나와 주변 사람들에게서 떨어져 네 줄 정도 뒤에 서 있군요. 손에 글을 적는 메모판과 철필 같은 것을 쥐고 있어요. 당신이 영혼 그룹에서 일어나서 크리스티나에게로 다가가네요. 여전히 뭔가를 쓰면서요. 당신은 아주 오래도록—그러니까 이전의 여러 생애에서—관찰자이자 기록자였군요. 관찰자로서의 능력을 쭉 키워왔어요.

당신은 크리스티나의 삶에서 작은 역할을 할 뿐이지만 크리스티나는 당신이 오는 걸 보고 무척 기뻐하네요. 당신이 옆에 앉아 자세한 이야기를 들려주니까 크리스티나가 손뼉을 치면서 좋아하는군요."

로버트_ 당신의 여정을 기록하고 싶어요.
크리스티나_ 와, 정말 신나는걸요!
로버트_ 연달아 몇 권 쓸 거예요. 당신의 이야기가 들어가는 것은 그중 첫 번째 책이 될 거고요. 당신 영혼의 여정을, 우리 모두가 여러 생에 걸쳐 지나가는 여정을 기록할 거예요. 인과의 카르마를 보여주는 방식으로 당신의 여정을 담아내고 싶어요.

카산드라에게 우리의 만남이 계획되었다고 듣기는 했지만, 그래도 태어나기 전에 내가 했다는 말을 듣기란 무척이나 색다르고 흥분되는 일이었다. 게다가 그 내용은 내가 다른 영매들과의 개인적인 세션에서 알게 된 바와 정확히 일치했다. 그들은 내가 인간 경험의 관찰자이자 기록자로서 수많은 생을 살아왔다고 말했었다.

그러나 나는 카르마란 균형을 맞추기 위한 것이라고 생각하고 있었기에 '인과의 카르마'라는 말이 잘 이해되지 않았다. 그 당시에는 몰랐지만, 내가 오래도록 잊고 있었고 전생에 사용하기도 했던 이 단어는 지금 내 삶에도 큰 영향을 주었다. 나는 이제 카르마의 균형을 인과 관계로 이해할 수 있다.

"대화중에 갑자기 사과가 보이네요. 로버트, 당신이 사과를 그렸어요. 씨앗을 심는 비유를 사용하고 있군요. 그것은 당신이 책을 통해서 이루고자 하는 목적이에요."

로버트_나는 많은 이들의 정신에 씨앗을 심고 싶어요. 영혼과, 영혼의 여정에 대한 앎과 깨달음의 씨앗이요. 그리고 신비에 대해, 또는 많은 사람들이 신비라고 생각하는 것에 대해 설명하고 싶어요. 그러다 보면 내 삶의 여정에서도 자기 발견이 일어날 거예요. 많은 이들이 당신[크리스티나]의 이야기를 통해 인과의 카르마 과정에 대해, 그리고 영혼이 택할 수 있는 많은 길들에 대해 알게 될 거예요.

"둘이 껴안네요. 서로를 잘 이해하고 있어요." 스테이시가 덧붙였다.

"스테이시, 크리스티나와 카산드라가 나누는 대화를 혹시 들어볼 수 있나요?"

그러자 스테이시는 카산드라가 크리스티나에게, 또 나에게도 하는 말을 들려주었다.

카산드라_당신[크리스티나]과 나는 다른 생들에서 여러 번 함께했습니다. 우리는 사람들이 자신이 혼자가 아니라는 사실을, 자신을 돕는 다른 누군가가 늘 있으며, 어떤 시련이든 그것을 전에 겪은 사람이 있다는 사실을 깨닫도록 도왔지요. 이것은 삶의 원의 일부입니다. 영혼의 삶과 육체의 삶을 가르는 선은 없어요. 모두가 하나예요. 나는 당신[로버트]을 만나고 또 책 작업을 함께하면서 비록 삶의 모습들은 달라보여도 모든 사람이 같은 길을 걸어가고 있다는 진리를 더 널리 알리게 될 것입니다. 무엇인가 오직 자기 혼자만 겪고 있다고 느낀다면 그것은 이기적인 미망이지요. 그런 자기 연민이라는 미망에 빠지면 삶의 흐름, 영원성의 흐름과 단절됩니다. 삶으로부터 단절되어 있는 상태에서는 사람들이 성장할 수 없어요. 모든 사람이 하나임을 깨달을 때 인류는 의식의 다음 단계로 넘어갈 수 있습니다. 이것은 우리 모두가 거들게 될 더 큰 선善의 일부입니다.

이것으로 스테이시와 그녀의 길잡이 영혼은 크리스티나의 전생 계획 세션을 보여주는 작업을 마쳤다. 이 대화를 듣는 동안 내게 깊은 인상을 준 것이 몇 가지 있었다. 하나는 크리스티나가 폭탄을 설치한 영혼에게 깊은 사랑과 이해를 표현했다는 것이다. 나는 그 영혼 그룹의 다른 멤버들이 그 영혼을 어떻게 대하는지가 몹시 궁금했다.

"다른 영혼들은 그를 돕고 지지해 줘요. 영혼의 세계에서는 판단이라는 것이 없어요. 그들은 그저 사랑으로 손을 내밀 뿐이에요. 그렇게 해서 그가 성장하는 데 필요한 일들을 할 수 있도록 해주지요."

"스테이시, 크리스티나의 사고와 인과의 카르마 사이에 어떤 관계가 있는지 더 듣고 싶어요."

나는 오래 전 내가 한 말을 되찾은 까닭에 한번 써보고 싶은 마음이 들었다. 스테이시의 길잡이 영혼이 다시 우리에게 직접 말을 했다.

"당신은 이 책을 준비하면서 사고가 실은 사고가 아니며 한 사람의 의식을 깨우기 위해 미리 계획되고 합의된 일이라는 것을 알게 되었습니다. 영혼들은 장막을 넘어 지구로 올 때 그 전에 스스로 세운 계획을 잊어버리지요. 이런 일에도 뚜렷한 목적이 있습니다. 바로 잠재 의식의 차원에서라도 그 기억을 일깨우려는 것입니다. 잠재 의식은 변화가 생겨나는 발상지니까요. 마찬가지로 사고 역시 새로운 방향, 새로운 초점으로 변화의 결과를 만들어내는 원인—비록 우리〔길잡이 영혼들〕는 원인이라기보다는 기억을 되살려주는 것으로 보지만—이라고 볼 수 있습니다.

사고를 당한 영혼이 사고가 일어난 뒤 의식을 잃었을 때 우리는 그 영혼에 아주 가까이 가게 됩니다. 우리는 그 영혼에게 그가 선택한 목적과 운명을 기억해 내게 하려고 노력합니다. 영혼을 껴안아주고, 의식을 잃고 있는 동안 영혼이 진동을 끌어올리도록 도와주지요. 의식이 모두 돌아오면 그 영혼은 바라던 결과를 낳기 위해 심겨진 씨앗을 잠재 의식 속에 간직하게 합니다."

"정말이지 맞는 말이에요." 크리스티나가 말했다. 크리스티나가 사고를 통해 바란 결과는 치료자가 되기로 한 계획을 기억해 내는 것이었다. 나는 질문의 범위를 더 넓혀보았다.

"치유에 대해서 물어보고 싶어요. 크리스티나는 신체적으로도 감정적으로도 치유의 과정을 거쳤어요. 폭탄을 설치한 사람도 용서했고요. 제가 알기로 용서는 용서를 하는 사람과 용서받은 사람의 DNA를 실제로 바꾼다고 하는데요, 그게 정말인가요? 용서를 한다고 DNA가 바뀌는 일이 어떻게 가능한가요?"

"그건 맞는 말입니다. 염색체 차원에서 변화가 일어나지요. 아유르베다 치유법에서 이런 주제가 다루어집니다. 당신에게서 뻗어나간 용서의 파장은 용서받은 사람에게 무의식적인 차원에서 전달됩니다. 그 용서를 받아들이느냐 그렇지 않느냐는 용서를 받는 사람이 결정합니다. 용서를 받은 사람이 계속 슬퍼하기만 하고 스스로를 용서하지 않는 경우도 많지만, 용서의 파장은 용서받은 이를 자유롭게 하고, 그래서 앞으로 더 나아갈 수 있게 합니다."

"만일 그 사람이 용서를 받아들인다고 할 때 염색체 차원에서 구체적으로 어떤 일이 벌어지나요?"

스테이시는 잠시 채널링을 멈추고, 길잡이 영혼이 지금 막 머릿속에 보여준 영상을 말로 설명해 주었다. 그녀는 그것이 미세한 딱딱한 조각들이 염색체에서 떨어져 나오고, 그 자리가 둥글고 더 부드러운 무엇인가로 채워지는 영상이라고 했다.

"그것은 몸과 정신에 에너지—때로 '기氣'라고도 하지요—가 더욱 잘 흐르게 해줍니다. 이 커다란 흐름 덕분에 삶의 목적을 향해 나아가는 데 쓸 수 있는 에너지가 더욱 많이 생깁니다. 그것은 세포 단위보다 더 작은 단위로 몸과 정신에 퍼집니다."

"우는 것도 DNA를 치유하나요?"

"자기 연민의 울음이 아니라 놓아줌의 울음일 때는 그렇습니다."

"웃는 것도 DNA를 치료하나요?

"웃는 것은 치유에 아주 큰 도움이 됩니다. 웃으면 몸을 깨끗하게 하고 독소를 씻어내며 체액의 순환을 촉진시키는 호르몬이 풍부하게 쏟아져 나옵니다. 그것이 DNA가 독성을 띠는 것을 막겠지요. 무엇인가를 바꾼다기보다는 예방해서 제 기능을 유지하게 하는 역할에 더 가깝습니다. 암환자들은 세포 차원의 치유를 위해 웃음 치료를 많이들 받지요. 하지만 그것 자체가 DNA의 구조를 바꾸는 것은 아닙니다. 웃음은 몸이 더 긍정적으로 기능할 수 있도록, 그래서 그 자체와 조화롭게 공명할 수 있도록 해주는 겁니다."

"물에 대해서 같은 질문을 하고 싶어요. 우는 것이 치유 과정의 일부라고 했지요. 나는 물 속에서 몸을 씻거나 강물에 눕는 모습을 시각화해 보았다는 사람을 여럿 만났어요. 에모토(에모토 마사루,《물은 답을 알고 있다》의 저자—옮긴이)라는 일본 과학자는 물에게 어떤 말을 들려준 뒤 물을 얼려 분석한 내용을 책으로 썼지요. 진동수가 높은 말, 특히 사랑이나 감사와 같은 말을 들려준 물에서 가장 아름다운 결정이 나왔다고 하더군요. 치유에 있어서 물은 어떤 역할을 하나요?"

"물은 우리 몸의 구석구석, 아주 작은 부분에까지도 스며들어 있습니다. 물은 진동을 받아들이기도 하고 또 내놓기도 합니다. 물은 자기력을 받아들일 수 있습니다. 자기력을 흩어버릴 수도 있고요. 물은 에너지를 옮기기도 하고 흐르게 하기도 합니다."

"만일 몸이나 감정을 심하게 다친 이가 물에게 말을 한다면, 예를 들어 물에 사랑이나 감사와 같은 생각을 '불어넣고' 그 물을 마신다면 그것이 몸이나 감정의 치유에 도움이 될까요?"

"그렇습니다. 물에 그런 말을 하는 것은 생명력, 그러니까 에너지를 물 안에 불어넣는 것입니다. 그 물을 마시는 것은 그 생명력을 몸 속에 담는 것이니 몸이 신체 기관을 통해 독성 물질을 내버리고 깨끗해지는 데 도움이 되지요."

이제 스테이시의 목소리에서는 지친 기색이 느껴졌다. 자신의 길잡이 영혼에 채널링하는 것은 사실 엄청난 에너지를 요구하는 일이었다. 나는 이 세션을 마무리하는 질문을 던졌다.

"신문이나 방송을 통해 폭탄으로 인한 사고 소식을 접하고 두려움을 느끼는 사람, 판단을 내리는 사람, 타인들과의 분리감을 더 크게 느끼는 사람이 있다면 무슨 말을 해주고 싶으세요?"

"모든 일에는 까닭이 있습니다. 사람의 진화 정도를 가늠할 수 있는 진정한 척도는 부정적인 것을 긍정적인 것으로 바꾸는 능력입니다. 부정적인 생각에 빠져 남을 판단하거나 두려움에 사로잡힌 생각을 반복한다면 그 일의 진실에 접근할 수 없습니다. 가장 중요한 것은 한 가지, 우리에게 주어진 시간을 어떻게 하면 가장 긍정적으로 쓸 수 있을까 하는 것입니다. 휠체어에 앉은 사람의 시간인가, 길 위를 달리고 있는 마라토너의 시간인가는 중요하지 않습니다. 언제나 늘 예외 없이 부정적인 것과 긍정적인 것이 존재합니다. 그것이 지구의 이중성이지요. 부정적인 것이 없다면 애초에 긍정적으로 되고 싶다는 마음조차 갖게 될 일이 없을 것입니다. 이 세계로 오는 장막을 건널 때 그러한 마음을 품었다는 것을 잊어버리니까요.

사고를 일으킨 사람에 대해 그가 해로운 짓을 했다고 판단을 내리며 비판적인 생각을 하는 사람이 있다면, 불행한 일에서도 늘 긍정적인 결과가 생긴다는 점을 깨달으라고 말해주고 싶습니다. 사실 불행이라는 것은 착각입니다. 사람들이 신문을 펼치거나 텔레비전을 켜 세계 도처에서 일어나는 사건을 보고 그것을 부정적인 것이라고 판단 내린다면, 그것은 그저 쉬운 길만 취해서 보는 것이고 사태의 전체를 두루 살펴보지 않는 것입니다. 우리가 보지 못하는 더 깊은 부분이 늘 있습니다. 보이는 것 이상의 부분이 있습니다. 숨어 있는 의미가 반드시 있습니다. 사람들이 이 책에 담긴 이야기들을 읽고 다양성의 의미와 가치에 대해, 그리고 그것이 어떻게 성장에 촉매제가 되는지에 대해 두 번 세 번 생각해 보는 법을 배운다면 좋겠군요."

"난 늘 빛만을 볼 거예요." 크리스티나가 전생 계획을 세우며 했던 이 말은 겉으로 보기에는 단순한 말 같지만, 사실은 훨씬 더 깊고 넓은 의미를 담고 있다. 그것은 진정한 자신이 되겠다는 의지를 나타내는 말이다. 그녀가 폭탄을 설치한 이를 비롯하여 다른 사람들에게서 보는 빛은 그녀 안에서 뿜어져 나오는 빛의 반영이다. 그녀는 다른 이의 얼굴에 비친 자신의 얼굴을 본다.

이 책의 핵심 가르침은 바로 우리가 곧 사랑이라는 것이다. 이것은 단순한 관념도 아니고 듣기 좋은 감상적 표현도 아니다. 이는 영원한 영혼으로서 우리의 본성이다. 태어나기 전 영혼으로서 우리는 서로를 돕고자 하는 마음을 갖고 있었다. 그것은 영혼들이 함께 삶의 계획을 짤 때 그들 사이에 오가는 따뜻한 포옹과 연민의 말들로 나타난다. 그리고 그 사랑은 우리에게 진정한 사랑이 무엇인지를 발견하고 더 깊이 알 수 있는 기회를 주는 삶의 계획 속에 잘 나타나 있다.

영혼의 세계에 있는 우리의 태초의 집에는 오직 빛만 있다. 빛에 반대되는 것이 없다면, 우리는 우리가 보는 빛의 진가를 알지 못한다. 사랑에 반대되는 것이 없다면 우리가 진정으로 누구인지를 온전히, 깊이 있게 알 수 없다. 바로 그래서 우리는 진정한 자기 정체성을 잊어버리는 삶을 계획하고, 삶의 시련을 통해 우리가 깨어나며 그리하여 되살아난 기억으로 더 깊이 자기를 알게 되기를 소망한다.

빛만이 존재하는 영혼의 세계에는 용서할 것이 없다. 거기서 우리는 우리가 사랑받는다는 것을 알고 있으며, 표현 가능하다고 알고 있는 것이 오직 사랑뿐이기에 사랑만을 표현한다. 그 자신이 사랑이라는 것을 알고 있는 영혼은 사랑 말고 그 어떤 것도 표현할 것이 없다. 그 자신이 사랑이라는 것을 알고 있는 영혼은 용서를 구할 일을 지어내는 법이 없다.

그러나 용서는 사랑의 표현이다. 용서할 기회가 없다면 우리는 사랑인 우리 자신을 경험하지 못한다. 그래서 우리 중 일부는 스스로가 사랑임을 잊어버리는 삶을 약속하고, 용서를 구할 행동을 한다. 또 어떤 이들은 역시 사랑인 자신을 잊어버린 상태에서 다른 사람에게 사랑을 주는 쉽지 않은 숙제를 스스로에게 낸다.

그것이 바로 크리스티나와 폭탄 설치범이 맺은 약속이다. 크리스티나는 이번 생에서 한때 품었던 깊은 분노나 죄책감이 아니다. 그녀는 바로 그러한 분노나 죄책감의 감정에서 나온 사랑이요 용서이다. 폭탄을 설치한 사람 역시 우리가 상상하는 그런 사람이 아니다. 그는 폭탄을 터뜨려 사람을 다치게 한 그 증오가 아니다. 오히려 "난 절대로 누군가를 죽이거나 다치게 하거나 몸을 못 쓰게 만들거나 상처 주고 싶지 않아요. 절대로 그러고 싶지 않아요"라고 말하는 영혼이다. "분명하게 자기 뜻을 전달"하고 싶다는 그의 바람은, 영혼계에서 삶의 계획을 짤 때 크리스티나가 그에게 보여준 바로 그 사랑과 이해를, 몸을 얻어 이 세상에 사는 동안 받고 싶다는 소망에 다름 아니다.

이러한 둘의 만남은 크리스티나에게는 전생 계획을 기억할 기회이자 동기가 되었다. 계획된 바였지만, 그처럼 기억을 되살리는 일은 그녀가 사고 직후 의식을 잃었을 때 일어났다. 그때 그녀의 길잡이 영혼들 및 같은 영혼 그룹의 멤버들은 자기를 치유하는 것, 그리고 그로써 타인을 치유하는 삶을 사는 것이 그녀의 전생 계획임을 상기시켜 주었다. 그녀가 세상을 돕고 있는 것을 볼 때, 그처럼 기억을 되살리는 것이야말로 우리가 받을 수 있는 가장 큰 선물이 아닐까 한다.

크리스티나의 계획은 따라서 빛의 일꾼의 계획이다. 빛의 일꾼은 카산드라가 말한 것처럼 "같은 일을 겪고 있는 모든 이들에게 그 과정의 아름다움과 연민, 이해를 나누어주기" 위해, 태어나기 전의 그 내적 지혜를 상기하고자 하는 영혼이다. 중요한 것은 크리스티나가 다른 사람들과 내면의 빛을 나누기 이전에 먼저 자신이 자연스레 빛을 따라가는 존재임을 기억해 내야만 했다는 것이다. 그녀는 그 사실을 기억해 냄으로써 치유를 가져오는 높은 파동에까지 자신을 끌어올렸다. 그렇게 한 것은 그녀의 말이나 행동이 아니라 에너지였다. 그리고 그 강력한 에너지는 개인적인 변화로부터 왔다. 크리스티나는 폭탄을 설치한 사람의 내면에서 진정한 아름다움을 볼 만큼의 깨달음을 얻었기에 용서하지 못해 고통스러워하는 사람들을 도울 수 있다. 또 진정으로 감사를 느낄 줄 알았기에 분노로 가득 찬 이들이 감사의 마음을 갖게끔 도와줄 수 있었다.

크리스티나는 엄청난 분노로 이어질 수도 있었던 상황을 용서로 껴안았기에 사람들에게도 이러한 축복을 나누어줄 수 있었다. 사실 그녀가 치료자라고 할 수 있는 이유는 그녀가 하고 있는 일 때문이 아니라 삶 속에서 보여준 용서 때문이다. 마음을 닫아버릴 수도 있었지만 그녀는 오히려 활짝 열었다. 치유의 여정에 들어선 이들은 모두 그녀가 남긴 발자취를 따라간다. 만일 크리스티나가 사회에서 다른 역할을 맡았다면, 그래서 그러한 발자취들이 눈에 잘 띄지 않았다면, 많은 이들이 먼 길을 돌아가야 했을 것이다.

만일 사람들에게 빛과 치유를 가져다주고 싶은데 당신 역할에 한계가 있다고, 주변 상황에 눌려 힘을 제대로 펼 수 없다고, 사고를 당해 신체적 능력을 온전히 발휘할 수 없다고 생각한다면, 세상 모두가 당신이 여기 있다는 것을 안다고 스스로에게 말해주라. 세상이 당신 말을 듣고 있고 당신을 보고 있다. 당신의 목소리가 가 닿지 않는 곳, 발길을 옮겨놓을 수 없는 곳에서도 모든 영혼이, 인간의 의식과 지각을 뛰어넘어, 당신의 존재를 느끼고 있다. 당신이 아무런 영향력도 미치지 않는 것처럼 보일지라도 실제로는 여러 차원을 두루두루 거치며 멀리까지 퍼져나가고 있다. 당신이 삶 속에서 빛을 발하고 용서의 손을 내밀며 치유를 이루어내고 사랑인 자기 자신을 기억해 낼 때마다 모든 몸과 영혼이 그 순간들을 깊이 느끼고 있다. 당신이 그들에게 희망과 의식의 각성을 줄 수 있듯이, 크리스티나는 태어나기 전에 그러한 희망과 각성을 당신에게 주겠다고 약속했다. 당신이 언젠가 당신의 전생 계획을 완성할 것처럼, 크리스티나는 지금 그녀의 계획을 완성하고 있다.

크리스티나가 산 삶은 그녀가 영혼계로 돌아가고 난 뒤에도 물질계 전체에 영향력을 미치며 계속해서 파장을 보낼 것이다. 우리 각자의 삶은 깨끗한 창문 위의 손자국처럼 손을 뗀 뒤에도 오래도록 지문을 남긴다. 우리의 에너지 일부는 카산드라가 말한 '생각의 꼴'로 남아 있으면서 시간과 공간을 가로지르며 메아리치고, 바로 지금 우리와 여기에서 지구를 함께 나누어 쓰고 있는 이들은 물론 우리를 뒤따라 올 이들에게까지 영향을 미친다.

우리 각자가 세상에 지워지지 않는 흔적을 남긴다는 사실을 이해하는 것, 이는 곧 커다란 책임감에 대면하는 것이다. 크리스티나는 우리에게 이러한 책임이 있다는 것을 태어나기 전에 알았고, 그래서 깊은 치유의 에너지를 자신의 유산으로 남길 수 있는 시련을 계획했다. 아마 크리스티나의 전 남편도 그녀의 삶의 계획에서 자신의 역할을 이해한다면 마음의 평화를 찾을 것이다. 그가 의식의 눈을 떠 자신이 연기한 역할을 자각한다면, 죄책감은 자기 용서로, 후회는 받아들임과 평화로 바뀔 것이다. 그가 비록 의식적으로 한 것은 아니었지만 그녀의 삶의 계획에서 중요한 역할을 해낼 만큼 용기 있는 영혼임을 깨닫는다면, 자기에 대한 사랑이 샘솟듯 솟아날 것이다. 만일 이와 같이 의식이 깨어나지 않으면, 그는 태어나기 전에 추구했던 성장과 배움을 위해 스스로 만들어낸 착각에 여전히 머물러 있게 된다.

폭탄을 설치한 이도 마찬가지다. 만일 자신이 맡은 역할이 '매우 높은 경지의 빛'임을 자각한다면 그의 자아상은 얼마나 달라질 것인가. 비록 지금은 자신이 분노와 증오라고 믿고 있을지 모르지만, 언젠가는 자신이 그 누구도 해치려 하지 않았음을, 사람들에게 자신의 말을 전달하고 싶었을 뿐임을, 그리고 크리스티나가 세상에 가져다준 치유를 가능케 한 통로였음을 알게 될 것이다. 그러한 의식의 깨어남을 경험하는 날 그는 DNA에까지 스며드는, 크리스티나의 강력한 용서 에너지를 받아들일 수 있을 것이다.

우리가 영혼계로 돌아가 우리를 '넘어뜨린' 영혼들과 함께 짰던 전생 계획을 기억해 낼 때 그들의 빛은 우리에게 다시 한 번 분명히 드러날 것이다. 그때까지, 우리가 몸을 입고 장막 뒤에 가려져 있는 동안, 즉 스스로 선택한 망각 때문에 진정한 자기를 보지 못하고 있는 동안에는 그들의 빛을 발견하는 일이 우리에게 주어진 숙제다. 우리가 삶에서 만나는 사람들이 영원하고 비물질적인 영혼이며, 물질계라는 무대에서 일시적인 역할을 맡고 있는 배우일 뿐이라는 사실을 깨달을 때 우리는 그 숙제를 마치게 될 것이다. 그들은 폭탄을 설치한 영혼과 마찬가지로 우리에게는 감추어져 있는 더 커다란 삶의 계획의 일부이다. 우리는 우리가 마주치는 모든 사람들이 신성한 빛Divine Light의 불꽃이며, 원래는 우리와 하나인 초월적인 존재, 사랑의 존재임을 언젠가 깨닫게 될 것이다. 어둠은 존재하지 않는다. 이것을 제외하고는 모두가 착각이다.

오직 빛만을 본다는 것은 지구 위를 걸어다니는 한 사람 한 사람 안에서 신성함만을 본다는 뜻이다. 그때에야 우리는 진정한 자기 자신을 기억해 낼 것이다.

8. 결론

이 책을 쓰는 여정—사실 그 여정 자체가 곧 이 책이지만—을 시작한 지 이제 3년이 되었다. 물질계와 비물질계를 넘나드는 이 여행에서 나는 여러 용감한 이들의 이야기를 들을 수 있는 행운을 누렸다. 그들은 진실로 나의 스승들이었다. 나는 또한 내게 이야기를 들려준 지혜로운 비물질적 존재들에게서 많은 것을 배웠다. 그들은 모두 내 마음을 움직였고 내 삶의 지평을 넓혀주었다.

그들 덕분에 이제 나는 우리가 몸 이상의 존재라는 가장 근본적인 진리를 이해할 수 있다. 너무 단순해 보이는가? 하지만 제이슨과 비슷한 상황에 있는 누군가에게 이러한 깨달음은 전혀 다른 뜻을 지닐 것이다. 만일 신체 장애를 지닌 당신이 이것이 유일한 생이며, 몸이 곧 자기 자신이라고 믿는다면 남는 것은 비참한 절망감뿐일 것이다. 그 반면 자신을 영원한 영혼으로 본다면—사실 이것은 느낀다고 해야 옳다—그 결과는 전혀 다른 삶이 될 것이다. 나아가 그 장애를 스스로 계획했으며 실은 그 안에 깊은 의미가 있다는 것까지 이해한다면 당신의 삶은 그 의미를 발견하려는 탐구의 여정이 될 것이다. 고통은 가벼워지고 공허함은 목적으로 채워질 것이다.

이 책을 준비하는 3년 동안 나는 모든 것에는 더욱 차원 높은 의미가 들어 있음을 믿게 되었다. 신념과 믿음이 깊어졌으며, 삶이 나를 어디로 데리고 갈지 알 수 없을 때라 할지라도 목적으로 가득한 그 삶의 흐름에 나를 더욱 기꺼이 내맡길 수 있게 되었다. 나는 이제 비록 고통과 상처가 존재하기는 하지만 그럴지라도 이 세계가 본질적으로 아름답다고 본다. 삶 속에서 기쁨을 느낀다. 그것이 느껴진다. 어디에서나. 때로 고통으로 아득해지고 눈앞이 흐려지지만, 그럼에도 늘 삶의 기쁨이 모든 어려움 속에, 모든 상황의 배후에 숨어 있음을 본다. 시련 속에서 기쁨을 찾아나가는 것이 곧 우리에게 주어진 숙제일 것이다.

전생 계획을 모르던 시절 나는 나보다 좋지 않은 처지에 있다고 생각되는 사람들, 예컨대 노숙자를 보면 불쌍하다고 생각했다. 하지만 이제는 이처럼 '나쁘게' 보이는 경험이 계획된 것일 수 있음을 알기에 그저 깊은 존경심을 느낄 뿐이다. 나는 스스로에게 묻는다. 저이는 무엇을 배우고자 혹은 이바지하고자 했을까? 그리고 나에게 상기시킨다. 저 여자는 지금 자신이 원하던 바로 그 경험을 하고 있는지도 모른다고. 저 남자는 저토록 어려운 삶의 계획을 실천하는 커다란 힘을 보여주고 있는 거라고. 그 영혼들이 무슨 까닭으로 그런 시련을 선택했는지는 내가 알지 못하지만, 나는 그 삶이 사랑에 바탕을 두고 지혜 속에서 계획되었다는 것을 안다. 어쩌면 그 노숙자는 그 옆을 지나가는 나나 다른 사람들이 자신을 돕거나 따뜻한 말을 건넴으로써 연민을 경험하고 또 연민인 자신을 깨닫게 하려고 그와 같은 삶을 계획했는지도 모른다. 나는 이제 그렇게 생각할 수 있다.

이처럼 나는 세상의 어떤 것도 눈에 보이는 것이 전부가 아님을 깨닫게 되었다. 존을 만나고 나서, 나를 비롯해 타인들에게 관용을 가르쳐주려고 에이즈 환자의 삶을 선택하는 영혼도 있음을 알게 되었다. 팻과 이야기를 나누고 나서는 자신의 영성을 되살리려고 알코올 중독을 계획할 수도 있음을 깨달았다. 샤론에게 배움을 얻고 나서는 결코 지치지 않는 사랑을 보여주는 수많은 부모들이 있음을 알게 되었으며, "당신과 당신의 아이도 사랑이 무엇인지를 우리에게 보여주려고 약물 중독을 생전에 계획한 것이 아닐까요?"라는 물음을 던질 수 있게 되었다.

전에는 세상에 대해 판단을 내렸지만, 이제는 그 모든 것 안에 신성한 질서가 있음을 본다. 전에는 결점을 보던 곳에서 이제는 완벽함을 본다. 바로 우리가 계획한 그대로 펼쳐지는 삶의 완벽함을. 삶의 완벽한 계획은 비단 시련 속에서뿐만 아니라 사소해 보이는 모든 순간들 속에서도 드러난다. 나무에서 떨어지는 이파리 하나에서, 바람에 눕는 풀잎사귀 하나에서…… 그 어느 것 하나도 우연히 이루어지는 법이 없으며, 모든 것은 신성한 질서 속에 있다. 언제나 그렇다.

나는 우리 모두가 이 세상에 존재하는 데는 자신만의 배움을 얻는 것 외에 더 신성한 목적이 있다는 것도 깨닫게 되었다. 다시 말해 우리는 진정한 자기를 기억해 내기 위해서뿐만 아니라 우리 자신을, 자신만의 독특한 본질을 다른 사람들과 나누기 위해서 또한 시련을 계획한다. 존은 세상에 관용을 가르치고, 도리스는 세상에 치유를 가져다주며, 제니퍼는 진실한 의사소통이 무엇인지 가르쳐준다. 우리는 밥에게서 따뜻한 친절함을, 페넬로페에게서 공평한 연민을, 팻에게서 깊은 신념을, 샤론에게서 지치지 않는 열정을 선물로 받는다. 발러리는 사랑이 영원하다는 것을 보여주고, 제이슨의 회복력은 우리 안에도 그와 같은 회복력이 있음을 일깨워주며, 크리스티나는 겉보기에 심연 같은 어둠 속일지라도 빛을 볼 수 있음을 알려준다.

이 영혼들은 저마다 진정한 자신인 사랑이 되기 위하여 이 세상에 왔다. 하나같이 용감한 영혼들이다.

에필로그

폭발 사고가 난 지 15년 뒤, 크리스티나는 자신의 삶을 영원히 바꾸어놓은 그곳에 다시 가보았다. 향긋한 오렌지나무 향기가 교정을 가득 메운 따뜻한 가을날, 어떤 학생들은 환한 얼굴로 이야기를 나누며 수업을 들으러 가고, 어떤 학생들은 유칼립투스나 야자나무 아래서 말없이 책을 읽거나 생각에 잠기거나 공상을 즐기고 있었다.

크리스티나는 예전에 일하던 건물로 들어가 지하실 우편함 앞에 섰다. 텅 빈 우편함도 있고, 논문과 편지가 꽉 들어찬 우편함도 있었다. 어떤 사람이 우편물을 가지러 내려와 자기 우편함에서 편지를 집어 들고는 위층으로 올라갔다.

크리스티나는 일층으로 올라왔다. 복도를 걸어 로비를 가로지르고 현관을 지나 밖으로 나오니 햇살이 눈부시게 빛나고 있었다.

멀리서 산타아나 산이 이곳을 지키는 영원한 파수꾼처럼 말없이 서 있었다. 금빛 햇살이 산등성이로 쏟아져 내리고, 바람이 속삭이는 기쁨의 찬가가 협곡 사이로 울려 퍼졌다.

부록 1. 용감한 영혼들

존 엘모어 Jonelmore3rd@net-wizardry.net
도리스 wordsvoices@capital.net
제니퍼 스튜어트 jstewart15@cfl.rr.com
페넬로페 peepingthoughts@gmail.com
밥 파인슈타인 harlynn@panix.com
샤론 뎀빈스키 sharond0317@yahoo.com
팻 Patrickgene33@sbcglobal.net
발러리 빌라스 vvillars@bellsouth.net
제이슨 서스턴 scilifechanges@yahoo.com
크리스티나 soulcomplete@gmail.com

부록 2. 영매와 채널

참여한 이들

데보라 드바리 Ncgrpres@aol.com

글레나 디트리히 mysticalrae@meltel.net

코비 미틀라이트 www.firethroughspirit.com corbie@
  firethroughspirit.com (877) 321-CORBIE

스테이시 웰즈 www.staciwells.com RevStaci@yahoo.com (928)
  453-1214

도움 준 이들

주디 굿맨 www.judygoodman.com JudyKGoodman@aol.com

마릴루 윌슨 페냐 www.energiesofenlightenment.com
  eoe@energiesofenlightenment.com

감사의 말

 자신의 이야기를 기꺼이 나누어준 이 책의 등장 인물들에게 깊이 감사드린다. 그들 덕분에 이 책이 나올 수 있었다. 자기만의 이야기를 세상에 내놓기까지는 커다란 용기, 넓은 마음이 필요하다. 힘들게 겪은 시련의 이야기들을 기꺼이 그리고 솔직하게 털어놓은 그들에게서 나는 깊은 감명을 받았다.
 시간과 에너지, 뛰어난 재능을 보태 이 책의 탄생을 도와준 채널러와 영매 뎁 드바리, 글레나 디트리히, 코비 미틀라이트, 스테이시 웰즈에게 고마움을 전한다. 그 어떤 말로도 내 고마운 마음을 다 표현할 수는 없을 것이다. 그들은 우리가 이야기 나눈 모든 이들(물론 나도 포함해서)의 삶을 연민과 세심함으로 대해주었다. 그들과 함께 작업할 수 있었던 것은 내게 기쁨이고 영광이었다.
 넓은 마음씨로 따뜻한 격려를 아끼지 않은 훌륭한 채널러 마릴루 윌슨 페냐, 풍부한 지식과 식견을 보여준 주디 굿맨에게도 감사한다. 친구 캐롤 베르그만에게도 고마움을 전한다. 그가 보여준 우정과 따뜻함, 한결같은 지지는 내게, 그가 생각하는 것보다도, 훨씬 더 큰 힘이 되었다. 나와 함께해 주고 늘 마음 써주어 고맙다.

꼼꼼하고 뛰어난 편집자 수 만, 멋진 표지를 만들어준 제러드 맥대니엘, 내지를 예쁘게 편집해 준 질 론슬리, 영매와 나눈 대화를 타이핑해 주는 등 열정적으로 도와준 에드나 반 바울렌에게도 고마움을 전한다.

이 밖에도 친절하게 나를 도와준 수많은 이들에게 진심으로 고마운 마음을 전한다. 케이틀린 대니얼즈, 마리사 밀라그로, 케시 롱, 애슐랜드 작가모임(특히 따로 시간을 내 의견을 말해준 베스 하이예크), 엘렌과 덕 포크너에게 감사한다.

마지막으로, 내 길을 밝혀준 길잡이 영혼들과 천사들, 대령大靈들, 그 밖의 모든 영혼들에게, 그들이 보내준 지혜와 사랑에 고마움을 전한다. 이 책은 그들과 함께한 작업이며 놀라운 여정이다. 아울러 나와 함께 이 길에 오른 당신에게도 감사드린다.

역자 후기

고통의 숨은 의미를 찾아가는 용감한 영혼들의 이야기

누구나 감당하기 힘든 어려움에 처할 때가 있다. 넋두리처럼 늘 존재하는 일상 속의 어려움이든, 어느 날 갑자기 나타나 삶을 송두리째 뒤바꿔놓은 커다란 사건이든 도무지 답이 보이지 않는 상황 앞에 놓여본 일이 있을 것이다. 그때 어떻게 대처하느냐는 저마다 다르겠지만, 공통점이 있다면 아마 "왜?"라는 물음을 던지며 시작하는 것이 아닐까 싶다. "대체 왜 내게 이런 일이 일어났을까?" "왜 나만 이런 고통을 겪어야 할까?" 하지만 사실 그 '왜'라는 물음에 속 시원한 답은 없다.

이 책의 저자는 이때 그 물음을 이렇게 바꾸어보면 어떻겠느냐고 말한다. "이 일에는 어떤 뜻이 담겨 있을까?" "어떻게 하면 그 뜻을 알 수 있을까?"

저자는 이처럼 인생의 커다란 시련 앞에서 '왜'라는 물음을 '어떻게'라는 물음으로 바꾼 열 사람의 이야기를 들려준다. 저자가 만난 이들은 날 때부터 장애를 갖고 태어난 사람, 극심한 장애아를 자녀로 둔 부모, 불의의 사고로 사지 마비가 된 사람, 사랑하는 이를 연거푸 잃은 사람, 반평생을 알코올 중독자로 보낸 사람 등 어느 하나 그 고통의 무게가 가벼운 이가 없다. 그런데 그들이 이 책의 저자와 함께 영매와 채널러 들을 만나 자기의 '전생 계획'을 알게 되면서 지금의 고통 속에 담긴 의미를 깨닫고, 그로써 고통을 전혀 다른 것으로 받아들일 수 있게 된다.

전생 계획이란 태어나기 이전, 영원한 영혼 상태의 우리가 지금의 생을 위해 짜놓은 계획을 말하는데, 그 계획에서 우리는 언제 어디서 누구의 자녀로 태어날지, 어떤 학교를 다니고, 살면서 어떤 사람들을 만날지 미리 정한다고 한다. 물론 그 안에는 삶의 어떤 시련을 겪을지도 들어 있다. 그렇다면 대체 왜 그토록 고통스러워 보이는 시련을 계획하는 것일까? 바로 그 고통을 겪지 않으면 결코 얻을 수 없는 깨달음을 위해서이다. 그리고 그 깨달음을 통해 우리 영혼이 더 높은 존재로 성장하기 때문이다.

불의의 폭발 사고로 인생이 뒤바뀌어버린 젊은 여성 크리스티나는 그 사고를 통해 결코 용서할 수 없을 것 같던 사람일지라도 용서하는 법을 배웠고, 타인의 고통에 공감하는 법을 배웠다. 또 자신은 눈에 보이는 몸 그 이상의 존재이며, 세상 역시 눈에 보이는 것이 전부가 아님을 알게 되었다. 반평생을 알코올 중독자로 살며 아내와 자녀들에게 상처를 줄 수밖에 없었던 팻은, 그 상처와 낭비의 시간을 보내고 나서야 자신을 그토록 괴롭힌 고독감이 기실은 그가 결코 한순간도 홀로가 아니었음을 깨닫게 하기 위한 바탕이었음을 알게 되었다. 날 때부터 청각 장애와 시각 장애를 갖고 있었던 페넬로페와 밥은 장애로 겪은 외로움과 고통을 통해서 사람들 사이에 경계를 허물고 진정으로 공감하는 능력을 갖게 되었다. 이들의 배움과 앎이 머리를 통해서가 아니라 몸을 통해서 그리고 마음을 통해서 온 것임을 떠올리면 이들이 삶 속에서 경험으로 얻은 깨달음의 이야기에 고개를 끄덕일 수밖에 없게 된다.

혹 견디기 힘든 고통을 스스로 계획했다는 말이 충격적으로 들리거나 전생 계획과 같은 개념이 낯설게 여겨질 수도 있겠지만, 이 책의 초점이 거기에 있지는 않다. 저자 역시도 독자에게 전생 계획을 전부 납득시키려고 이 책을 쓴 것은 아니며, 중요한 것은 "만일 그 말이 맞다면 어떻게 되는 것일지, 내가 정말 태어나기 전에 이 경험을 계획한 것이라면 나는 왜 그랬던 것일지" 한번 질문을 던져보는 것이라고 강조한다. 저자의 말대로 "성장은 우리가 어떤 경험을 계획했는지 여부와 상관없이 그 경험 자체에서" 올 것이기 때문이다.

이 책을 우리말로 옮기면서 "삶은 머리에서 가슴으로 옮겨가는 여행"이라는 문장이 무척 마음에 와 닿았다. 저자가 이 책을 머리가 아니라 마음으로 읽기를 권했듯이, 시련을 껴안고 용기 있게 고통의 숨은 의미를 찾아 들어간 주인공들의 이야기를, 독자들도 공감의 마음으로 읽어 내려간다면 좋겠다. 어쩌면 크고 작은 어려움의 순간에 자기도 모르게 이 책의 주인공들과 같은 물음을 던지고 있는 자신을 발견할지도 모른다. "혹시 내가 이것을 계획했다면 이 시련에는 무슨 뜻이 숨어 있을까?"라고.

2008년 5월
황근하

샨티의 뿌리회원이 되어
'몸과 마음과 영혼의 평화를 위한 책'을 만들고 나누는 데
함께해 주신 분들께 깊이 감사드립니다.

개인

이슬, 이원태, 최은숙, 노을이, 김인식, 은비, 여랑, 윤석희, 하성주, 김명중, 산나무, 일부, 박은미, 정진용, 최미희, 최종규, 박태웅, 송숙희, 황안나, 최경실, 유재원, 홍윤경, 서화범, 이주영, 오수익, 문경보, 여희숙, 조성환, 김영란, 풀꽃, 백수영, 황지숙, 박재신, 염진섭, 이현주, 이재길, 이춘복, 장완, 한명숙, 이세훈, 이종기, 현재연, 문소영, 유귀자, 윤홍용, 김종휘, 보리, 문수경, 전장호, 이진, 최애영, 김진희, 백예인, 이강선, 박진규, 이욱현, 최훈동, 이상운, 김진선, 심재한, 안필현, 육성철, 신용우, 곽지희, 전수영, 기숙희, 김명철, 장미경, 정정희, 변승식, 주중식, 이삼기, 홍성관, 이동현, 김혜영, 김진이, 추경희, 해다운, 서곤, 강서진, 이조완, 조영희, 이다겸, 이미경, 김우, 조금자, 김승한, 주승동, 김옥남, 다사, 이영희, 이기주, 오선희, 김아름, 명혜진, 장애리, 신우정, 제갈윤혜, 최정순, 문선희

단체/기업

주/김정문알로에 한경재단 design Vita PN풍년
사단법인 한국가족상담협회·한국가족상담센터   생각과느낌 소아청소년 성인 몸 마음 클리닉
경일신경과 | 내과의원   순수피부과   월간 풍경소리   FUERZA

샨티 이메일로 이름과 전화번호, 주소를 보내주시면 샨티의 신간과 각종 행사 안내를 이메일로 받아보실 수 있습니다.

전화 : 02-3143-6360 팩스 : 02-6455-6367
이메일 : shantibooks@naver.com

❦ 함께 읽으면 좋은 샨티의 책들

당신도 초자연적이 될 수 있다
나는 어떻게 원하는 내가 되는가? 신경과학, 후성유전학, 양자역학 등을 바탕으로 어떻게 물질 세계 너머의 주파수에 조율하고 뇌의 화학 물질을 바꿔 자신이 원하는 새로운 몸과 미래를 창조할 수 있는지 그 이론과 방법, 수많은 사례들을 들려준다. 이를 위해 주파수를 바꾸어 '현재 순간'에 새로운 현실을 창조하는 여러 명상법과 송과선의 역할, 무한한 가능성의 양자장 속으로 들어가는 방법 등을 소개한다.
조 디스펜자 지음 | 추미란 옮김 | 496쪽 | 25,000원

당신이 플라시보다
원하는 삶을 창조하는 마음 활용법 척추뼈가 부러지는 큰 사고를 입은 저자가 몸의 치유력을 믿고 수술 없이 치유에 성공한 뒤, 30년에 걸친 연구와 명상 작업을 통해 우리 뇌 속에 '생물학적 플라시보'가 이미 작동하고 있으며, 우리가 생각과 믿음을 바꾸고 감정을 고양시키는 방법을 안다면 얼마든지 원하는 결과를 창조할 수 있음을 신경과학, 후성유전학, 양자역학 등 최신 과학 이론을 바탕으로 명쾌하게 밝혀낸다.
조 디스펜자 지음 | 추미란 옮김 | 464쪽 | 23,000원

우주는 당신의 느낌을 듣는다
웨인 다이어와 '비물질 집단 의식' 아브라함의 대화 어떻게 '근원 에너지'의 진동에 가까워질 수 있는지, 저항하기보다 허용할 때 삶이 더 자유로워지는 이유는 무엇인지, 현실을 창조하는 사람이 되려면 어떻게 해야 하는지, 물질 몸을 갖고 태어나는 이유와 죽음의 진정한 의미는 무엇인지, 악이나 폭력 등 세상에 '대비'와 이원성이 존재하는 이유는 무엇인지 등등 흥미로운 주제로 심도 깊은 대화가 전개된다.
웨인 다이어·에스더 힉스 지음 | 이현주 옮김 | 224쪽 | 양장본 | 15,000원

그리고 모든 것이 변했다
암, 임사체험, 그리고 완전한 치유에 이른 한 여성의 이야기 암을 앓다 죽음의 순간을 경험하고 돌아와 완전한 치유에 이르기까지의 여정을 감동적으로 쓴 자전적 이야기. 임사체험 상태에서 모든 것과 하나되는 경험을 하면서 '천국이란 장소가 아니라 상태'라는 것, 우리가 얼마나 장엄한 존재인지 등을 깨닫고 이를 따뜻하고 사랑 가득한 언어로 들려준다. 무엇보다 '두려움 없이 자신이 되라'는 메시지는 우리 모두의 가슴을 울린다.
아니타 무르자니 지음 | 황근하 옮김 | 352쪽 | 17,000원 | 출간 10주년 기념, 그 이후 이야기 수록판

집으로 가는 길
삶에 지친 한 남자와 일곱 천사의 이야기 집과 회사를 오가며 꿈도 희망도 없이 살아가던 마이클 토마스, 어느 날 강도에게 폭행을 당하고 의식을 잃은 그에게 한 천사가 나타나고, 그는 천사에게 그만 삶을 끝내고 '집'에 가고 싶다고 말한다. 천사들이 머무는 일곱 개의 집을 여행하면서 그는 자신이 진짜 누구인지, 보이는 것 너머의 진실이 무엇인지 알아간다.
리 캐롤 지음 | 오진영 옮김 | 368쪽 | 16,000원

치유 HEAL—최고의 힐러는 내 안에 있다
이제 우리 안의 강력한 치유자를 깨워야 할 때이다 넷플릭스의 화제작 〈HEAL〉에 깊이를 더해 만든 책으로, 과학과 영성의 접목에 앞장서 온 디팩 초프라, 조 디스펜자, 아니타 무르자니, 브루스 립턴, 메리앤 윌리엄슨, 켈리 터너 등 과학자, 의사, 영성가들의 통찰과 경험, 정보를 통해 우리 몸의 기적적인 본질과 우리 안의 놀라운 치유력을 이해하게 해주며, 나아가 건강에 대한 주도권을 되찾게 해준다. 2019년 '노틸러스 북어워드' 건강, 힐링, 웰빙 분야 은상 수상작.
켈리 누넌 고어스 지음 | 황근하 옮김 | 288쪽 | 16,000원

나로 살아가는 기쁨
진짜 삶을 방해하는 열 가지 거짓 신념에서 깨어나기 아마존 베스트셀러 《그리고 모든 것이 변했다》의 저자, 아니타의 두 번째 책. "행한 대로 받는다" "자기를 사랑하는 것은 이기적이다" 등 우리를 구속하는 거짓 믿음들에서 자유로워져 진정한 자신으로 살 수 있는 길로 안내한다. 임사체험을 한 저자는 말한다. "죽었다 살아났을 때, 나는 즐길 수 없거나 나에게 옳은 일이 아닌 건 절대 하지 않겠다고 결심했다"고.
아니타 무르자니 지음 | 추미란 옮김 | 304쪽 | 15,000원

두려움 없이, 당신 자신이 되세요
민감한 영혼 '엠패스'를 위한 풍요와 건강, 사랑에 관한 안내서 암으로 혼수 상태에 빠졌다가 임사체험 후 살아난 아니타 무르자니가 민감하고 공감 능력이 뛰어나지만 남들의 감정과 에너지를 너무 쉽게 받아들이는 기질 때문에 힘들어하는 엠패스들을 위해 쓴 책. 엠패스들이 자신의 직관과 재능을 받아들이고 두려움 없이 '자기 자신'으로 사는 법부터, 혼란스럽고 공격적인 세상의 빛이 되고 역할 모델이 되는 법에 이르기까지, 엠패스들에게 필요한 정보와 도구, 연습법을 모두 풀어놓았다.
아니타 무르자니 지음 | 황근하 옮김 | 304쪽 | 16,000원

우리는 크리스탈 아이들
크리스탈 아이 레나가 들려주는 사랑, 신뢰, 기쁨의 메시지 크리스탈 아이들이란 '인디고 아이들'에 이어 새 시대를 이끄는 맑고 투명한 에너지의 아이들로, 무겁고 낮은 진동의 에너지를 자신들의 빛과 가벼움으로 전환시켜 주는 역할을 한다. 레나도 그 중 한 명으로, 이 책은 크리스탈 아이들에 대한 이해는 물론 우리 자신이 누구인지를 기억하도록 도와준다.
레나 지음 | 윤혜정 옮김 | 192쪽 | 13,000원

우주 리듬을 타라
자유와 행복, 인간과 우주의 참 본성에 관한 새로운 패러다임 의사이자 세계적 영성가인 디팩 초프라가 "나는 누구인가?"라는 오래된 질문에 대한 궁극의 답을 추구하면서 우리 자신에 관한 참된 지식과 근원적인 행복, 나아가 영성의 시대라는 21세기에 인간과 우주를 바라보는 인식과 패러다임이 어떻게 변해가고 있는지를 놀라운 통찰로 설명하고 있다.
디팩 초프라 지음 | 이현주 옮김 | 232쪽 | 양장본 | 15,000원